职业教育**数字媒体应用**
人才培养系列教材

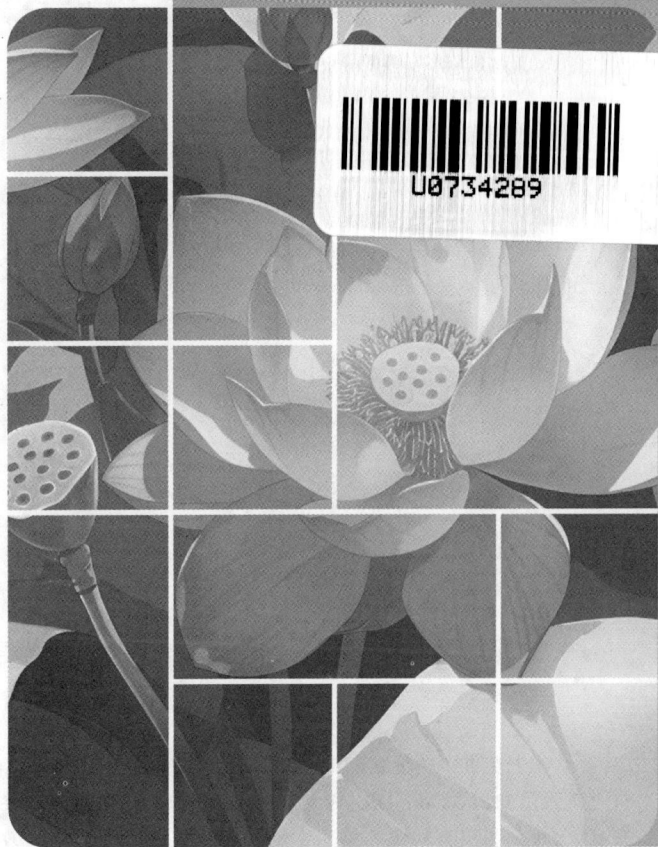

CorelDRAW X7

实例教程

·第6版·微课版·

张俊竹◎主编　刘小洪◎副主编

人民邮电出版社

北　京

图书在版编目（CIP）数据

CorelDRAW X7 实例教程 ：微课版 / 张俊竹主编.
6 版. -- 北京 ：人民邮电出版社，2025. --（职业教育
数字媒体应用人才培养系列教材）. -- ISBN 978-7-115
-66988-9

Ⅰ. TP391.412

中国国家版本馆 CIP 数据核字第 20258WU598 号

内 容 提 要

本书全面、系统地介绍 CorelDRAW X7 的基本操作方法和矢量图形的制作技巧，包括 CorelDRAW X7 入门知识、CorelDRAW X7 的基本操作、绘制和编辑图形、绘制和编辑曲线、编辑轮廓线与填充颜色、排列和组合对象、编辑文本、编辑位图、应用特殊效果和综合设计实训等内容。

本书以课堂案例为主线，通过各案例的实际操作，学生可以快速熟悉软件功能和艺术设计思路。书中的软件功能解析部分使学生能够深入了解软件功能；课堂练习和课后习题可以拓展学生的实际应用能力，提高学生使用 CorelDRAW X7 进行图形图像处理的技能。

本书适合作为高等职业院校数字媒体艺术类专业相关课程的教材，也可以作为相关从业人员的参考书。

◆ 主　编　张俊竹
副 主 编　刘小洪
责任编辑　徐金鹏
责任印制　王　郁　焦志炜

◆ 人民邮电出版社出版发行　　北京市丰台区成寿寺路 11 号
邮编　100164　电子邮件　315@ptpress.com.cn
网址　https://www.ptpress.com.cn
三河市君旺印务有限公司印刷

◆ 开本：787×1092　1/16
印张：16　　　　　　　　　　2025 年 5 月第 6 版
字数：405 千字　　　　　　　2025 年 5 月河北第 1 次印刷

定价：59.80 元

读者服务热线：**(010)81055256**　印装质量热线：**(010)81055316**
反盗版热线：**(010)81055315**

前　言

　　CorelDRAW 是由 Corel 公司开发的矢量图形处理和编辑软件，它功能强大、易学易用，深受图形图像处理爱好者和平面设计人员的喜爱，已经成为平面设计相关领域最流行的软件之一。目前，我国很多高等职业院校的数字媒体艺术专业都将 CorelDRAW 作为一门重要的专业课程。为了帮助高等职业院校的教师全面、系统地讲授这门课程，帮助学生熟练地使用 CorelDRAW 进行创意设计，我们几位长期在高等职业院校从事 CorelDRAW 教学的教师和平面设计公司经验丰富的专业设计师合作编写了本书。

　　本书全面贯彻党的二十大精神，以社会主义核心价值观为引领，传承中华优秀传统文化，坚定文化自信，使书中内容更好地体现时代性、把握规律性、富于创造性。

　　我们对本书的编写体系做了精心的设计，按照"课堂案例—软件功能解析—课堂练习—课后习题"这一思路进行编排，力求通过课堂案例演练帮助学生快速掌握软件功能和艺术设计思路；通过软件功能解析帮助学生深入了解软件功能和操作特点；通过课堂练习和课后习题拓展学生的实际应用能力。在内容编写方面，我们力求细致全面、重点突出；在文字叙述方面，我们注意言简意赅、通俗易懂；在案例选取方面，我们强调案例的针对性和实用性。

　　本书配套云盘中包含书中所有案例的素材及效果文件。另外，为方便教师教学，本书配备微课视频、PPT 课件、电子教案、教学大纲等丰富的教学辅助资源，任课教师可到人邮教育社区（www.ryjiaoyu.com）免费下载使用。本书的参考学时为 64 学时，其中实训环节为 34 学时，各章的参考学时参见下页的学时分配表。

前　言

章	课程内容	学时分配	
		讲　授	实　训
第 1 章	CorelDRAW X7 入门知识	2	
第 2 章	CorelDRAW X7 的基本操作	2	
第 3 章	绘制和编辑图形	2	4
第 4 章	绘制和编辑曲线	2	4
第 5 章	编辑轮廓线与填充颜色	4	4
第 6 章	排列和组合对象	2	4
第 7 章	编辑文本	4	4
第 8 章	编辑位图	2	4
第 9 章	应用特殊效果	4	4
第 10 章	综合设计实训	6	6
学　时　总　计		30	34

由于编者水平有限，书中难免存在不妥之处，敬请广大读者批评指正。

编　者

2024 年 11 月

教学辅助资源

资源类型	数量	资源类型	数量
教学大纲	1 套	讲解案例	25 个
电子教案	10 份	课堂练习	9 个
PPT 课件	10 个	课后习题	9 个

配套视频列表

章	微课视频	章	微课视频
第 3 章 绘制和编辑图形	绘制收音机图标	第 7 章 编辑文本	制作网站标志
	绘制南天竹花卉插画		制作女装 App 引导页
	绘制风景插画	第 8 章 编辑位图	制作家具广告
	绘制卡通汽车		制作艺术画
	绘制花灯插画		制作美食宣传海报
第 4 章 绘制和编辑曲线	制作环境保护 App 引导页		制作护肤品广告
	绘制卡通猫咪	第 9 章 应用特殊效果	制作霜降节气海报
	绘制蓝鲸插画		制作特效文字
	绘制卡通长颈鹿		制作旅游公众号封面首图
第 5 章 编辑轮廓线与填充颜色	绘制送餐图标		绘制咖啡标识
	绘制卡通小狐狸		绘制日历小图标
	绘制手机设置图标		绘制闹钟插画
	绘制折纸标志	第 10 章 综合设计实训	制作重阳节海报
	绘制饺子插画		制作化妆品电商广告
第 6 章 排列和组合对象	制作中秋节海报		制作大米包装
	绘制风筝插画		绘制语音图标
	绘制假日游轮插画		制作家居装饰类 App 引导页
	绘制舞狮贴纸		设计女鞋电商广告
第 7 章 编辑文本	制作咖啡招贴		设计文件图标
	制作台历		设计《茶之鉴赏》图书封面
	制作美食杂志内页		设计核桃奶包装
	制作女装 Banner 广告		

目录

CONTENTS

目 录

CONTENTS

01

第1章
CorelDRAW X7 入门知识

本章介绍

　　本章主要介绍 CorelDRAW X7 的概况和基本操作方法。通过对本章的学习，读者可以初步认识和使用这一创作工具。

学习目标

- 了解 CorelDRAW 及其应用领域。
- 掌握图形和图像的基础知识。
- 熟悉 CorelDRAW X7 的工作界面。

素养目标

- 培养对 CorelDRAW 学习的自信心和积极性。
- 培养对 CorelDRAW 的不同功能和工具的好奇心。
- 激发对图像编辑和设计的兴趣和热情。

1.1 CorelDRAW 的概况

CorelDRAW 是加拿大 Corel 公司开发的矢量图形处理和编辑软件。CorelDRAW 拥有强大的绘制、编辑图形的功能，广泛应用于插画设计、平面设计、排版设计、包装设计、产品设计、网页设计等多个领域，深受平面设计师、专业插画师、互联网设计师的喜爱，已经成为专业设计师和图形图像处理爱好者的必备工具。

1.2 CorelDRAW 的应用领域

CorelDRAW X7 是集图形设计、文字编辑、排版及高品质输出于一体的设计软件，它被广泛地应用于平面广告设计、包装装潢、彩色出版与多媒体制作、文字处理和排版、企业形象设计、包装设计、书籍装帧设计等众多领域。

1.2.1 插画设计

现代插画艺术发展迅速，已经被广泛应用于互联网、广告、包装、报纸、杂志和纺织品领域。使用 CorelDRAW 绘制的插画简洁明快、独特新颖，已经成为最流行的插画形式之一，如图 1-1 所示。

图 1-1

1.2.2 字体设计

字体设计随着人类文明的发展而逐步成熟，根据字体设计的创意需求，使用 CorelDRAW 可以设计制作出多样的字体，通过独特的字体设计将企业或品牌的理念传达给受众，强化企业形象，提高品牌的诉求力。一些设计精巧的字体如图 1-2 所示。

1.2.3 广告设计

广告以多样的形式出现在大众生活中，通过互联网、手机、电视、报纸和户外灯箱等媒介来发布。使用 CorelDRAW 设计制作的广告具有更强的视觉冲击力，能够更好地传播和推广内容，如图 1-3 所示。

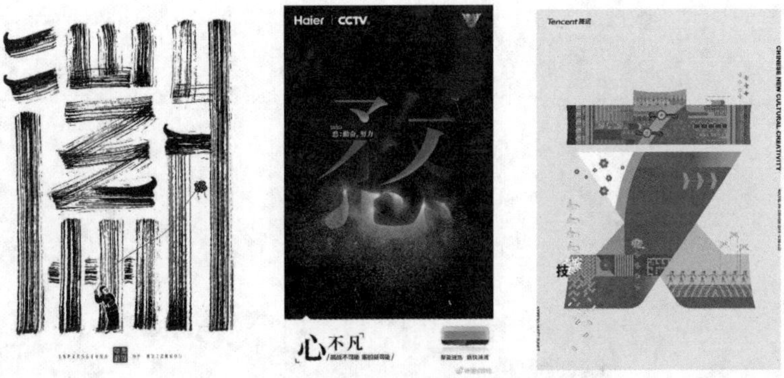

图 1-2

图 1-3

1.2.4 VI 设计

VI（Visual Identity，视觉识别）是企业形象设计的整合。根据 VI 设计的创意构思，可以使用 CorelDRAW 完成整套的 VI 设计制作工作，将企业理念、企业文化、企业规范等抽象概念进行充分的表达，以标准化、系统化、统一化的方式塑造良好的企业形象。一些 VI 设计的效果图如图 1-4 所示。

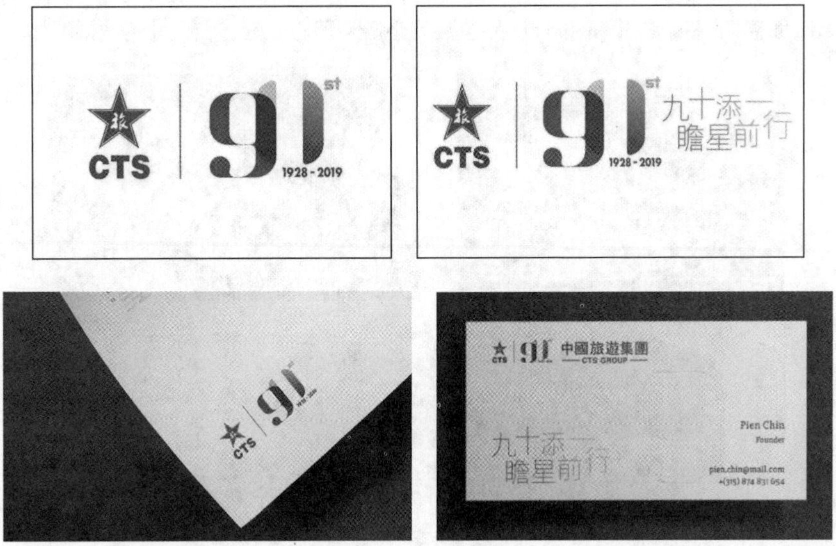

图 1-4

图 1-4（续）

1.2.5　包装设计

在书籍装帧设计和产品包装设计中，CorelDRAW 对图形元素的绘制和处理也至关重要，甚至可以完成产品包装平面模切图的绘制，是设计产品包装的必备利器。一些包装设计的效果图如图 1-5 所示。

图 1-5

1.2.6 界面设计

随着互联网的普及，界面设计已经成为一个重要的设计领域，如何将 CorelDRAW 合理应用至界面设计领域就显得尤为重要。使用 CorelDRAW 可以美化网页元素、制作各种细腻的质感和特效，是界面设计的重要工具。一些界面设计的效果图如图 1-6 所示。

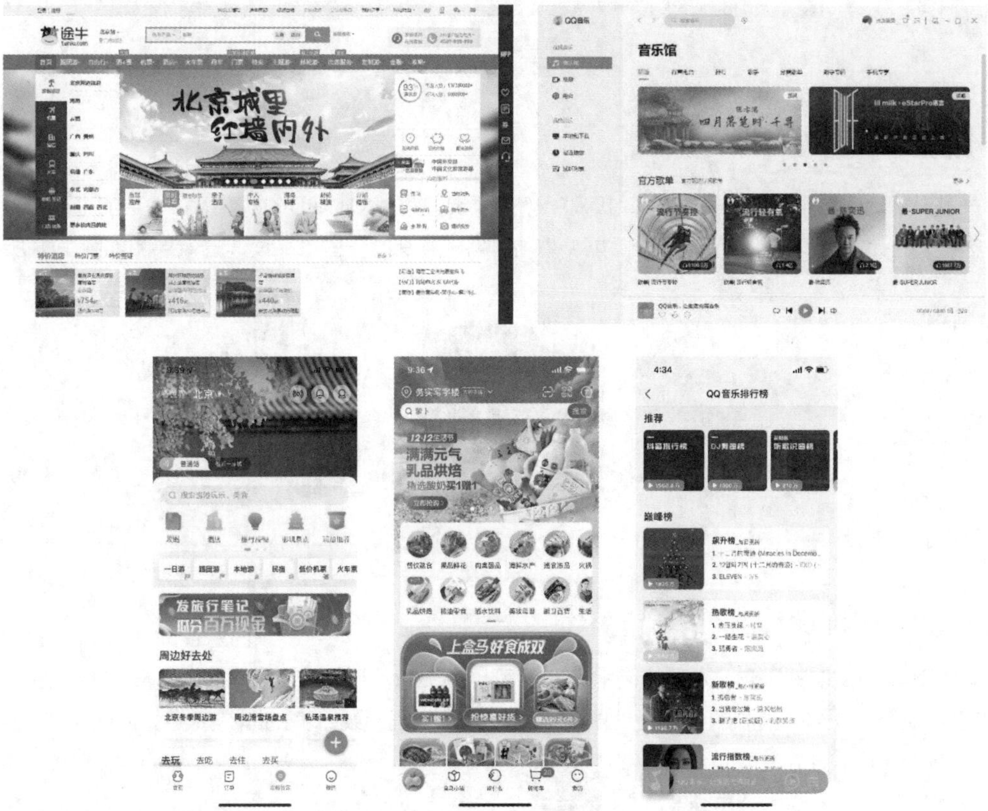

图 1-6

1.2.7 版面设计

在版面设计中，使用 CorelDRAW 可以将图形和文字进行灵活的组织、编排和整合，从而形成更具特色的艺术形象和画面风貌，提高读者的阅读兴趣和理解能力，使用 CorelDRAW 进行排版已成为现代设计师的必备技能。图 1-7 为用 CorelDRAW 设计的一些版面。

图 1-7

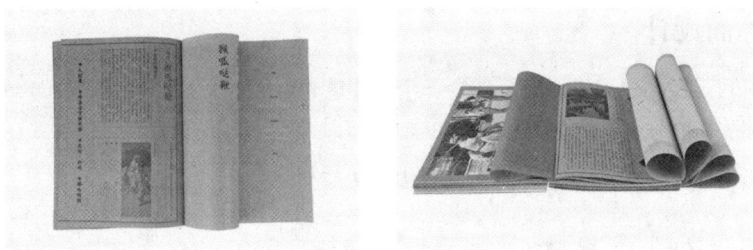

图 1-7（续）

1.2.8　产品设计

产品设计的效果图经常要使用 CorelDRAW 来表现。利用 CorelDRAW 的强大功能来充分表现出产品功能上的优越性和产品细节，让产品能够赢得顾客的青睐。一些产品设计的效果图如图 1-8 所示。

图 1-8

1.2.9　服饰设计

随着科学与文明的进步，人类的艺术设计手段也在不断发展，服装艺术表现形式也越来越丰富多彩。利用 CorelDRAW 绘制的服装设计图可以让受众感受到服装本身的无穷魅力，如图 1-9 所示。

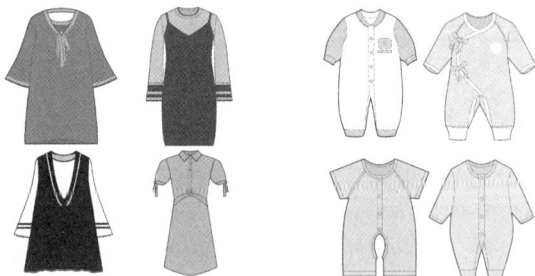

图 1-9

1.3　图形和图像的基础知识

如果想要更好地使用 CorelDRAW X7，就需要对图像的种类、颜色模式及文件格式有所了解。下面对它们进行详细的介绍。

1.3.1 位图与矢量图

在计算机中，图像大致可以分为两种：位图和矢量图。位图的效果如图 1-10 所示。矢量图的效果如图 1-11 所示。

图1-10

图1-11

位图又称为点阵图，是由许多点组成的。这些点称为像素。许多不同色彩的像素组合在一起便构成了一幅图像。由于位图采取点阵的形式，每个像素都能记录图像的色彩信息，所以可以精确地表现色彩丰富的图像。但图像的色彩越丰富，图像的像素就越多（即分辨率越高），文件也就越大，因此处理位图时对计算机硬盘和内存的要求也较高。同时，由于位图本身的特点，图像在缩放和旋转变形时会产生失真的现象。

矢量图是相对位图而言的，也称向量图，是以数学的矢量方式来记录图像内容的。矢量图中的图形元素称为对象，每个对象都是独立的，具有各自的属性（如颜色、形状、轮廓、大小和位置等）。矢量图在缩放时不会产生失真的现象，并且它的文件占用的内存空间较小。这种图像的缺点是色彩不够丰富，无法像位图那样精确地呈现各种绚丽的色彩。

这两种类型的图像各具特色，也各有优缺点，并且它们之间具有良好的互补性。因此，在处理图像和绘制图形的过程中，将这两种图像交互使用，取长补短，可以使创作出来的作品更加完美。

1.3.2 颜色模式

CorelDRAW X7 提供了多种颜色模式，这些颜色模式提供了把色彩协调一致地用数值表示的方法，是使设计制作的作品能够在屏幕和印刷品上成功表现的重要保障。在这些颜色模式中，经常用到的有 RGB 模式、CMYK 模式、Lab 模式、HSB 模式以及灰度模式等，并且它们可以互相转换。每种颜色模式都有不同的色域，读者可以根据需要选择合适的颜色模式。

1. RGB 模式

RGB 模式是工作中经常使用的一种颜色模式。RGB 模式是一种加色模式，它通过叠加红色、绿色、蓝色 3 种色光形成更多的颜色。同时 RGB 模式也是色光的彩色模式，一幅 24 位的 RGB 图像有 3 个色彩信息通道：红色（R）、绿色（G）和蓝色（B）。

每个通道都有 8 位色彩信息——一个 0 ～ 255 的亮度值色域。RGB 的 3 种色彩的数值越大，颜色就越浅，如 3 种色彩的数值都为 255 时，颜色被调整为白色；RGB 的 3 种色彩的数值越小，颜色就越深，如 3 种色彩的数值都为 0 时，颜色被调整为黑色。

3 种色彩中每种色彩都有 256 个亮度水平级。3 种色彩相叠加，可以有 256×256×256=1678 多万种可能的颜色。这 1670 多万种颜色足以表现出这个绚丽多彩的世界。用户使用的显示器就是 RGB 模式的。

选择 RGB 模式的操作步骤：单击"编辑填充"工具按钮，在弹出的"编辑填充"对话框中单击"均匀填充"按钮，切换到相应的界面，或按 Shift+F11 组合键，弹出"编辑填充"对话框中的"均匀填充"界面，选择"RGB"模型，如图 1-12 所示。在对话框中可设置 RGB 颜色值。

在编辑图像时，RGB 模式是较佳的选择。由于它可以提供全屏幕多达 24 位的色彩范围，一些计算机领域的色彩专家称之为"True Color"（真彩色）。

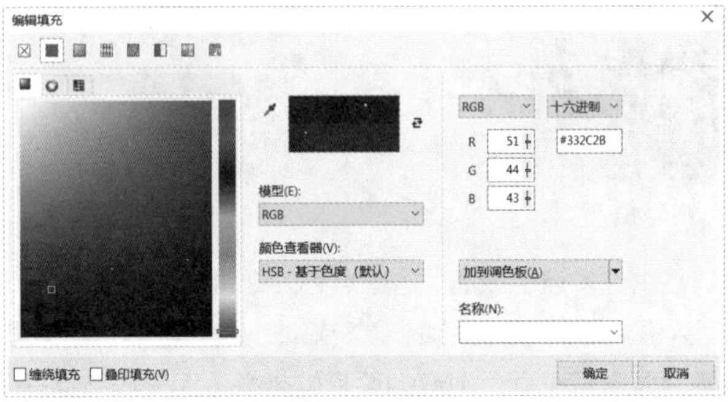

图 1-12

2. CMYK 模式

CMYK 模式应用了色彩学中的减法混合原理，它通过反射某些颜色的光并吸收另外一些颜色的光来产生不同的颜色，是一种减色模式。CMYK 代表了印刷上用的 4 种油墨色：C 代表青色，M 代表洋红色，Y 代表黄色，K 代表黑色。CorelDRAW X7 默认状态下使用的就是 CMYK 模式。

CMYK 模式是印刷图片和其他作品时常用的一种颜色模式。这是因为印刷时通常先进行四色分色，制作出四色胶片，然后再进行印刷。

选择 CMYK 模式的操作步骤：单击"编辑填充"工具按钮，在弹出的"编辑填充"对话框中单击"均匀填充"按钮，切换到相应的界面，选择"CMYK"模型，如图 1-13 所示。在对话框中可设置 CMYK 颜色值。

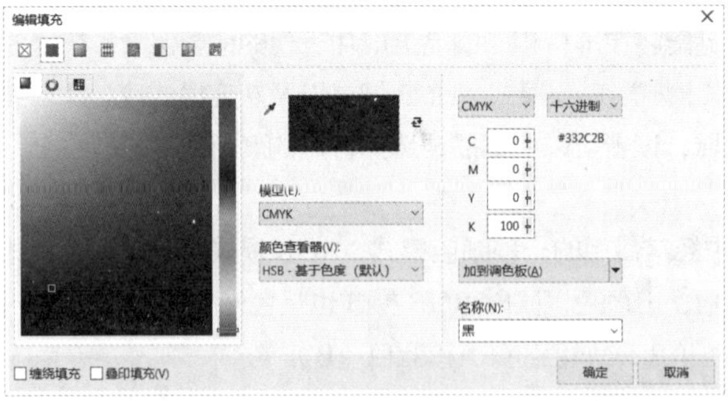

图 1-13

3. Lab 模式

Lab 是一种国际标准颜色模式，由 3 个通道组成：一个通道是透明度，即 L；另外两个通道是色彩通道，即色相和饱和度，用 a 和 b 表示。a 通道包含从深绿色到灰色，再到亮粉红色的色彩；b 通道包含从亮蓝色到灰色，再到焦黄色的色彩。这些色彩混合后将产生明亮的色彩。

选择 Lab 模式的操作步骤：单击"编辑填充"工具按钮，在弹出的"编辑填充"对话框中单击

"均匀填充"按钮■，切换到相应的界面，选择"Lab"模型，如图 1-14 所示。在对话框中可设置 Lab 颜色值。

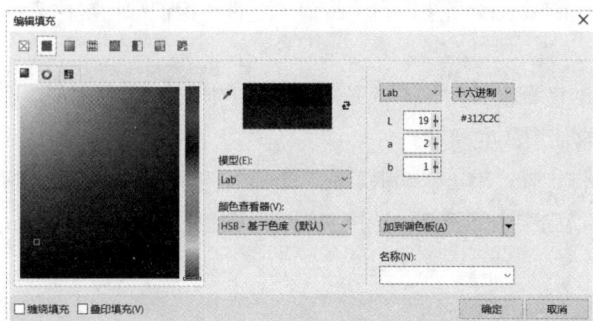

图 1-14

Lab 模式理论上包含人眼可见的所有色彩，它弥补了 CMYK 模式和 RGB 模式的不足。在这种模式下，图像的处理速度比在 CMYK 模式下快数倍，与 RGB 模式的速度相仿，而且在把 Lab 模式转成 CMYK 模式的过程中，所有的色彩都不会丢失或被替换。事实上，在将 RGB 模式转换成 CMYK 模式时，Lab 模式一直扮演着中介的角色。也就是说，RGB 模式先转换成 Lab 模式，然后再转换成 CMYK 模式。

4. HSB 模式

HSB 模式是一种更直观的颜色模式，它的调色方法更接近人的视觉原埋，在调色过程中更容易找到需要的颜色。

H 代表色相，S 代表饱和度，B 代表亮度。色相的意思是纯色，即组成可见光谱的单色。红色为 0°，绿色为 120°，蓝色为 240°。饱和度代表色彩的纯度，饱和度为 0 时即灰色，黑色、白色两种色彩没有饱和度。亮度代表色彩的明亮程度，亮度最大时色彩最鲜艳，黑色的亮度为 0。

进入 HSB 模式的操作步骤：单击"编辑填充"工具按钮■，在弹出的"编辑填充"对话框中单击"均匀填充"按钮■，切换到相应的界面，选择"HSB"模型，如图 1-15 所示。在对话框中可设置 HSB 颜色值。

图 1-15

5. 灰度模式

灰度模式形成的灰度图又叫 8bit 深度图。每个像素用 8 个二进制位表示，能产生 2^8 即 256 级灰色调。当彩色模式文件被转换为灰度模式文件时，所有的颜色信息都将丢失。尽管 CorelDRAW X7

允许将灰度模式文件转换为彩色模式文件，但不可能将原来的颜色完全还原。所以，当要转换为灰度模式时，请先做好备份。

像黑白照片一样，灰度模式的图像只有明暗值，没有色相和饱和度这两种颜色信息。0%代表黑，100%代表白。

将彩色模式转换为双色调模式时，必须先转换为灰度模式，然后由灰度模式转换为双色调模式。在制作黑白印刷品时经常使用灰度模式。

进入灰度模式的操作步骤：单击"编辑填充"工具按钮 ，在弹出的"编辑填充"对话框中单击"均匀填充"按钮 ，切换到相应的界面，选择"灰度"模型，如图 1-16 所示。在对话框中可设置灰度值。

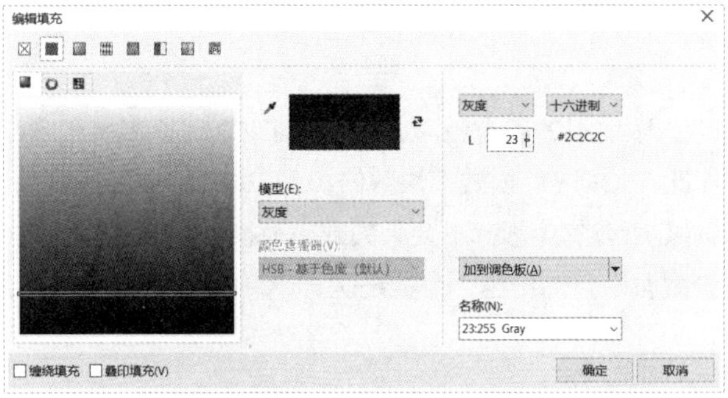

图 1-16

1.3.3　文件格式

用 CorelDRAW X7 制作或处理好一幅作品后，需要进行保存。这时，选择一种合适的文件格式就显得十分重要。

CorelDRAW X7 中有 20 多种文件格式可供选择。在这些文件格式中，既有 CorelDRAW X7 的专用文件格式，也有用于应用程序交换的文件格式，还有一些比较特殊的文件格式。

1. CDR 格式

CDR 格式是 CorelDRAW X7 的专用文件格式可以记录文件的属性、位置和分页等。但它的兼容性比较差，虽然它在所有版本的 CorelDRAW 中均能使用，但其他图像编辑软件打不开此类格式的文件。

2. AI 格式

AI 格式是一种矢量图文件格式，是 Adobe 公司的 Illustrator 的专用文件格式。它的兼容性比较好，在 CorelDRAW X7 中可以打开 AI 格式的文件，也可以将 CDR 格式的文件导出为 AI 格式。

3. TIF（TIFF）

TIF 是标签图像文件格式。TIF 对色彩通道图像来说是很有用的格式，具有很强的可移植性。它可以用于 Windows、macOS 以及 UNIX 工作站三大平台，是这三大平台上使用最广泛的图像文件格式之一。用 TIF 存储时应考虑到文件的大小，因为 TIF 的结构要比其他格式更复杂。TIF 支持 24 个通道，能存储多于 4 个通道的文件。TIF 文件非常适合用于印刷和输出。

4. PSD 格式

PSD 格式是 Photoshop 的专用文件格式。PSD 格式能够完整保存图像数据的细节，如图层、Alpha 通道等。在没有最终决定图像的存储格式前，最好先以 PSD 格式存储。另外，Photoshop 打开和存储 PSD 格式的文件较其他格式更快。但是 PSD 格式也有缺点，就是存储的图像文件特别大，占用磁盘空间较多。由于在一些图形绘制程序中没有得到很好的支持，所以其通用性不强。

5. JPEG 格式

JPEG（Joint Photographic Experts Group，联合图片专家组）格式既是 Photoshop 支持的一种文件格式，也是一种压缩方案。它是 macOS 上常用的一种存储格式。JPEG 格式是压缩格式中的"佼佼者"，与 TIF 采用的 LZW 无损压缩相比，它的压缩比例更大。但它使用的有损压缩方案会丢失部分数据。用户可以在存储前选择图像的最后质量，这能控制数据的丢失程度。

6. PNG 格式

PNG 格式是用于无损压缩和在 Web 上显示图像的文件格式，是 GIF 的无专利替代品。它支持 24 位图像和透明背景，可以对图像边缘进行光滑处理，还支持无 Alpha 通道的 RGB 模式、索引颜色模式、灰度模式和位图模式的图像。某些 Web 浏览器不支持 PNG 图像。

1.4 CorelDRAW X7 的工作界面

本节介绍 CorelDRAW X7 的工作界面，并简单介绍 CorelDRAW X7 的菜单栏、工具栏、工具箱及泊坞窗等。

1.4.1 工作界面

CorelDRAW X7 的工作界面主要由标题栏、菜单栏、工具栏、工具箱、标尺、绘图页面、页面控制栏、状态栏、属性栏、调色板和泊坞窗等部分组成，如图 1-17 所示。

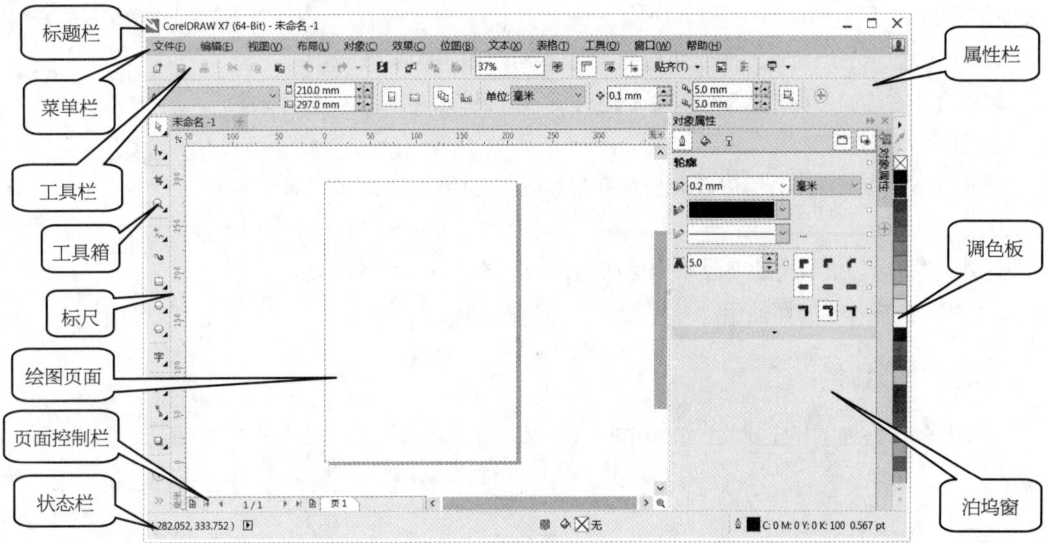

图 1-17

标题栏：用于显示软件版本和当前操作文件的名称，还可以用于调整 CorelDRAW X7 窗口的大小。

菜单栏：集合了 CorelDRAW X7 中的许多命令，并将它们分门别类地放置在不同的菜单中，供用户选择并使用。执行 CorelDRAW X7 菜单中的命令是最基本的操作方式。

工具栏：提供常用的操作按钮，可使用户轻松地完成基本的操作任务。

工具箱：分类存放着 CorelDRAW X7 中常用的工具，这些工具可以帮助用户完成各种工作。使用工具箱可以大大简化操作步骤，提高工作效率。

标尺：用于度量图形的尺寸，并对图形进行定位，是进行平面设计工作不可缺少的辅助工具。

绘图页面：绘图窗口中央的矩形区域，只有此区域内的图形才可打印。

页面控制栏：可以用于创建新页面并显示 CorelDRAW X7 中文档各页面的内容。

状态栏：可以为用户提供有关当前操作的各种提示信息。

属性栏：显示当前绘制图形的信息，并提供一系列可对图形进行相关操作的工具。

调色板：可以直接对所选图形或图形轮廓线进行颜色填充。

泊坞窗：这是 CorelDRAW X7 中最具特色的窗口，因可放在绘图窗口边缘而得名。它提供了许多常用的功能，使用户在创作时更加得心应手。

1.4.2　菜单

CorelDRAW X7 的菜单栏包含"文件""编辑""视图""布局""对象""效果""位图""文本""表格""工具""窗口""帮助"等菜单，如图 1-18 所示。

文件(F)　编辑(E)　视图(V)　布局(L)　对象(C)　效果(C)　位图(B)　文本(X)　表格(T)　工具(O)　窗口(W)　帮助(H)

图 1-18

单击菜单名称可以展开对应菜单，如单击"编辑"，将展开图 1-19 所示的"编辑"菜单。

命令左边为图标，它和工具栏中具有相同功能的按钮的图标一致，便于用户记忆和使用。

命令右边显示的组合键为操作快捷键，可以帮助用户提高工作效率。

某些命令右边有图标▶，表明该命令还有下一级菜单，将鼠标指针停放其上即可展开下一级菜单。

某些命令带有图标...，单击该命令会弹出对应的对话框，允许进一步对其进行设置。

图 1-19

此外，"编辑"菜单中的部分命令呈灰色，表明该命令当前不可使用，需进行一些相关的操作后方可使用。

1.4.3　工具栏

菜单栏的下方通常是工具栏，CorelDRAW X7 的"标准"工具栏如图 1-20 所示。

图 1-20

这里存放了常用的操作按钮，如"新建""打开""保存""打印""剪切""复制""粘贴""撤销""重做""搜索内容""导入""导出""发布为 PDF""全屏预览""显示标尺""显示网格""显示辅助线""贴齐""欢迎屏幕""选项""应用程序启动器"等。它们可以使用户便捷地完成基本的操作。

此外，CorelDRAW X7 还提供了其他工具栏，用户可以在"选项"对话框中选择它们。选择"窗口 > 工具栏 > 文本"命令可以显示"文本"工具栏，如图 1-21 所示。

图 1-21

选择"窗口 > 工具栏 > 变换"命令可以显示"变换"工具栏，如图 1-22 所示。

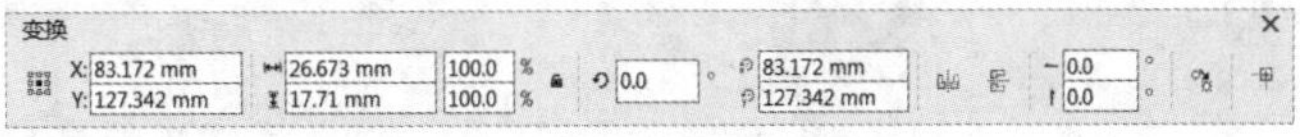

图 1-22

1.4.4 工具箱

CorelDRAW X7 的工具箱中放置着在绘制图形时常用的一些工具，这些工具是每一个软件使用者都必须掌握的基本操作工具。CorelDRAW X7 的工具箱如图 1-23 所示。

工具箱中依次放置"选择"工具、"形状"工具、"裁剪"工具、"缩放"工具、"手绘"工具、"艺术笔"工具、"矩形"工具、"椭圆形"工具、"多边形"工具、"文本"工具、"平行度量"工具、"直线连接器"工具、"阴影"工具、"透明度"工具、"颜色滴管"工具、"交互式填充"工具和"智能填充"工具等。

其中，有些工具按钮带有小三角形图标，表明其还有展开式工具栏，在其上长按鼠标左键即可展开。例如，在"阴影"工具按钮上长按鼠标左键将展开对应的展开式工具栏，如图 1-24 所示。

图 1-23

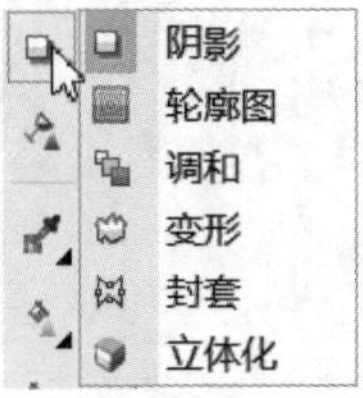

图 1-24

1.4.5　泊坞窗

CorelDRAW X7 的泊坞窗是一个十分有特色的窗口。当打开这一窗口时，它会停靠在绘图窗口的边缘，因此被称为"泊坞窗"。选择"窗口 > 泊坞窗 > 对象属性"命令，或按 Alt+Enter 组合键，会弹出图 1-25 右侧所示的"对象属性"泊坞窗。

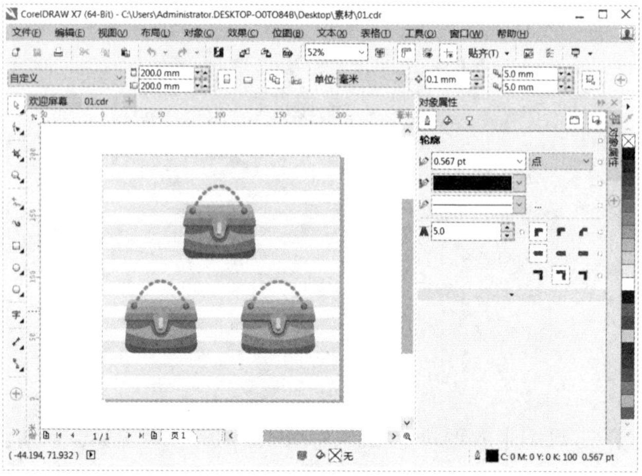

图 1-25

用户还可将泊坞窗拖曳出来，放在任意的位置，并可通过单击泊坞窗右上角的 ▶▶ 按钮将泊坞窗卷起，如图 1-26 所示。因此，它又被称为"卷帘工具"。

CorelDRAW X7 泊坞窗的列表位于"窗口 > 泊坞窗"子菜单中。可以选择"泊坞窗"子菜单中的命令来打开相应的泊坞窗。用户可以打开一个或多个泊坞窗，当打开多个泊坞窗时，除活动的泊坞窗之外，其余的泊坞窗将沿着泊坞窗的边沿以标签形式显示，效果如图 1-27 所示。

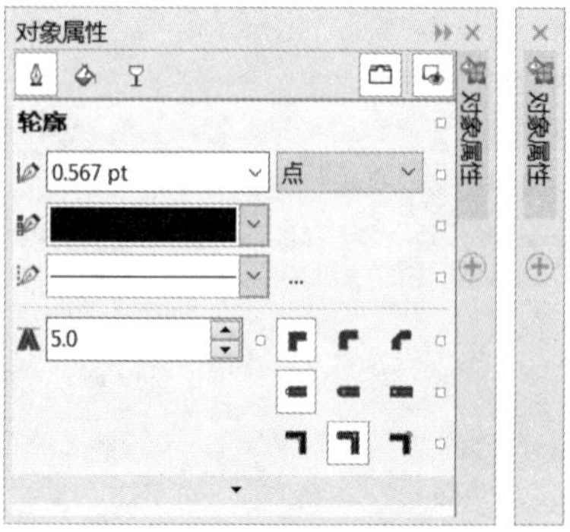

图 1-26

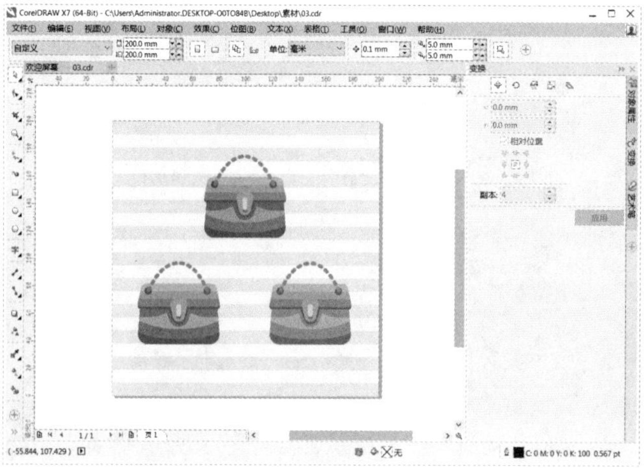

图 1-27

02

第 2 章
CorelDRAW X7 的基本操作

本章介绍

　　本章主要介绍 CorelDRAW X7 文件的基本操作方法、改变绘图页面的显示模式和显示比例的方法以及设置页面布局的方法。通过对本章的学习，读者可以初步掌握该软件的一些基本操作方法。

学习目标

✔ 熟练掌握文件的基本操作。
✔ 掌握绘图页面显示模式的设置。
✔ 掌握页面布局的设置。

素养目标

✔ 培养毅力和耐心，以克服编辑图形时遇到的各种挑战。
✔ 通过创造性的图形设计，培养表达自我的能力。
✔ 通过不断实践和尝试，培养积极探索的能力。

2.1 文件的基本操作

掌握一些基本的文件操作是开始设计和制作作品前所必需的技能。下面将介绍 CorelDRAW X7 中文版的一些基本的文件操作。

2.1.1 新建和打开文件

1. 使用启动 CorelDRAW X7 时的欢迎窗口新建和打开文件

启动 CorelDRAW X7 时的欢迎窗口如图 2-1 所示。单击"新建文档"按钮可以建立一个新的文件；单击"从模板新建"按钮可以使用系统默认的模板创建文件；单击"打开其他"按钮会弹出图 2-2 所示的"打开绘图"对话框，可以从中选择要打开的文件；单击"打开最近用过的文档"下方的文件名，可以打开最近编辑过的文件。

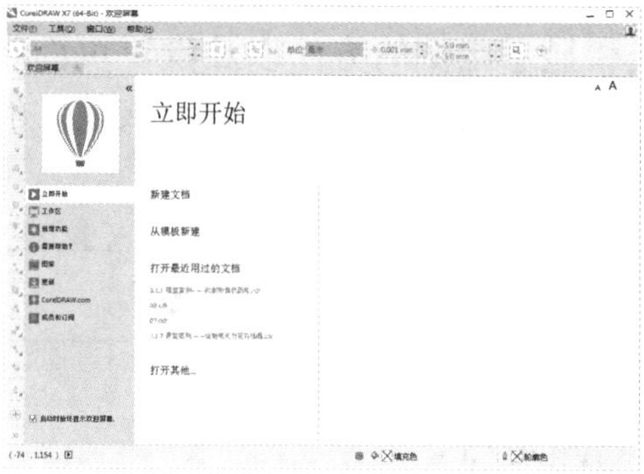

图 2-1

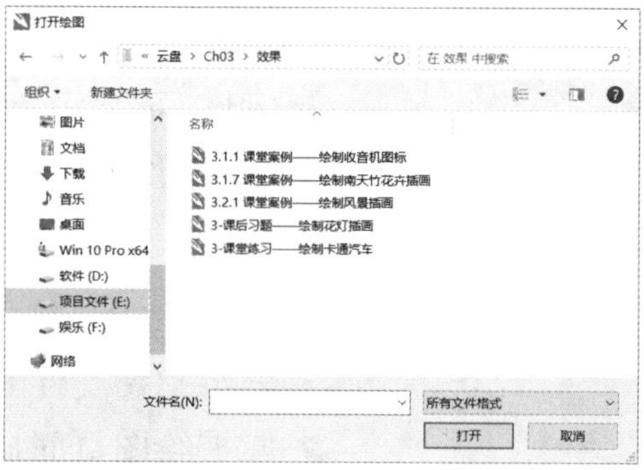

图 2-2

2. 使用命令和组合键新建和打开文件

选择"文件 > 新建"命令，或按 Ctrl+N 组合键，可新建文件。选择"文件 > 从模板新建"或"打开"命令，或按 Ctrl+O 组合键，可打开文件。

3. 使用"标准"工具栏新建和打开文件

也可以单击 CorelDRAW X7 "标准"工具栏中的"新建"按钮 和"打开"按钮 来新建和打开文件。

2.1.2 保存和关闭文件

1. 使用命令和组合键保存文件

选择"文件 > 保存"命令，或按 Ctrl+S 组合键，可保存文件。选择"文件 > 另存为"命令，或按 Ctrl+Shift+S 组合键，可更名并保存文件。

如果是第一次保存文件，在执行上述操作后，会弹出图 2-3 所示的"保存绘图"对话框。在对话框中可以设置"文件名""保存类型""版本"等保存选项。

2. 使用"标准"工具栏保存文件

单击 CorelDRAW X7 "标准"工具栏中的"保存"按钮 可以保存文件。

3. 使用命令、组合键和按钮关闭文件

选择"文件 > 关闭"命令，或按 Alt+F4 组合键，或单击绘图窗口右上角的"关闭"按钮×，可关闭文件。

此时，如果文件未保存，将弹出图 2-4 所示的提示对话框，询问用户是否保存文件。单击"是"按钮，则保存文件；单击"否"按钮，则不保存文件；单击"取消"按钮，则取消关闭操作。

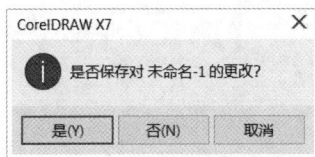

图 2-3   图 2-4

2.1.3 导出文件

1. 使用命令和组合键导出文件

选择"文件 > 导出"命令，或按 Ctrl+E 组合键，弹出图 2-5 所示的"导出"对话框。在对话框中可以设置文件路径和"文件名""保存类型"等选项。

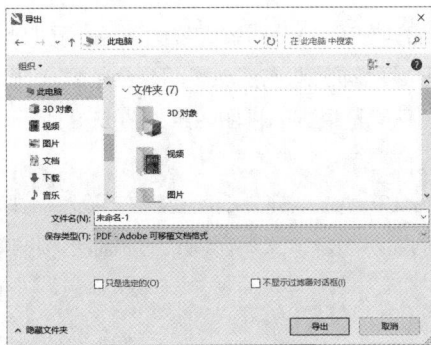

图 2-5

2. 使用"标准"工具栏导出文件

单击 CorelDRAW X7"标准"工具栏中的"导出"按钮 也可以将文件导出。

2.2 绘图页面显示模式的设置

在使用 CorelDRAW X7 绘制图形的过程中，用户可以随时改变绘图页面的显示模式以及显示比例，以便更加细致地观察所绘图形的整体或局部。

2.2.1 设置视图的显示模式

菜单栏的"视图"菜单中有 6 种视图显示模式：简单线框、线框、草稿、普通、增强和像素。每种显示模式对应的视图效果都不相同。

1．"简单线框"模式

"简单线框"模式只显示图形对象的轮廓，不显示绘图中的填充、立体化和调和等操作效果。此外，它还可显示单色的位图图像。"简单线框"模式的视图效果如图 2-6 所示。

2．"线框"模式

"线框"模式可以显示单色位图图像、立体透视图和调和形状等，而不显示填充效果。"线框"模式的视图效果如图 2-7 所示。

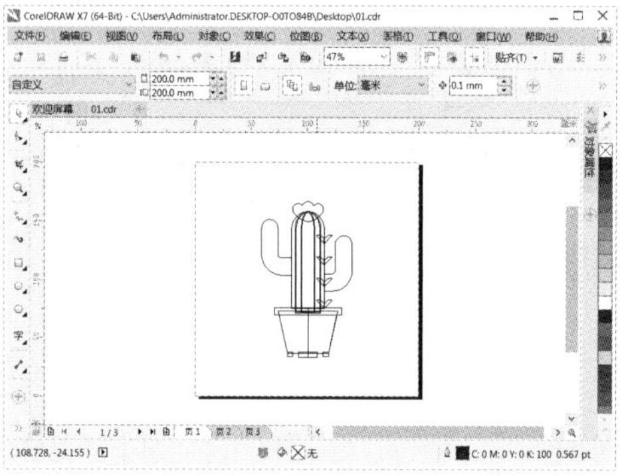

图 2-6

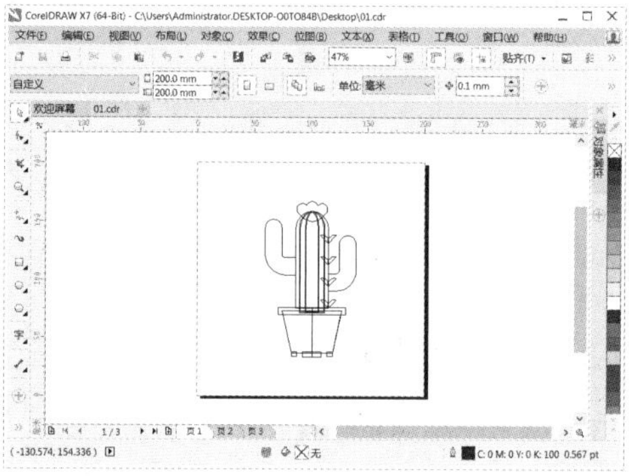

图 2-7

3．"草稿"模式

"草稿"模式可以显示标准的填充和低分辨率的位图图像。同时此模式利用了特定的样式来表明所填充的内容，如平行线表明是位图填充、双向箭头表明是全色填充、棋盘网格表明是双色填充、"PS"字样表明是 PostScript 填充。"草稿"模式的视图效果如图 2-8 所示。

4．"普通"模式

"普通"模式可以显示除 PostScript 填充外的所有填充以及高分辨率的位图图像。它是最常用的显示模式之一，既能保证图形的显示质量，又不影响计算机显示和刷新图形的速度。"普通"模式的视图效果如图 2-9 所示。

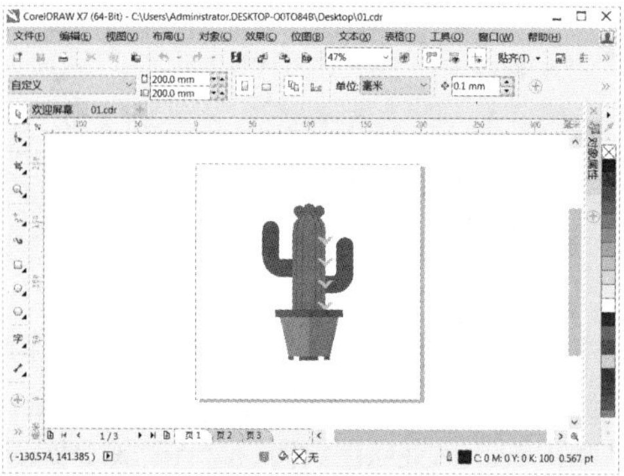

图 2-8

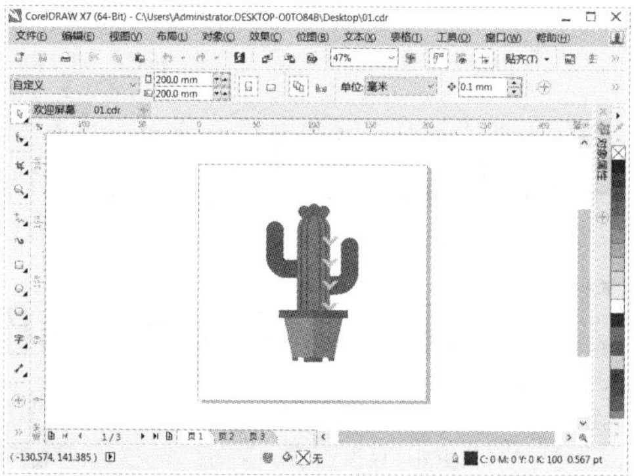

图 2-9

5. "增强"模式

"增强"模式可以显示最好的图形质量，它在屏幕上提供了最接近实际的图形显示效果。"增强"模式的视图效果如图 2-10 所示。

6. "像素"模式

"像素"模式使图像的色彩表现更加丰富，但放大到一定程度时会出现失真现象。"像素"模式的视图效果如图 2-11 所示。

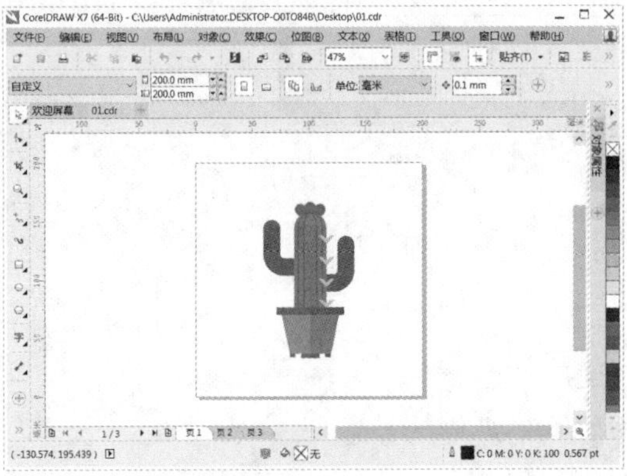

图 2-10 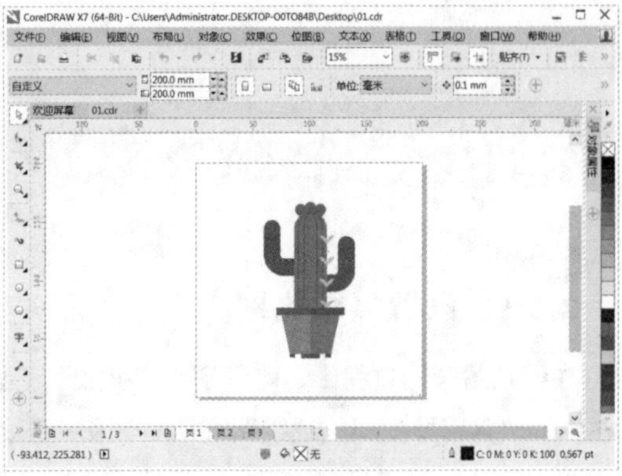   图 2-11

2.2.2 设置预览的显示模式

菜单栏的"视图"菜单中还有 3 种预览的显示模式：全屏预览、只预览选定的对象和页面排序器视图。

"全屏预览"模式可以将绘制的图形整屏显示在屏幕上，选择"视图 > 全屏预览"命令或按 F9 键可以切换至该模式，效果如图 2-12 所示。

"只预览选定的对象"模式可整屏显示所选定的对象，选择"视图 > 只预览选定的对象"命令可以切换至该模式，效果如图 2-13 所示。

图 2-12   图 2-13

"页面排序器视图"模式可将多个绘图页面同时显示出来，选择"视图 > 页面排序器视图"命令可以切换至该模式，效果如图 2-14 所示。

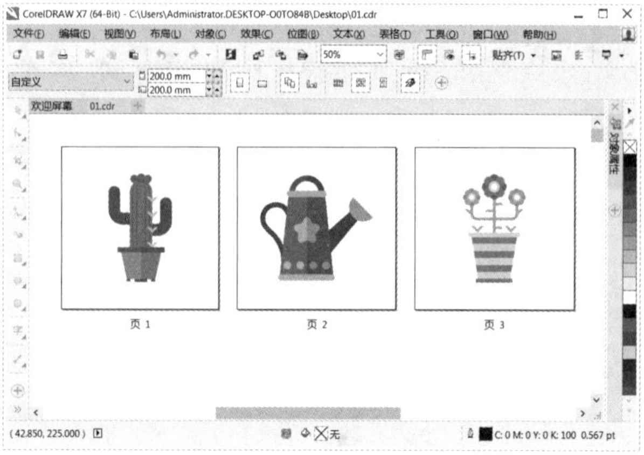

图 2-14

2.2.3 设置显示比例

在绘制图形的过程中，可以利用"缩放"工具展开式工具栏中的"平移"工具或绘图窗口右侧和底部的滚动条来移动视图。可以利用"缩放"工具及其属性栏来改变视图的显示比例，如图 2-15 所示。在"缩放"工具属性栏中，依次为"缩放级别"选项、"放大"按钮、"缩小"按钮、"缩放选定对象"按钮、"缩放全部对象"按钮、"显示页面"按钮、"按页宽显示"按钮和"按页高显示"按钮。

图 2-15

2.2.4 利用视图管理器显示页面

选择"视图 > 视图管理器"命令，或选择"窗口 > 泊坞窗 > 视图管理器"命令，或按 Ctrl+F2 组合键，均可打开"视图管理器"泊坞窗。

利用此泊坞窗可以保存任何指定的视图效果，当以后需要再次显示对应的效果时，直接在"视图管理器"泊坞窗中选择即可，无须重新操作。使用"视图管理器"泊坞窗进行视图显示的效果如图 2-16 所示。在"视图管理器"泊坞窗中，➕按钮用于添加当前查看的视图效果，➖按钮用于删除当前查看的视图效果。

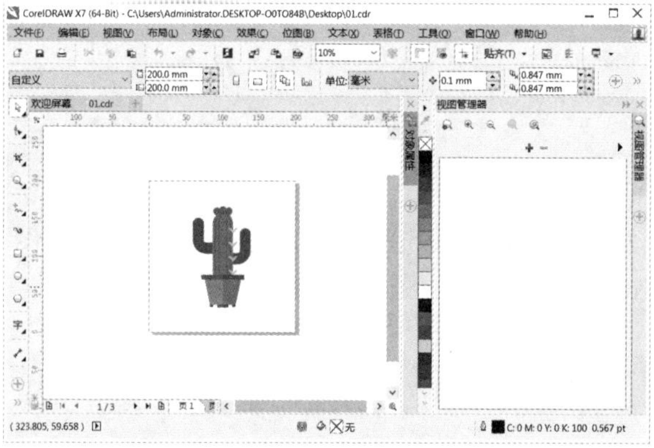

图 2-16

2.3 页面布局的设置

利用"选择"工具属性栏可以轻松地进行 CorelDRAW X7 页面的设置。选择"选择"工具，选择"工具 > 选项"命令，或单击"标准"工具栏中的"选项"按钮，或按 Ctrl+J 组合键，弹出"选项"对话框。在该对话框中选择"自定义 > 命令栏"选项，再勾选"属性栏"复选框，如图 2-17 所示；然后单击"确定"按钮，则可显示图 2-18 所示的"选择"工具属性栏。

在属性栏中可以设置页面的类型、高度、宽度和放置方向等。

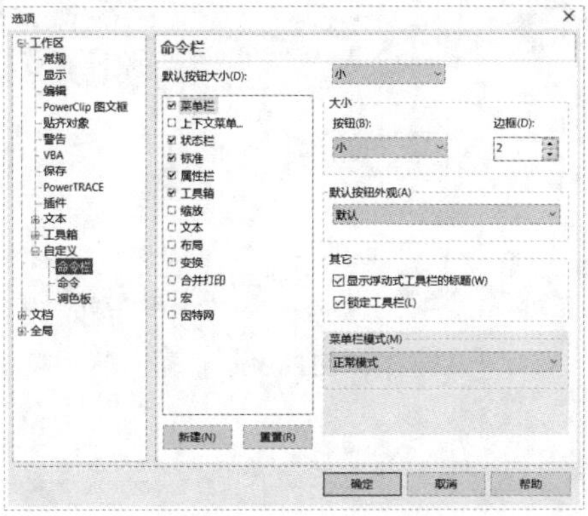

图 2-17

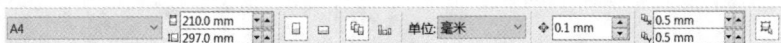

图 2-18

2.3.1 设置页面尺寸和布局

利用"布局"菜单中的"页面设置"命令可以进行更详细的设置。选择"布局 > 页面设置"命令，弹出"选项"对话框，如图 2-19 所示。

在"页面尺寸"选项卡中可以对页面的大小、宽度、高度和放置方向等进行设置，还可设置页面出血、分辨率等。

选择"布局"选项，则"选项"对话框如图 2-20 所示，可从中选择页面的布局样式。

图 2-19 　　　　　　　　　　　　　　　图 2-20

2.3.2　设置页面标签

选择"标签"选项，则"选项"对话框如图 2-21 所示，这里汇集了由 40 多家标签制造商设计的 800 多种标签供用户选择。

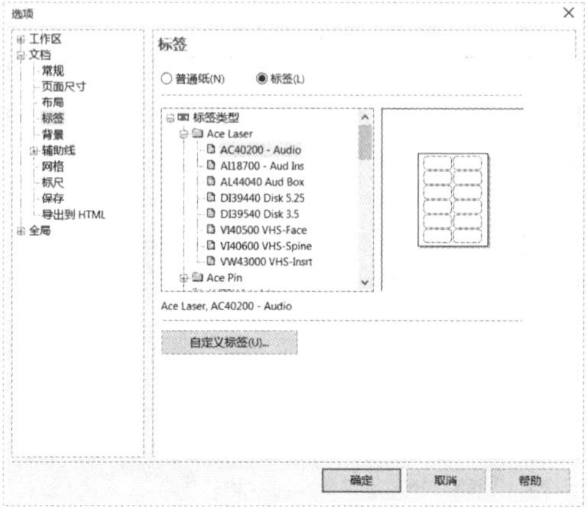

图 2-21

2.3.3　设置页面背景

选择"背景"选项，则"选项"对话框如图 2-22 所示，可以从中选择纯色或位图作为绘图页面的背景。

图 2-22

2.3.4　插入、删除与重命名页面

1．插入页面

选择"布局 > 插入页面"命令，弹出图 2-23 所示的"插入页面"对话框。在该对话框中可以设置插入的页面数目、位置、大小和方向等。

在 CorelDRAW X7 页面控制栏的页面标签上单击鼠标右键，弹出图 2-24 所示的快捷菜单，在其中选择插入页面的命令即可插入新页面。

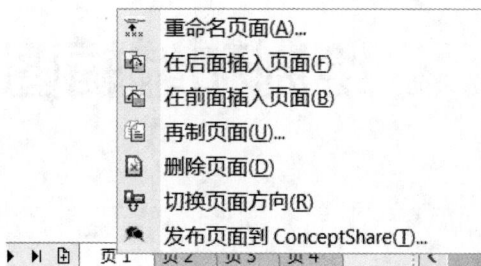

图 2-23   图 2-24

2. 删除页面

选择"布局 > 删除页面"命令，弹出图 2-25 所示的"删除页面"对话框。在该对话框中可以设置要删除的页面序号。另外，还可以同时删除多个连续的页面。

3. 重命名页面

选择"布局 > 重命名页面"命令，弹出图 2-26 所示的"重命名页面"对话框。在对话框的"页名"文本框中输入名称，单击"确定"按钮，即可重命名页面。

图 2-25   图 2-26

03

第 3 章
绘制和编辑图形

本章介绍

　　CorelDRAW X7 绘制和编辑图形的功能是非常强大的。本章详细介绍绘制和编辑图形的各种方法和技巧。通过对本章的学习，读者可以掌握绘制与编辑图形的方法和技巧，为进一步学习 CorelDRAW X7 打下坚实的基础。

学习目标

- ✔ 掌握绘制图形的方法。
- ✔ 掌握编辑对象的方法。

技能目标

- ✔ 掌握"收音机图标"的绘制方法。
- ✔ 掌握"南天竹花卉插画"的绘制方法。
- ✔ 掌握"风景插画"的绘制方法。

素养目标

- ✔ 培养审美观和创造性思维。
- ✔ 培养绘制和编辑图形的能力。
- ✔ 培养与他人有效沟通的团队合作能力。

3.1 绘制图形

使用 CorelDRAW X7 的基本绘图工具可以绘制简单的几何图形。通过本节的讲解和练习，读者可以初步掌握 CorelDRAW X7 基本绘图工具的特性，为今后绘制更复杂、更优质的图形打下坚实的基础。

3.1.1 课堂案例——绘制收音机图标

案例学习目标

学习使用图形绘制工具绘制收音机图标。

案例知识要点

使用"矩形"工具、"椭圆形"工具、"3 点椭圆形"工具、"基本形状"工具和"变换"泊坞窗绘制收音机图标，效果如图 3-1 所示。

效果所在位置

云盘\Ch03\效果\绘制收音机图标.cdr。

图 3-1

微课视频

扫码观看
本案例视频

（1）按 Ctrl+N 组合键，弹出"创建新文档"对话框，设置文档的宽度为 1024 px，高度为 1024 px，颜色模式为 RGB，渲染分辨率为 72 dpi，单击"确定"按钮，新建一个文档。

（2）双击"矩形"工具按钮，绘制一个与绘图页面大小相等的矩形，将其填充为黑色，在"无填充"按钮上单击鼠标右键，去除矩形的轮廓线，效果如图 3-2 所示。

（3）按数字键盘上的+键复制矩形。选择"选择"工具，按住 Shift 键的同时拖曳复制的矩形右上角的控制手柄，将其向中心等比例缩小；在"RGB 调色板"中的"80%黑"色块上单击，填充复制的矩形，效果如图 3-3 所示。

（4）保持矩形的选取状态。在属性栏中将"转角半径"均设置为 102 px，如图 3-4 所示，按 Enter 键，效果如图 3-5 所示。

图 3-2

图 3-3

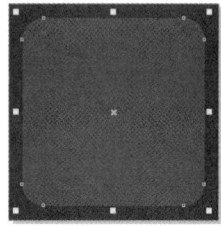

图 3-4

图 3-5

（5）按数字键盘上的+键复制圆角矩形。选择"选择"工具，向上拖曳复制的圆角矩形底边中间的控制手柄到适当的位置，调整其大小，效果如图 3-6 所示。设置填充颜色的 RGB 值为 249、191、0，填充复制的圆角矩形，效果如图 3-7 所示。

（6）选择"矩形"工具，在适当的位置绘制一个矩形，在"RGB 调色板"中的"80%黑"色块上单击，填充矩形，并去除矩形的轮廓线，效果如图 3-8 所示。

图 3-6

图 3-7

图 3-8

（7）按数字键盘上的+键复制矩形。选择"选择"工具，向上拖曳复制的矩形底边中间的控制手柄到适当的位置，调整其大小；设置填充颜色的 RGB 值为 237、80、19，填充复制的矩形，效果如图 3-9 所示。按住 Ctrl 键的同时竖直向下拖曳复制的矩形到适当的位置，效果如图 3-10 所示。用相同的方法绘制其他矩形，效果如图 3-11 所示。

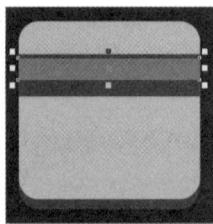

图 3-9

图 3-10

图 3-11

（8）选择"椭圆形"工具，按住 Ctrl 键的同时在适当的位置绘制一个圆形，在"RGB 调色板"中的"80%黑"色块上单击，填充圆形，并去除圆形的轮廓线，效果如图 3-12 所示。

（9）按数字键盘上的+键复制圆形。选择"选择"工具，向上微调复制的圆形的位置，在"RGB 调色板"中的"黄"色块上单击，填充复制的圆形，效果如图 3-13 所示。

（10）按数字键盘上的+键再次复制圆形。选择"选择"工具，按住 Shift 键的同时向内拖曳复制的圆形右上角的控制手柄到适当的位置。设置填充颜色的 RGB 值为 254、217、0，填充复制的圆形，效果如图 3-14 所示。用相同的方法绘制其他圆形，并调整其大小，填充相应的颜色，效果如图 3-15 所示。

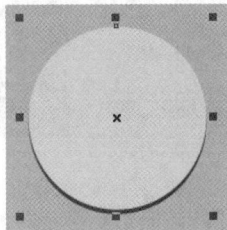

| 图 3-12 | 图 3-13 | 图 3-14 | 图 3-15 |

（11）选择"3 点椭圆形"工具，在适当的位置拖曳鼠标指针绘制一个椭圆形，如图 3-16 所示。在"RGB 调色板"中的"黄"色块上单击，填充椭圆形，并去除椭圆形的轮廓线，效果如图 3-17 所示。

（12）选择"基本形状"工具，单击属性栏中的"完美形状"按钮，在弹出的面板中选择三角形，如图 3-18 所示。在适当的位置拖曳鼠标指针绘制三角形，如图 3-19 所示。

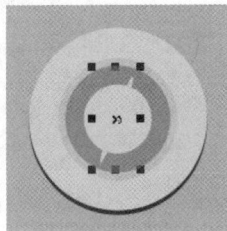

| 图 3-16 | 图 3-17 | 图 3-18 | 图 3-19 |

（13）设置填充颜色的 RGB 值为 237、80、19，填充三角形，并去除三角形的轮廓线，效果如图 3-20 所示。在属性栏中的"旋转角度"框中输入 225，按 Enter 键，效果如图 3-21 所示。选择"选择"工具，按数字键盘上的+键复制三角形。单击属性栏中的"垂直镜像"按钮垂直翻转复制的三角形。按住 Shift 键的同时竖直向下拖曳翻转的三角形到适当的位置，效果如图 3-22 所示。

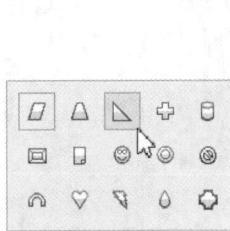

| 图 3-20 | 图 3-21 | 图 3-22 |

（14）选择"椭圆形"工具 ，按住 Ctrl 键的同时在适当的位置绘制一个圆形，在"RGB 调色板"中的"黄"色块上单击，填充圆形，并去除圆形的轮廓线，效果如图 3-23 所示。

（15）按 Alt+F7 组合键，弹出"变换"泊坞窗，在"x"框中输入 76 px，其他选项的设置如图 3-24 所示，单击"应用"按钮 ，效果如图 3-25 所示。

| 图 3-23 | 图 3-24 | 图 3-25 |

（16）选择"选择"工具，用圈选的方法将刚绘制的圆形全部选取，如图 3-26 所示。在"变换"泊坞窗中的"y"框中输入-76 px，其他选项的设置如图 3-27 所示，单击"应用"按钮，效果如图 3-28 所示。

| 图 3-26 | 图 3-27 | 图 3-28 |

（17）选择"选择"工具，用圈选的方法将刚绘制的圆形全部选取，按 Ctrl+G 组合键将其群组。按数字键盘上的+键复制群组图形。选择"选择"工具，向上微调复制的群组图形的位置，设置填充颜色为黑色，效果如图 3-29 所示。收音机图标绘制完成，效果如图 3-30 所示。

| 图 3-29 | 图 3-30 |

3.1.2 绘制矩形

1. 绘制直角矩形

选择工具箱中的"矩形"工具 □，在绘图页面中按住鼠标左键不放，拖曳鼠标指针到适当的位置，松开鼠标左键完成绘制，效果如图 3-31 所示。属性栏如图 3-32 所示。

按 Esc 键取消选取矩形，效果如图 3-33 所示。选择"选择"工具 □，在矩形上单击，选择刚绘制的矩形。

X: 105.0 mm	104.806 mm	100 %	⟲ 0.0
Y: 148.5 mm	132.853 mm	100 %	

图 3-31　　　　　　　　　　图 3-32　　　　　　　　　　图 3-33

按 F6 键快速选择"矩形"工具 □，可在绘图页面中适当的位置绘制矩形。

按住 Ctrl 键，可在绘图页面中绘制正方形。

按住 Shift 键，可在绘图页面中以鼠标指针所在位置为中心绘制矩形。

按住 Shift+Ctrl 组合键，可在绘图页面中以鼠标指针所在位置为中心绘制正方形。

> **技巧** 双击工具箱中的"矩形"工具按钮 □，可以绘制出一个和绘图页面大小一样的矩形。

2. 使用"矩形"工具绘制圆角矩形

在绘图页面中绘制一个矩形，如图 3-34 所示。在属性栏中，如果启用"转角半径"选项中的小锁图标 🔒，则改变"转角半径"时，矩形 4 个角的圆滑度将同时发生改变。设置"转角半径"，如图 3-35 所示；按 Enter 键，效果如图 3-36 所示。

	20.0 mm	🔒	20.0 mm	
	20.0 mm		20.0 mm	

图 3-34　　　　　　　　　　图 3-35　　　　　　　　　　图 3-36

如果不启用小锁图标 🔒，则可以单独改变矩形一个角的圆滑度；在属性栏中，分别设置"转角半径"，如图 3-37 所示，按 Enter 键，效果如图 3-38 所示。如果要将圆角矩形还原为直角矩形，可以将所有角的圆滑度设置为 0。

图 3-37   图 3-38

3. 使用鼠标拖曳矩形节点绘制圆角矩形

在绘图页面中绘制一个矩形。按 F10 键快速选择"形状"工具，选中矩形边角的节点，如图 3-39 所示；按住鼠标左键拖曳矩形边角的节点，改变边角的圆滑度，如图 3-40 所示；松开鼠标左键，圆角矩形的效果如图 3-41 所示。

图 3-39   图 3-40   图 3-41

4. 使用"矩形"工具绘制扇形角图形

在绘图页面中绘制一个矩形，如图 3-42 所示。在属性栏中单击"扇形角"按钮，在"转角半径"框中输入 20.0 mm，如图 3-43 所示，按 Enter 键，效果如图 3-44 所示。

图 3-42   图 3-43   图 3-44

5. 使用"矩形"工具绘制倒棱角图形

在绘图页面中绘制一个矩形，如图 3-45 所示。在属性栏中单击"倒棱角"按钮，在"转角半径"框中输入 20.0 mm，如图 3-46 所示，按 Enter 键，效果如图 3-47 所示。

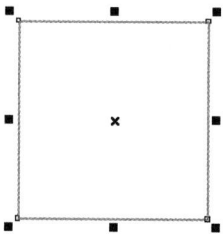

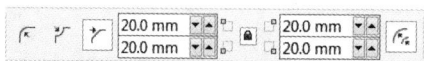

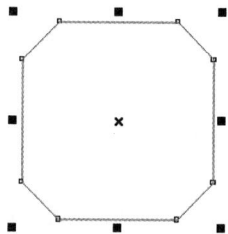

图 3-45   图 3-46   图 3-47

6. 使用"相对角缩放"按钮调整圆角矩形

在绘图页面中绘制一个圆角矩形,属性栏和效果如图 3-48 所示。在属性栏中单击"相对角缩放"按钮，拖曳控制手柄调整圆角矩形的大小,圆角半径会随着图形的调整发生改变,属性栏和效果如图 3-49 所示。

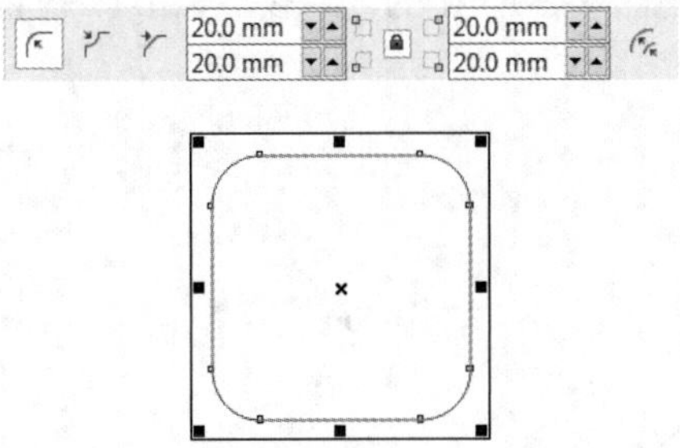

图 3-48

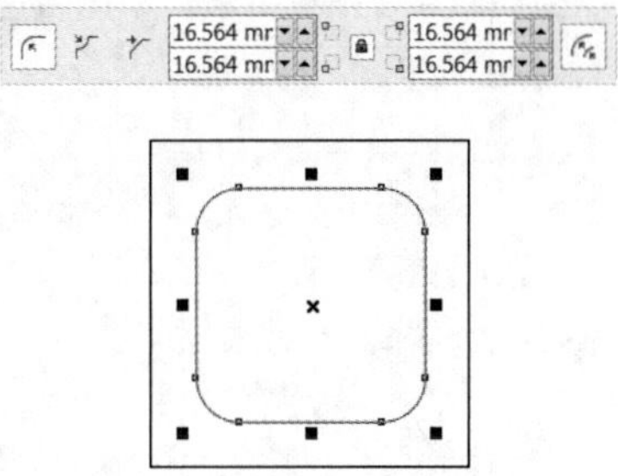

图 3-49

7. 绘制任意角度放置的矩形

选择"矩形"工具，展开式工具栏中的"3 点矩形"工具，在绘图页面中按住鼠标左键不放,拖曳鼠标指针到适当的位置,绘制一条任意方向的线段,这条线段就是矩形的一条边,如图 3-50 所示;松开鼠标左键,移动鼠标指针到适当的位置,即可确定矩形其余的边,如图 3-51 所示;单击,任意角度放置的矩形绘制完成,效果如图 3-52 所示。

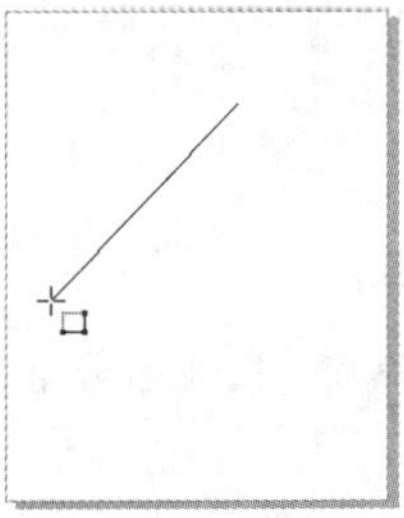

图 3-50

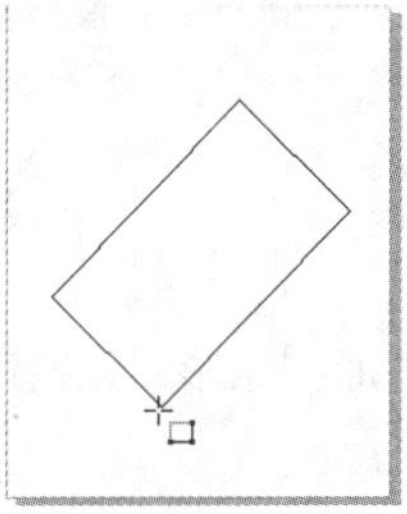

图 3-51

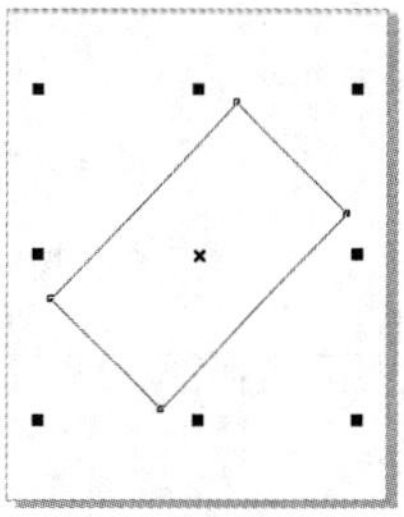

图 3-52

3.1.3 绘制椭圆形和圆形

1. 绘制椭圆形

选择"椭圆形"工具，在绘图页面中按住鼠标左键不放,拖曳鼠标指针到适当的位置,松开鼠标左键,椭圆形绘制完成,如图 3-53 所示;椭圆形的属性栏如图 3-54 所示。

按住 Ctrl 键,可在绘图页面中绘制圆形,如图 3-55 所示。

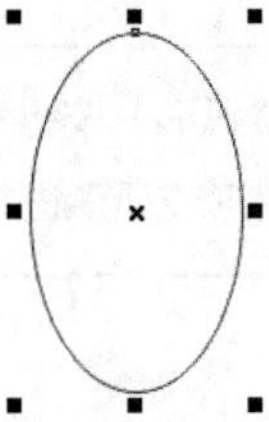

图 3-53

图 3-54

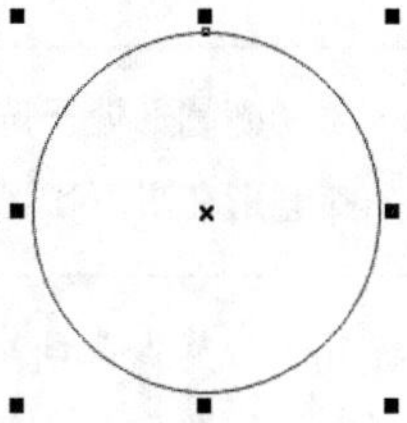

图 3-55

按 F7 键快速选择"椭圆形"工具 ◯，可在绘图页面中适当的位置绘制椭圆形。

按住 Shift 键，可在绘图页面中以鼠标指针所在位置为中心绘制椭圆形。

按住 Shift+Ctrl 组合键，可在绘图页面中以鼠标指针所在位置为中心绘制圆形。

2. 使用"椭圆形"工具绘制饼形和弧形

绘制一个圆形，如图 3-56 所示。单击属性栏（见图 3-57）中的"饼形"按钮 ◔，可将圆形转换为饼形，如图 3-58 所示。

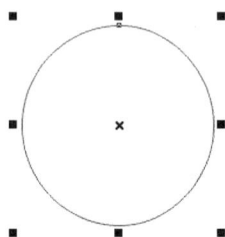

图 3-56  图 3-57 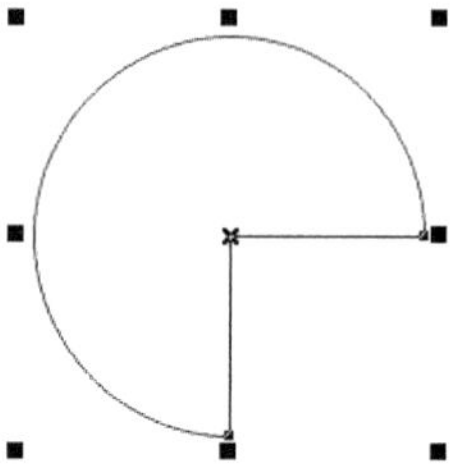 图 3-58

单击属性栏（见图 3-59）中的"弧形"按钮 ◠，可将圆形转换为弧形，如图 3-60 所示。

图 3-59 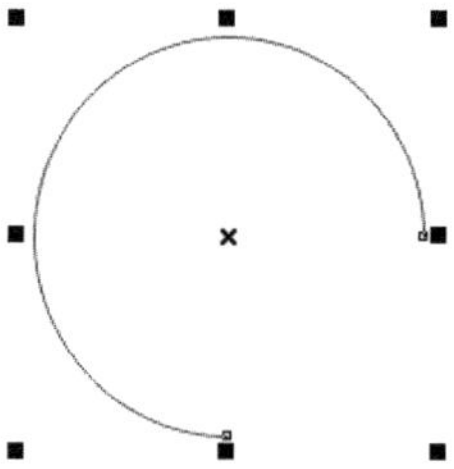 图 3-60

在"起始和结束角度" 中设置饼形和弧形的起始角度和终止角度，按 Enter 键，效果如图 3-61 所示。

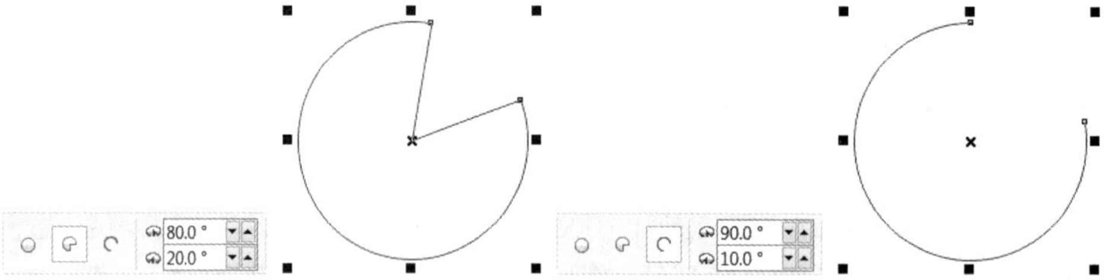

图 3-61

技巧

椭圆形处于选中状态时，在属性栏中单击"饼形"按钮 ◔ 或"弧形"按钮 ◠，可以使椭圆形在饼形和弧形之间转换。单击属性栏中的 按钮，可以将饼形或弧形进行镜像。

3. 拖曳圆形的节点来绘制饼形和弧形

绘制一个圆形。按 F10 键快速选择"形状"工具 ◠，在圆形轮廓线上的节点并按住鼠标左键不放，如图 3-62 所示。

向圆形内拖曳节点，如图 3-63 所示。松开鼠标左键，圆形变成饼形，效果如图 3-64 所示。向圆形外拖曳轮廓线上的节点，可使圆形变成弧形。

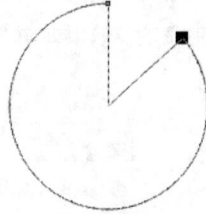

图 3-62 　　　　　　　　　图 3-63 　　　　　　　　　图 3-64

4. 绘制任意角度放置的椭圆形

选择"椭圆形"工具○展开式工具栏中的"3 点椭圆形"工具○，在绘图页面中按住鼠标左键不放，拖曳鼠标指针到适当的位置，绘制一条任意方向的线段，这条线段就是椭圆形的一个轴，如图 3-65 所示。松开鼠标左键，再移动鼠标指针到适当的位置，即可确定椭圆形的形状，如图 3-66 所示。单击，任意角度放置的椭圆形绘制完成，如图 3-67 所示。

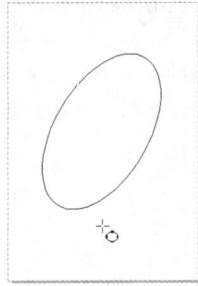

图 3-65 　　　　　　　　　图 3-66 　　　　　　　　　图 3-67

3.1.4　绘制各种图形

1. 绘制基本图形

选择"基本形状"工具○，在属性栏中单击"完美形状"按钮○，在弹出的面板中选择需要的基本图形，如图 3-68 所示。

在绘图页面中按住鼠标左键不放，从左上角向右下角拖曳鼠标指针到适当的位置，松开鼠标左键，基本图形绘制完成，效果如图 3-69 所示。

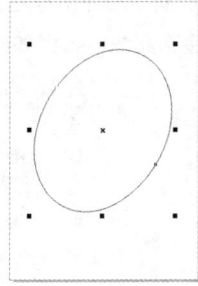

图 3-68 　　　　　　　　　图 3-69

2. 绘制箭头图形

选择"箭头形状"工具 ，在属性栏中单击"完美形状"按钮 ，在弹出的面板中选择需要的箭头图形，如图 3-70 所示。

在绘图页面中按住鼠标左键不放，从左上角向右下角拖曳鼠标指针到适当的位置，松开鼠标左键，箭头图形绘制完成，效果如图 3-71 所示。

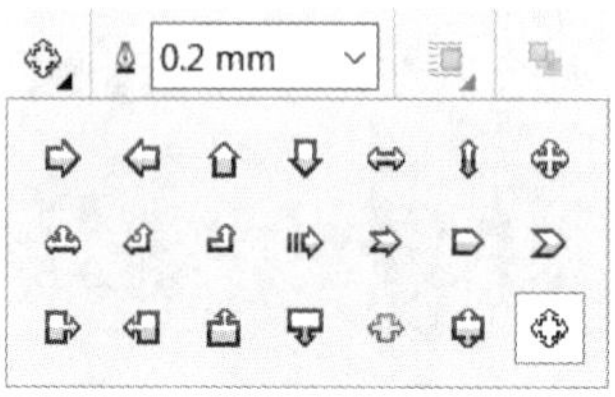

图 3-70 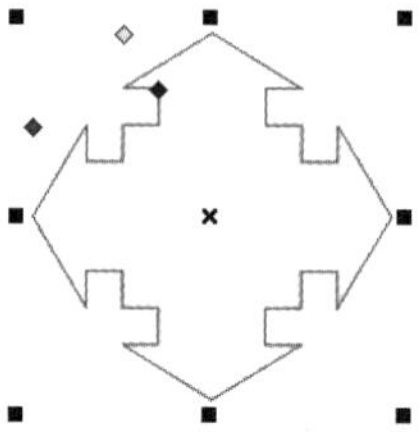   图 3-71

3. 绘制流程图图形

选择"流程图形状"工具 ，在属性栏中单击"完美形状"按钮 ，在弹出的面板中选择需要的流程图图形，如图 3-72 所示。

在绘图页面中按住鼠标左键不放，从左上角向右下角拖曳鼠标指针到适当的位置，松开鼠标左键，流程图图形绘制完成，效果如图 3-73 所示。

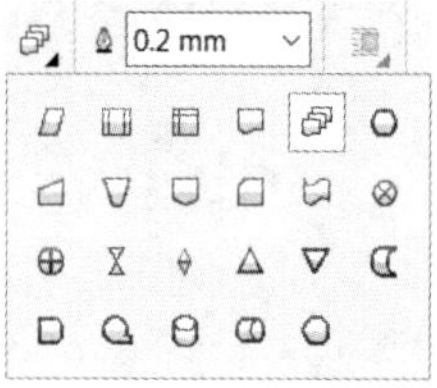

图 3-72 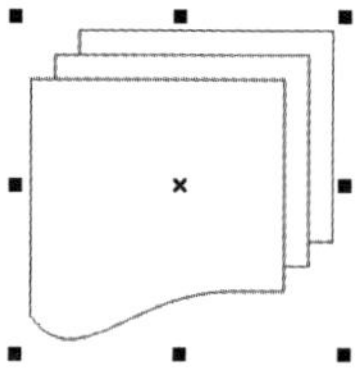   图 3-73

4. 绘制标题图形

选择"标题形状"工具 ，在属性栏中单击"完美形状"按钮 ，在弹出的面板中选择需要的标题图形，如图 3-74 所示。

在绘图页面中按住鼠标左键不放，从左上角向右下角拖曳鼠标指针到适当的位置，松开鼠标左键，标题图形绘制完成，效果如图 3-75 所示。

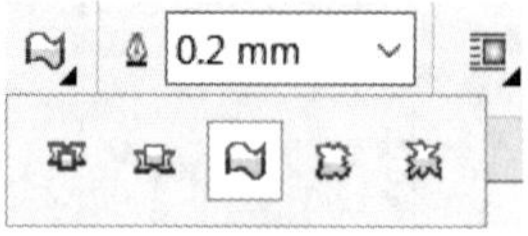

图 3-74 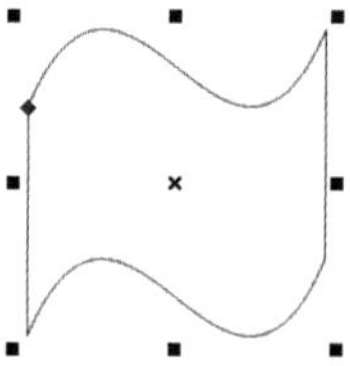   图 3-75

5. 绘制标注图形

选择"标注形状"工具 ，在属性栏中单击"完美形状"按钮 ，在弹出的面板中选择需要的标注图形，如图 3-76 所示。

在绘图页面中按住鼠标左键不放，从左上角向右下角拖曳鼠标指针到适当的位置，松开鼠标左键，标注图形绘制完成，效果如图 3-77 所示。

图 3-76

图 3-77

6.　**调整图形**

绘制一个图形，如图 3-78 所示。将鼠标指针移动到要调整的图形的红色菱形符号上，按住鼠标左键不放，将其拖曳到适当的位置，如图 3-79 所示。得到需要的图形后松开鼠标左键，效果如图 3-80 所示。

图 3-78　　　　　　　图 3-79　　　　　　　图 3-80

提示　流程图图形中没有红色菱形符号，所以不能对它进行调整。

3.1.5　绘制图纸

选择"图纸"工具，在绘图页面中按住鼠标左键不放，从左上角向右下角拖曳鼠标指针到适当的位置，松开鼠标左键，图纸绘制完成，如图 3-81 所示，属性栏如图 3-82 所示。在框中可以输入图纸的列数和行数，绘制出需要的图纸。

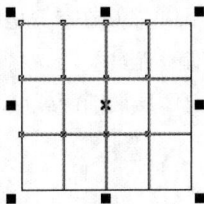

图 3-81

图 3-82

按住 Ctrl 键，可以在绘图页面中绘制正方形图纸。

按住 Shift 键，可以在绘图页面中以鼠标指针所在位置为中心绘制图纸。

按住 Shift+Ctrl 组合键，可以在绘图页面中以鼠标指针所在位置为中心绘制正方形图纸。

使用"选择"工具 选中网格状图形，如图 3-83 所示。选择"对象 > 组合 > 取消组合对象"命令或按 Ctrl+U 组合键，可将绘制出的网格状图形取消群组。取消选取网格状图形，此时使用"选择"工具 可以单选其中的各个图形，如图 3-84 所示。

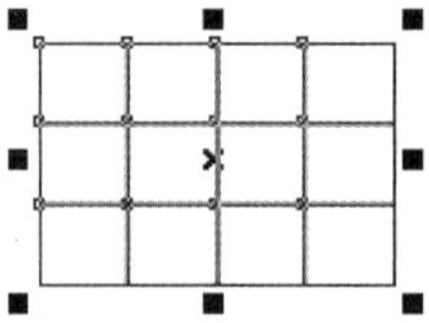

图 3-83 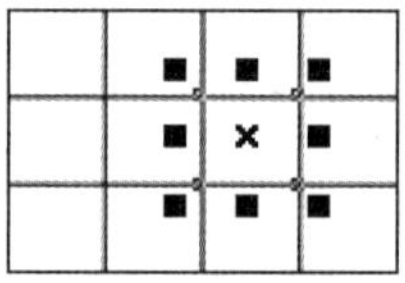   图 3-84

3.1.6 绘制表格

选择"表格"工具 ，在绘图页面中按住鼠标左键不放，从左上角向右下角拖曳鼠标指针到适当的位置，松开鼠标左键，表格绘制完成，效果如图 3-85 所示，属性栏如图 3-86 所示。

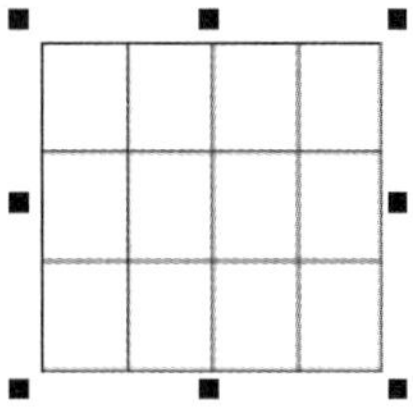

图 3-85 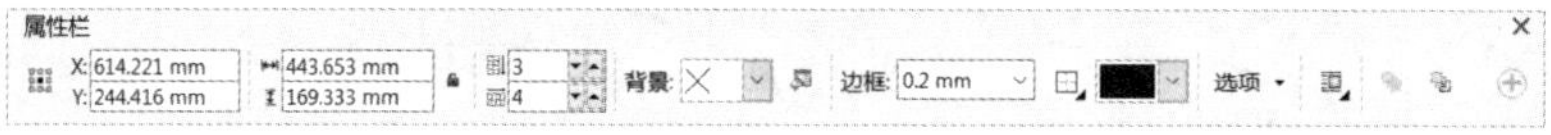   图 3-86

按住 Ctrl 键，可以在绘图页面中绘制正方形表格。

按住 Shift 键，可以在绘图页面中以鼠标指针所在位置为中心绘制表格。

按住 Shift+Ctrl 组合键，可以在绘图页面中以鼠标指针所在位置为中心绘制正方形表格。

属性栏中各选项的功能如下。

框：可以重新设置表格的列数和行数，绘制出需要的表格。

背景 ：选择和设置表格的背景色。单击"编辑填充"按钮 会弹出"编辑填充"对话框，可在该对话框中更改背景的填充颜色。

边框 ：用于选择并设置表格轮廓线的粗细、颜色。单击"轮廓笔"工具按钮 ，弹出"轮廓笔"对话框，可在该对话框中设置轮廓线的属性，如宽度、角形状和箭头类型等。

"表格选项"按钮：选择是否在输入数据时自动调整单元格的大小以及在单元格间添加空格。

"文本换行"按钮 ：选择段落文本环绕对象的样式，并设置偏移距离。

"到图层前面"按钮 和"到图层后面"按钮 ：将表格移动至图层最前面或最后面。

3.1.7 课堂案例——绘制南天竹花卉插画

案例学习目标

学习使用"星形"工具和"多边形"工具绘制南天竹花卉插画。

案例知识要点

使用“导入”命令导入素材图片，使用“多边形”工具、“旋转角度”选项、“透明度”工具、“流程图形状”工具、“椭圆形”工具、“星形”工具绘制花盆，使用“2 点线”工具、“椭圆形”工具、“水平镜像”按钮绘制南天竹，使用“复杂星形”工具绘制太阳。南天竹花卉插画效果如图 3-87 所示。

效果所在位置

云盘\Ch03\效果\绘制南天竹花卉插画.cdr。

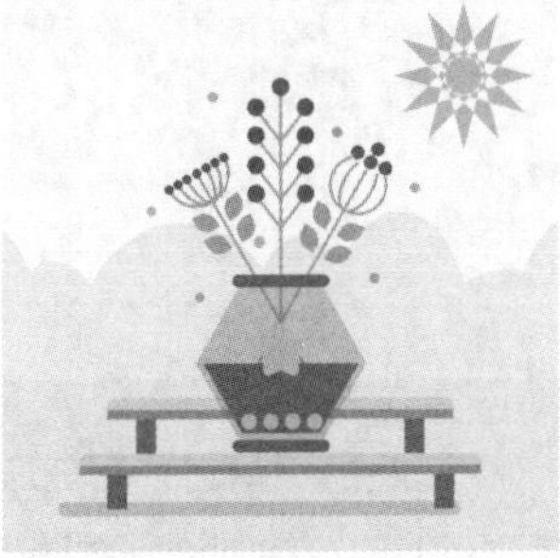

图 3-87

微课视频
扫码观看
本案例视频

（1）按 Ctrl+N 组合键，弹出“创建新文档”对话框，设置文档的宽度为 200 mm，高度为 200 mm，取向为横向，颜色模式为 CMYK，渲染分辨率为 300 dpi，单击“确定”按钮，新建一个文档。

（2）按 Ctrl+I 组合键，弹出“导入”对话框，选择云盘中的“Ch03 \ 素材 \ 绘制南天竹花卉插画 \ 01”文件，单击“导入”按钮，在绘图页面中单击，导入图片。选择“选择”工具，拖曳图片到适当的位置并调整其大小，效果如图 3-88 所示。

（3）选择“多边形”工具，在属性栏中的设置如图 3-89 所示；按住 Ctrl 键的同时在适当的位置绘制一个多边形，效果如图 3-90 所示。在属性栏中的“旋转角度”框 0.0 中输入 90；按 Enter 键，效果如图 3-91 所示。在“CMYK 调色板”中的“青”色块上单击，填充多边形，并去除多边形的轮廓线，效果如图 3-92 所示。

（4）选择“透明度”工具，在属性栏中单击“均匀透明度”按钮，其他选项的设置如图 3-93 所示，按 Enter 键，透明效果如图 3-94 所示。

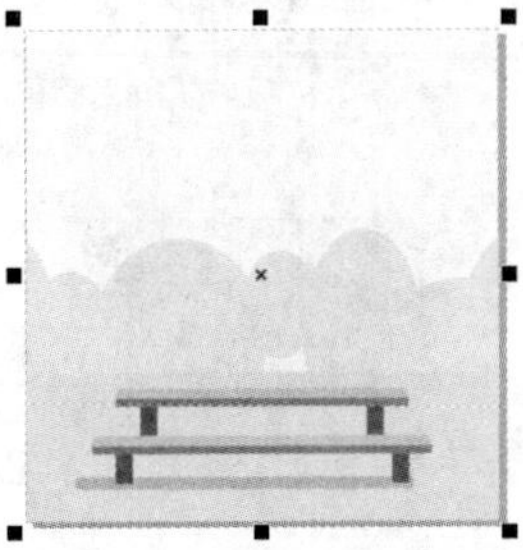

图 3-88

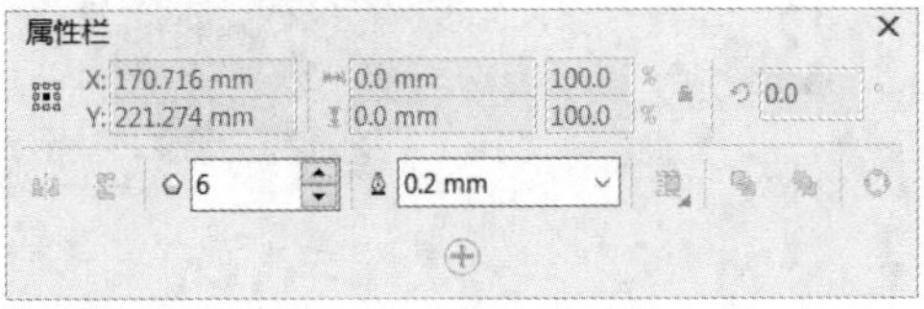
属性栏
X: 170.716 mm
Y: 221.274 mm
0.0 mm
0.0 mm
100.0
100.0
%
0.0
6
0.2 mm

图 3-89

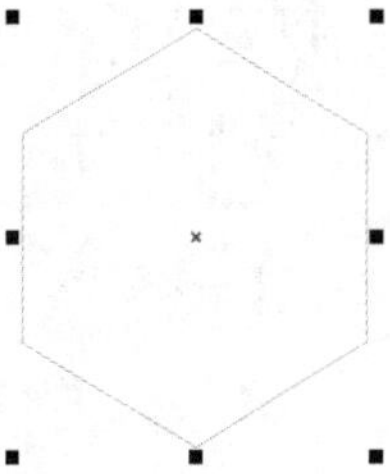

图 3-90

图 3-91

图 3-92

图 3-93

图 3-94

（5）选择"流程图形状"工具，在属性栏中单击"完美形状"按钮，在弹出的面板中选择需要的流程图图形，如图 3-95 所示，在适当的位置绘制流程图图形，效果如图 3-96 所示。在"CMYK调色板"中的"青"色块上单击，填充流程图图形，并去除流程图图形的轮廓线，效果如图 3-97 所示。

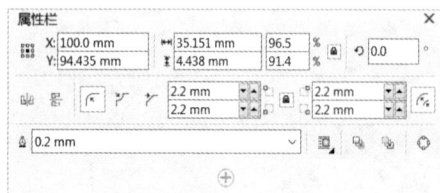

图 3-95

图 3-96

图 3-97

（6）选择"矩形"工具，在适当的位置绘制一个矩形，在属性栏中将"转角半径"均设置为2.2 mm，如图 3-98 所示；按 Enter 键，效果如图 3-99 所示。在"CMYK 调色板"中的"青"色块上单击，填充圆角矩形，并去除圆角矩形的轮廓线，效果如图 3-100 所示。

图 3-98

图 3-99

图 3-100

（7）按数字键盘上的+键复制圆角矩形。选择"选择"工具，按住 Ctrl 键的同时竖直向下拖曳复制的圆角矩形到适当的位置，效果如图 3-101 所示。

（8）选择"椭圆形"工具，按住 Ctrl 键的同时在适当的位置绘制一个圆形，设置填充颜色的

CMYK 值为 0、20、100、0，填充圆形，并去除圆形的轮廓线，效果如图 3-102 所示。

（9）按数字键盘上的+键复制圆形。选择"选择"工具，按住 Ctrl 键的同时水平向右拖曳复制的圆形到适当的位置，效果如图 3-103 所示。连续按 Ctrl+D 组合键，按需要再复制两个圆形，效果如图 3-104 所示。

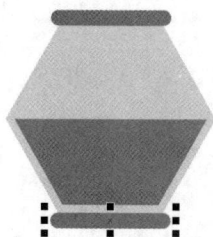

图 3-101　　　　图 3-102　　　　图 3-103　　　　图 3-104

（10）选择"星形"工具，属性栏中的设置如图 3-105 所示；按住 Ctrl 键的同时在适当的位置绘制一个星形，如图 3-106 所示。

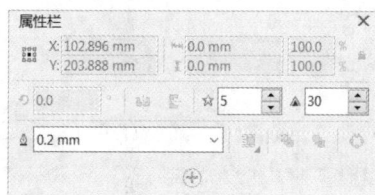

图 3-105　　　　　　　　　　图 3-106

（11）选择"窗口 > 泊坞窗 > 圆角/扇形角/倒棱角"命令，弹出"圆角/扇形角/倒棱角"泊坞窗，选项的设置如图 3-107 所示，单击"应用"按钮，效果如图 3-108 所示。设置填充颜色的 CMYK 值为 0、20、100、0，填充图形，并去除图形的轮廓线，效果如图 3-109 所示。选择"选择"工具，用圈选的方法将所绘制的图形同时选取，按 Ctrl+G 组合键将其群组，效果如图 3-110 所示。

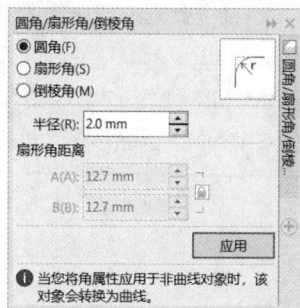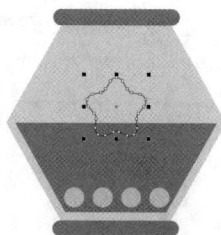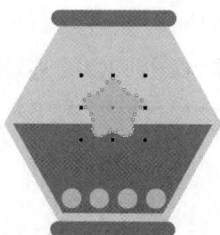

图 3-107　　　　图 3-108　　　　图 3-109　　　　图 3-110

（12）选择"2 点线"工具，按住 Ctrl 键的同时在适当的位置绘制一条直线段，如图 3-111 所示。按 F12 键，弹出"轮廓笔"对话框，在"颜色"选项中设置轮廓线颜色的 CMYK 值为 46、2、76、0，其他选项的设置如图 3-112 所示；单击"确定"按钮，效果如图 3-113 所示。

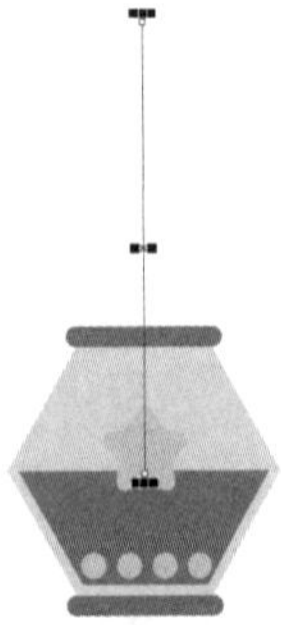

图 3-111 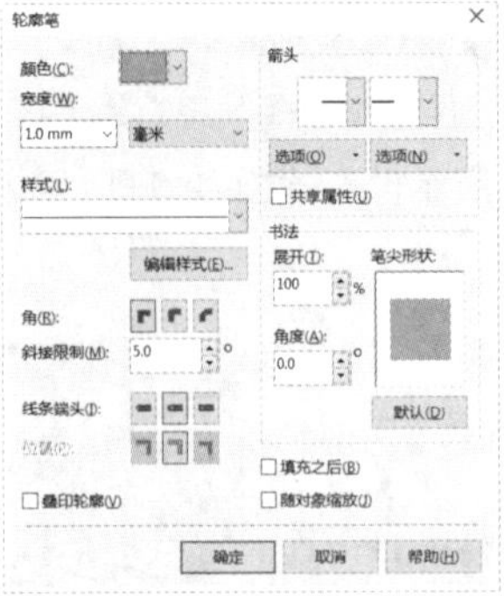　　　　　　　　　图 3-112 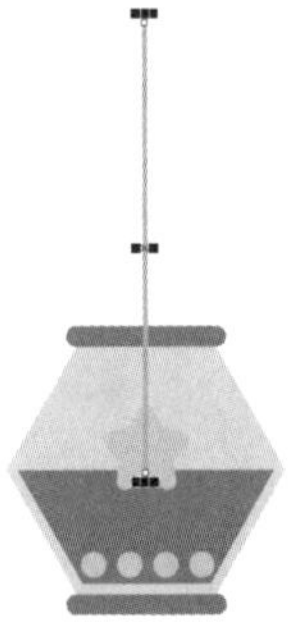　　　　　　　　　图 3-113

（13）选择"椭圆形"工具 ，按住 Ctrl 键的同时在适当的位置绘制一个圆形，设置填充颜色的 CMYK 值为 0、89、94、0，填充圆形，并去除圆形的轮廓线，效果如图 3-114 所示。

（14）选择"2 点线"工具 ，按住 Ctrl 键的同时在适当的位置绘制一条斜线，如图 3-115 所示。按 F12 键，弹出"轮廓笔"对话框，在"颜色"选项中设置轮廓线颜色的 CMYK 值为 46、2、76、0，其他选项的设置如图 3-116 所示；单击"确定"按钮，效果如图 3-117 所示。

图 3-114 　　　图 3-115 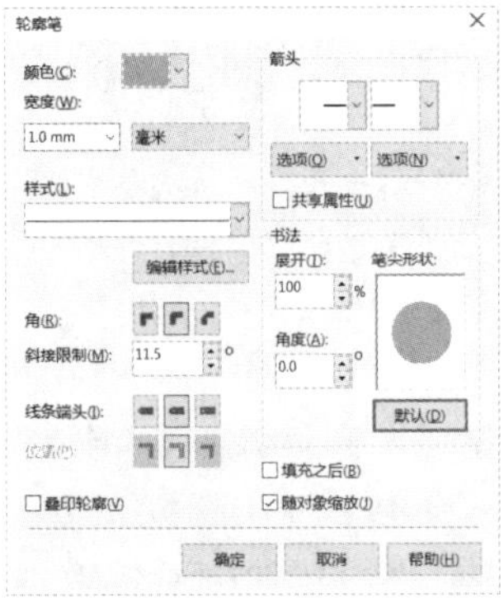　　　　　　图 3-116 　　　　　　图 3-117

（15）选择"选择"工具 ，选取圆形，按数字键盘上的+键复制圆形。拖曳复制的圆形到适当的位置，按 Shift+PageUp 组合键将复制的圆形置于图层前面，效果如图 3-118 所示。用圈选的方法将斜线和复制的圆形同时选取，如图 3-119 所示，按数字键盘上的+键复制图形。按住 Ctrl 键的同时竖直向下拖曳复制的图形到适当的位置，效果如图 3-120 所示。连续按 Ctrl+D 组合键，按需要再复制多个图形，效果如图 3-121 所示。

图 3-118 　　　　　图 3-119　　　　　　图 3-120　　　　　　图 3-121

（16）用圈选的方法将所绘制的图形同时选取，如图 3-122 所示。按数字键盘上的+键复制图形。单击属性栏中的"水平镜像"按钮 ，水平翻转复制的图形，效果如图 3-123 所示。按住 Ctrl 键的同时水平向右拖曳复制的图形到适当的位置，效果如图 3-124 所示。

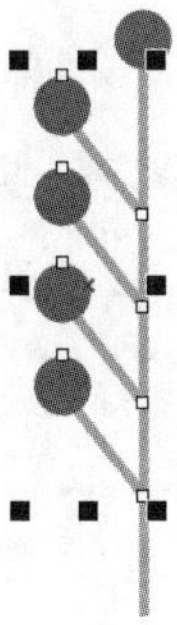

图 3-122 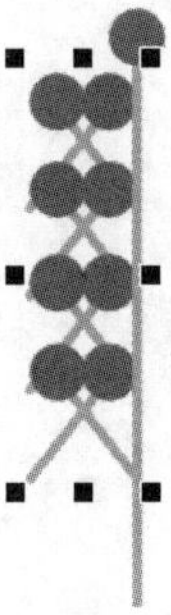　　　　　　　图 3-123 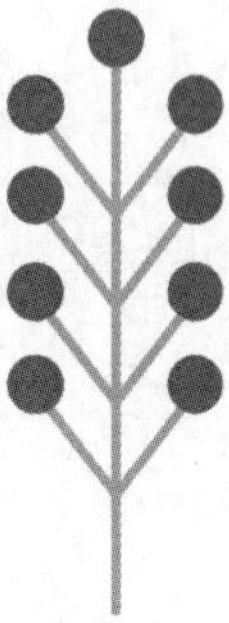　　　　　　　图 3-124

（17）用圈选的方法将所绘制的图形同时选取，按 Ctrl+G 组合键将其群组，效果如图 3-125 所示。按 Shift+PageDown 组合键将图形向后移至适当的位置，效果如图 3-126 所示。用相同的方法分别绘制其他图形并填充相应的颜色，效果如图 3-127 所示。

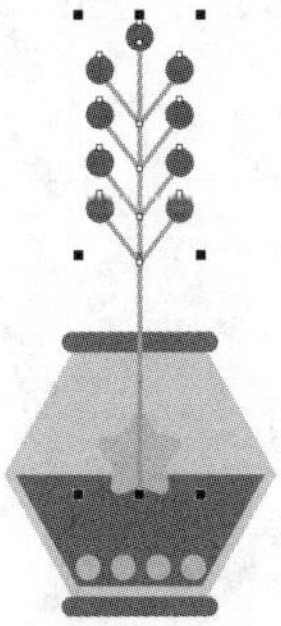

图 3-125 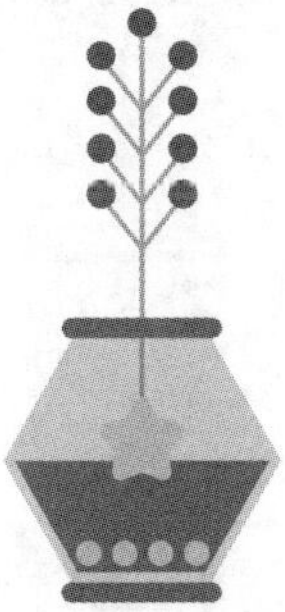　　　　　　　图 3-126 　　　　　　　图 3-127

（18）用圈选的方法将所绘制的图形同时选取，按 Ctrl+G 组合键将其群组，效果如图 3-128 所示，将其拖曳到绘图页面中适当的位置，效果如图 3-129 所示。

图 3-128 　　　　　　　图 3-129

（19）选择"复杂星形"工具 ，属性栏中的设置如图 3-130 所示；按住 Ctrl 键的同时在适当的位置绘制一个复杂星形，设置填充颜色的 CMYK 值为 0、20、100、0，填充复杂星形，并去除复杂星形的轮廓线，效果如图 3-131 所示。南天竹花卉插画绘制完成，效果如图 3-132 所示。

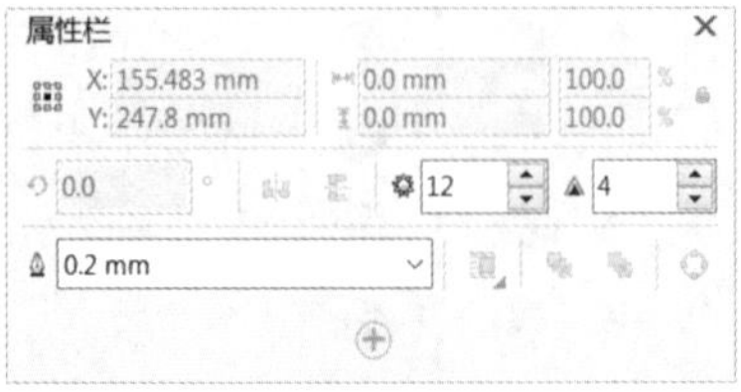

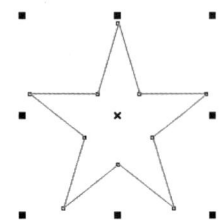

图 3-130 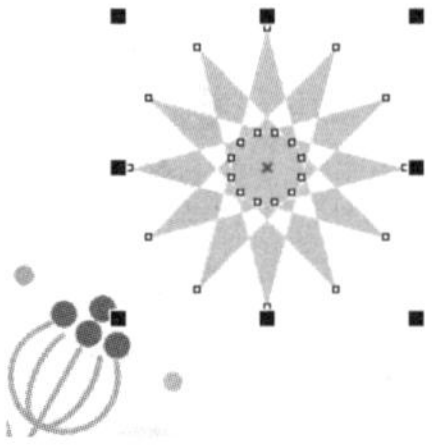　　　　　　　　　图 3-131 　　　　　　　　　图 3-132

3.1.8　绘制多边形

1. 绘制多边形

选择"多边形"工具，在绘图页面中按住鼠标左键不放，拖曳鼠标指针到适当的位置，松开鼠标左键，多边形绘制完成，如图 3-133 所示。其属性栏如图 3-134 所示。

设置属性栏中的"点数或边数"框 中的数值为 8，如图 3-135 所示，按 Enter 键，多边形效果如图 3-136 所示。

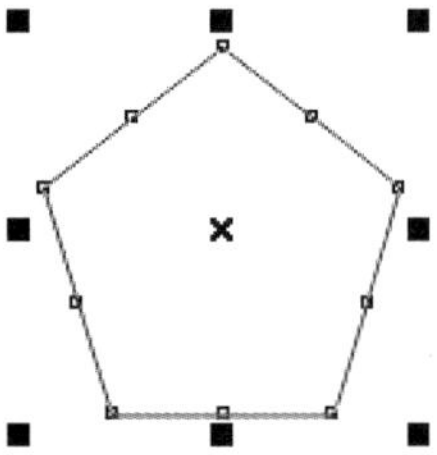

图 3-133 　　　　　　　　　图 3-134 　　　　　　图 3-135 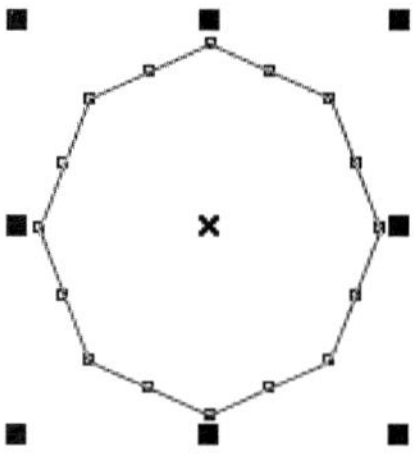　　　　　　图 3-136

2. 绘制星形

选择"多边形"工具展开式工具栏中的"星形"工具，在绘图页面中按住鼠标左键不放，拖曳鼠标指针到适当的位置，松开鼠标左键，星形绘制完成，如图 3-137 所示。其属性栏如图 3-138 所示。设置属性栏中的"点数或边数"框 中的数值为 8，按 Enter 键，星形效果如图 3-139 所示。

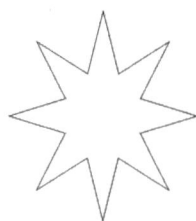

图 3-137　　　　　　　　　图 3-138　　　　　　　　　图 3-139

3. 绘制复杂星形

选择"多边形"工具展开式工具栏中的"复杂星形"工具，在绘图页面中按住鼠标左键不放，拖曳鼠标指针到适当的位置，松开鼠标左键，复杂星形绘制完成，如图 3-140 所示。其属性栏如图 3-141 所示。设置属性栏中的"点数或边数"框 ● 12 中的数值为 9、"锐度"框 ▲ 1 中的数值为 3，如图 3-142 所示，按 Enter 键，复杂星形效果如图 3-143 所示。

图 3-140

图 3-141

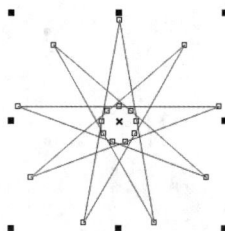

图 3-142

图 3-143

4. 使用鼠标拖曳多边形的节点来绘制星形

绘制一个多边形，如图 3-144 所示。选择"形状"工具 ，在多边形轮廓线上的节点处按住鼠标左键不放，如图 3-145 所示，向多边形内或外拖曳，如图 3-146 所示，可以将多边形转换为星形，效果如图 3-147 所示。

图 3-144

图 3-145

图 3-146

图 3-147

3.1.9 绘制螺旋线

1. 绘制对称式螺旋线

选择"螺纹"工具 ，在绘图页面中按住鼠标左键不放，从左上角向右下角拖曳鼠标指针到适当的位置，松开鼠标左键，对称式螺旋线绘制完成，如图 3-148 所示，属性栏如图 3-149 所示。

如果从右下角向左上角拖曳鼠标指针，可以绘制出反向的对称式螺旋线。在 ◎ 4 框中可以输入螺旋线的圈数，以绘制需要的螺旋线。

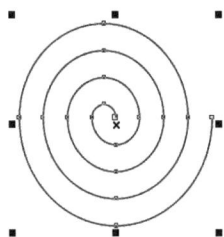

图 3-148

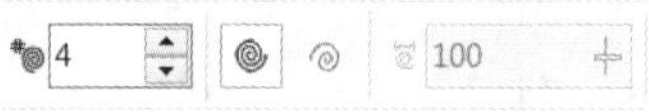

图 3-149

2. 绘制对数螺旋线

选择"螺纹"工具，在属性栏中单击"对数螺纹"按钮，在绘图页面中按住鼠标左键不放，从左上角向右下角拖曳鼠标指针到适当的位置，松开鼠标左键，对数螺旋线绘制完成，如图 3-150 所示，属性栏如图 3-151 所示。

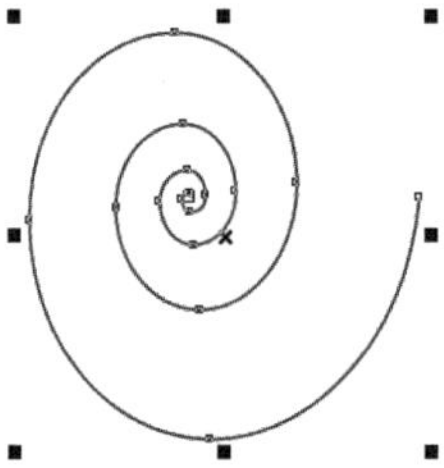

图 3-150

图 3-151

在框中可以输入螺旋线的扩展参数，当值变小时，螺旋线向外扩展的幅度会变小，如图 3-152 所示。当值为 1 时，将绘制出对称式螺旋线。

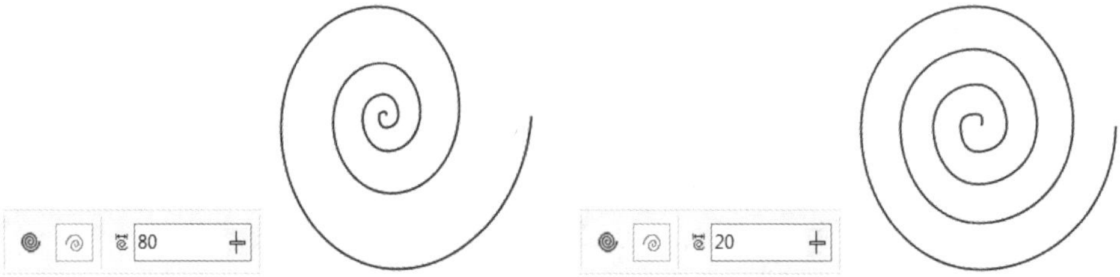

图 3-152

按 A 键快速选择"螺纹"工具，可在绘图页面中适当的位置绘制螺旋线。

按住 Ctrl 键，可以在绘图页面中绘制圆形螺旋线。

按住 Shift 键，可以在绘图页面中以鼠标指针所在位置为中心绘制螺旋线。

按住 Shift+Ctrl 组合键，可以在绘图页面中以鼠标指针所在位置为中心绘制圆形螺旋线。

3.2 编辑对象

在 CorelDRAW X7 中，可以使用强大的编辑功能对图形对象进行编辑，包括选取、缩放、移动、镜像、复制、删除以及调整等。本节将讲解多种编辑图形对象的方法和技巧。

3.2.1 课堂案例——绘制风景插画

案例学习目标

学习使用对象编辑方法绘制风景插画。

案例知识要点

使用"选择"工具移动图片，使用"水平镜像"按钮翻转图片，使用"旋转角度"选项对图片进行旋转，使用"变换"泊坞窗缩放图片。风景插画效果如图 3-153 所示。

效果所在位置

云盘\Ch03\效果\绘制风景插画.cdr。

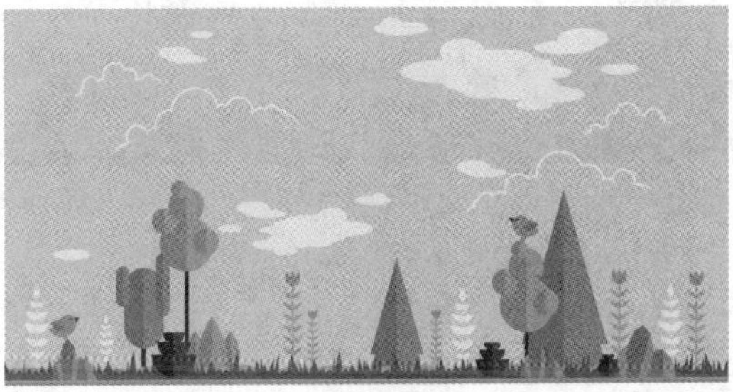

图 3-153

（1）按 Ctrl+O 组合键，弹出"打开绘图"对话框，选择云盘中的"Ch03 \ 素材 \ 绘制风景插画 \ 01"文件，单击"打开"按钮，效果如图 3-154 所示。选择"选择"工具 ，选中云彩图片，如图 3-155 所示。

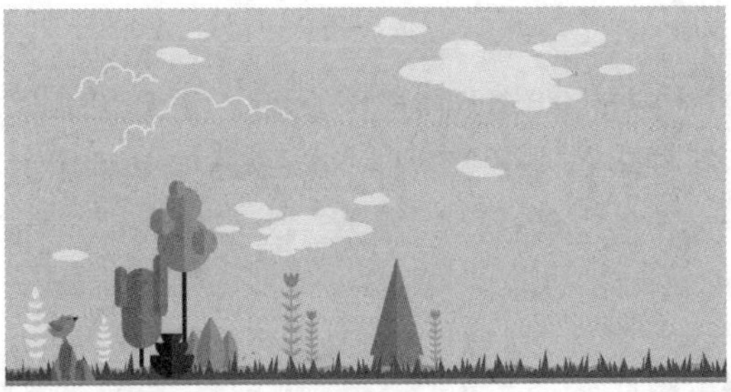

图 3-154

图 3-155

（2）按数字键盘上的+键复制云彩图片。向右下方拖曳复制的云彩图片到适当的位置，效果如图 3-156 所示。单击属性栏中的"水平镜像"按钮 水平翻转图片，效果如图 3-157 所示。

（3）在属性栏中的"旋转角度"框 中输入 187，按 Enter 键，效果如图 3-158 所示。选择"选择"工具 ，选中白色花朵图片，按数字键盘上的+键复制白色花朵图片。按住 Ctrl 键的同时水平向右拖曳复制的白色花朵图片到适当的位置，效果如图 3-159 所示。

（4）选择"选择"工具 ，选中深蓝色植物，如图 3-160 所示，按数字键盘上的+键复制深蓝色植物。按住 Ctrl 键的同时水平向右拖曳复制的深蓝色植物到适当的位置，效果如图 3-161 所示。

图 3-156

图 3-157

图 3-158

图 3-159

图 3-160

图 3-161

（5）按 Alt+F9 组合键，弹出"变换"泊坞窗，选项的设置如图 3-162 所示，单击"应用"按钮，效果如图 3-163 所示。用相同的方法分别复制其他图片并调整其大小，效果如图 3-164 所示。

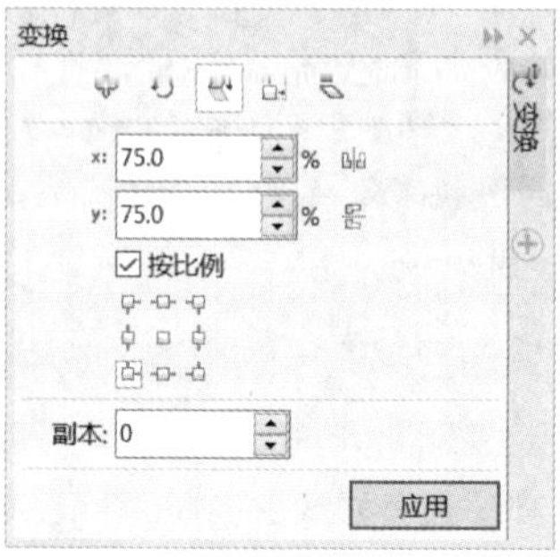

图 3-162

图 3-163

图 3-164

（6）选择"形状"工具，选中树图片，如图 3-165 所示，用圈选的方法同时选取树图片底部的节点，如图 3-166 所示。向上拖曳选中的节点到适当的位置，效果如图 3-167 所示。

图 3-165 　　　　　　　　　　图 3-166 　　　　　　　　　　图 3-167

（7）选择"选择"工具 ，选中小鸟图片，如图 3-168 所示。单击属性栏中的"水平镜像"按钮 水平翻转图片，效果如图 3-169 所示。风景插画绘制完成，效果如图 3-170 所示。

图 3-168 　　　　　　　　　图 3-169　　　　　　　　　　　图 3-170

3.2.2　对象的选取

在 CorelDRAW X7 中，绘制图形对象后，图形对象一般呈选取状态，对象的周围出现圈选框，圈选框由 8 个控制手柄组成。对象的中心有一个"×"形的中心标记。对象的选取状态如图 3-171 所示。

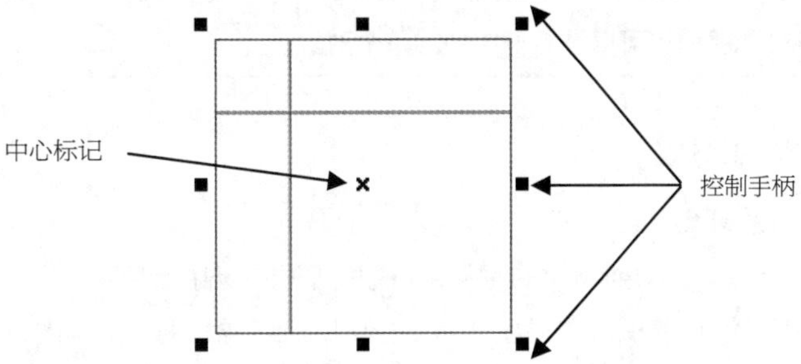

中心标记　　　　　　　　　　　控制手柄

图 3-171

技巧

在 CorelDRAW X7 中，如果要编辑一个对象，首先要选取这个对象。当选取多个对象时，多个对象共用一个圈选框。要取消选取对象，只需要在绘图页面中的其他位置单击或按 Esc 键。

1. 用单击的方法选取对象

选择"选择"工具，在要选取的对象上单击即可选取该对象。

选取多个对象时，按住 Shift 键依次单击待选取的对象即可，效果如图 3-172 所示。

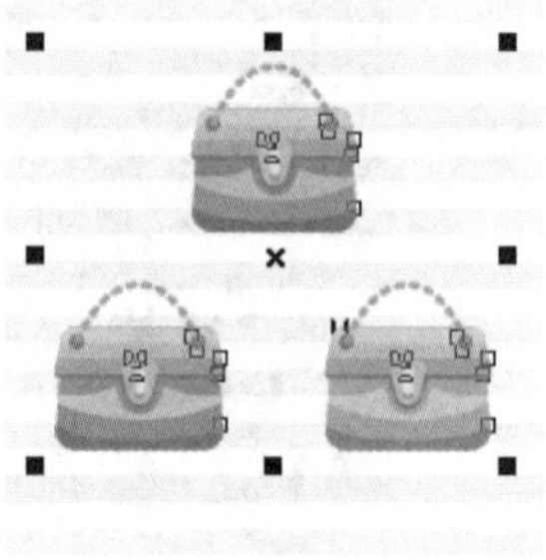

2. 用圈选的方法选取对象

选择"选择"工具，在要选取的对象外围按住鼠标左键并拖曳鼠标指针，会出现一个蓝色的虚线圈选框，如图 3-173 所示。在圈选框完全圈选住对象后松开鼠标左键，被圈选的对象即处于选取状态，如图 3-174 所示。用圈选的方法可以选取一个或多个对象。

在圈选的同时按住 Alt 键，蓝色的虚线圈选框如图 3-175 所示，接触到的对象都将被选取，如图 3-176 所示。

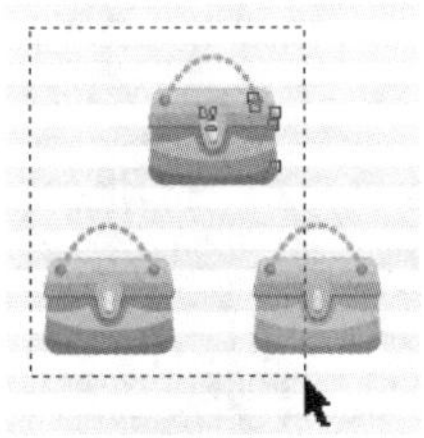

图 3-172

图 3-173　　图 3-174 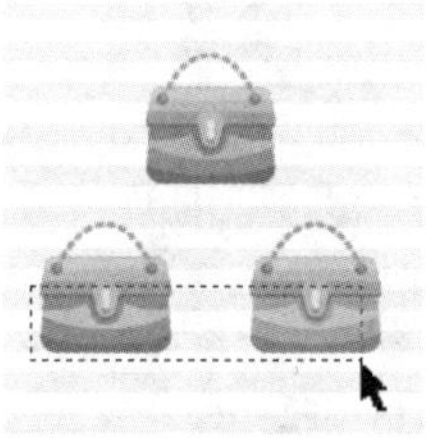　　图 3-175 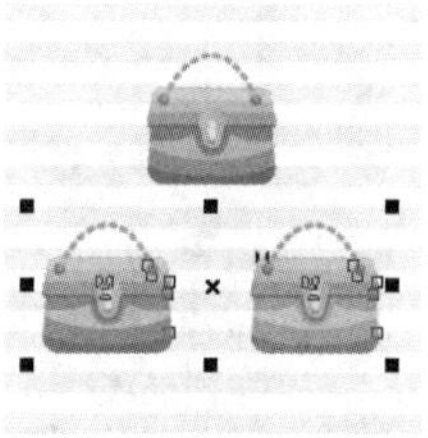　　图 3-176

3. 使用命令选取对象

可以使用"编辑 > 全选"子菜单中的各个命令来选取对象，按 Ctrl+A 组合键可以选取绘图页面中的全部对象。

> **技巧**
> 当绘图页面中有多个对象时，按空格键可以快速选择"选择"工具，连续按 Tab 键可以依次选择下一个对象。按住 Shift 键，再连续按 Tab 键，可以依次选择上一个对象。按住 Ctrl 键单击可以选取群组中的单个对象。

3.2.3　对象的缩放

1. 使用鼠标缩放对象

使用"选择"工具选取要缩放的对象，对象的周围出现控制手柄。

将鼠标指针放到控制手柄处，拖曳控制手柄可以缩放对象。拖曳对角线上的控制手柄可以按比例缩放对象，效果如图 3-177 所示。拖曳其他控制手柄可以不按比例缩放对象，效果如图 3-178 所示。

图 3-177　　　　　　　　　　图 3-178

向外侧拖曳对角线上的控制手柄时，按住 Ctrl 键，对象会以原图形的整数倍进行放大；按住 Shift+Ctrl 组合键，对象会以原图形的整数倍从中心向外放大。

2. 使用"自由变换"工具 属性栏缩放对象

使用"选择"工具 选取要缩放的对象，对象的周围出现控制手柄。选择"选择"工具 展开式工具栏中的"自由变换"工具 ，这时的属性栏如图 3-179 所示。

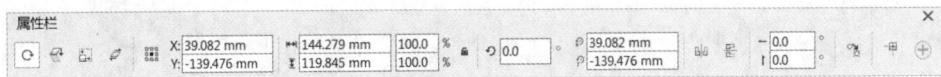

图 3-179

在"自由变换"工具属性栏中的"对象的大小"框 中输入对象的宽度和高度。如果启用"缩放因子" 中的"锁定比率" ，则宽度和高度将按比例缩放，只要改变宽度和高度中的任意一个值，另一个值就会自动按比例调整。

在"自由变换"工具属性栏中调整好宽度和高度后，按 Enter 键完成对象的缩放。缩放的效果如图 3-180 所示。

图 3-180

3. 使用"变换"泊坞窗缩放对象

使用"选择"工具 选取要缩放的对象，如图 3-181 所示。选择"窗口 > 泊坞窗 > 变换 > 大小"命令，或按 Alt+F10 组合键，弹出"变换"泊坞窗，如图 3-182 所示。其中，"y"表示宽度，"x"表示高度。如果不勾选"按比例"复选框，就可以不按比例缩放对象。

图 3-181

图 3-182

"变换"泊坞窗中显示了与圈选框控制手柄和中心标记对应的按钮，如图 3-183 所示。单击其中一个按钮可以定义在缩放对象时固定不动的点，对象将基于这个点进行缩放，这个点可以决定缩放后的图形与原图形的相对位置。

设置"变换"泊坞窗中的选项，如图 3-184 所示，单击"应用"按钮，对象的缩放完成，效果如图 3-185 所示。在"副本"框中输入数值可以复制出多个缩放好的对象。

图 3-183　　　　　图 3-184　　　　　图 3-185

选择"窗口 > 泊坞窗 > 变换 > 缩放和镜像"命令，或按 Alt+F9 组合键，在弹出的"变换"泊坞窗中可以对对象进行缩放。

3.2.4　对象的移动

1. 使用工具和键盘移动对象

使用"选择"工具选取要移动的对象，如图 3-186 所示。选择"选择"工具或其他绘图工具，将鼠标指针移动到对象的中心，鼠标指针变为十字箭头，如图 3-187 所示。按住鼠标左键不放，拖曳对象到适当的位置，松开鼠标左键，完成对象的移动，效果如图 3-188 所示。

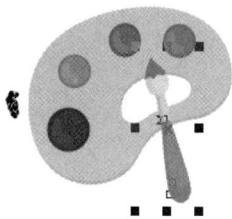

图 3-186　　　　　图 3-187　　　　　图 3-188

选取要移动的对象，按键盘上的方向键可以微调对象的位置，使用默认值时，对象将以 0.1 mm 的增量移动。选择"选择"工具后不选取任何对象，在属性栏的框中可以输入每次微调移动的距离。

2. 使用属性栏移动对象

选取要移动的对象，在属性栏的"对象位置"框中输入对象要移动到的新位置的横坐标和纵坐标，按 Enter 键即可移动对象。

3. 使用"变换"泊坞窗移动对象

选取要移动的对象，选择"窗口 > 泊坞窗 > 变换 > 位置"命令，或按 Alt+F7 组合键，将弹出"变换"泊坞窗，"x"表示对象所在位置的横坐标，"y"表示对象所在位置的纵坐标。如果勾选"相对位置"复选框，对象将相对于原位置的中心进行移动。设置好后，单击"应用"按钮或按 Enter 键，完成对象的移动。移动前后的位置分别如图 3-189（a）和图 3-189（b）所示。

在"副本"框中输入数值可以在新位置复制对象。

（a）   （b）

图 3-189

3.2.5　对象的镜像

镜像效果经常被应用到设计作品中。在 CorelDRAW X7 中，可以使用多种方法让对象沿水平、垂直或对角线的方向进行镜像翻转。

1.　使用鼠标镜像对象

选取要镜像的对象，如图 3-190 所示。按住鼠标左键直接拖曳控制手柄到相对的边，直到显示对象的蓝色虚线框，如图 3-191 所示，松开鼠标左键就可以得到不规则的镜像对象，如图 3-192 所示。

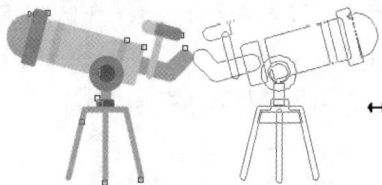

图 3-190   图 3-191   图 3-192

按住 Ctrl 键，直接拖曳对象左边或右边中间的控制手柄到相对的边，可以完成保持原对象比例的水平镜像，如图 3-193 所示。按住 Ctrl 键，直接拖曳对象上边或下边中间的控制手柄到相对的边，可以完成保持原对象比例的垂直镜像，如图 3-194 所示。按住 Ctrl 键，直接拖曳对象边角上的控制手柄到相对的边角，可以完成保持原对象比例的沿对角线方向的镜像，如图 3-195 所示。

图 3-193   图 3-194   图 3-195

> **技巧**　　在镜像的过程中，只能使对象本身镜像。如果想实现图 3-193、图 3-194 和图 3-195 所示的效果，就要在镜像的位置生成一个复制对象。方法很简单，在松开鼠标左键之前单击鼠标右键即可。

2. 使用属性栏镜像对象

使用"选择"工具选取要镜像的对象，如图 3-196 所示。这时的属性栏如图 3-197 所示。

单击属性栏中的"水平镜像"按钮可以使对象沿水平方向镜像翻转，单击"垂直镜像"按钮可以使对象沿垂直方向镜像翻转。

图 3-196 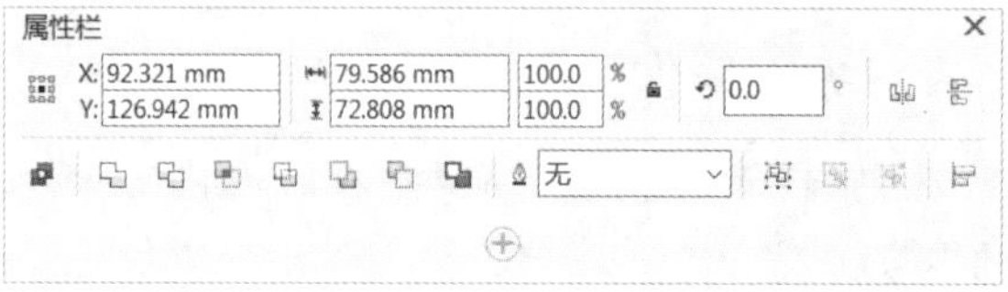　　　　　　　　　　　　　　图 3-197

3. 使用"变换"泊坞窗镜像对象

选取要镜像的对象，选择"窗口 > 泊坞窗 > 变换 > 缩放和镜像"命令，或按 Alt+F9 组合键，弹出"变换"泊坞窗。单击"水平镜像"按钮可以使对象沿水平方向镜像翻转，单击"垂直镜像"按钮可以使对象沿垂直方向镜像翻转。设置需要的数值，单击"应用"按钮即可看到镜像效果。

还可以通过设置生成一个变形的镜像对象。"变换"泊坞窗按图 3-198 所示进行选项设置，设置好后单击"应用"按钮，生成一个变形的镜像对象，效果如图 3-199 所示。

图 3-198　　　　　　　　　　　　　　图 3-199

3.2.6　对象的旋转

1. 使用鼠标旋转对象

使用"选择"工具选取要旋转的对象，对象的周围出现控制手柄。再次单击对象，这时对象的周围出现旋转控制手柄和倾斜控制手柄，如图 3-200 所示。

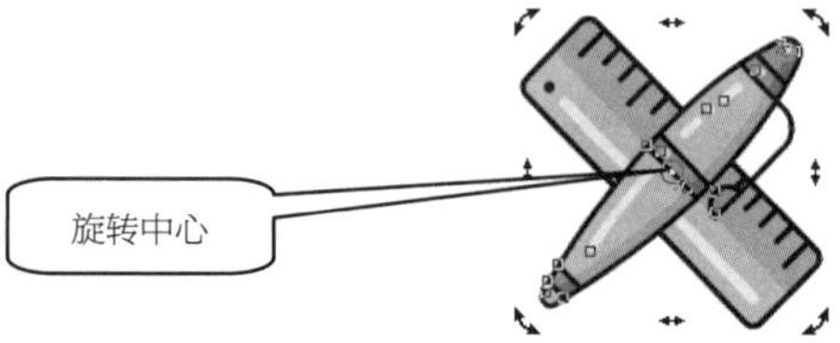

旋转中心

图 3-200

将鼠标指针移动到旋转控制手柄上，这时的鼠标指针变为旋转符号↻，如图 3-201 所示。按住鼠标左键拖曳鼠标指针旋转对象，会出现一个蓝色线条组成的对象框架跟随鼠标指针进行旋转，如图 3-202 所示。旋转到需要的角度后松开鼠标左键，完成对象的旋转，效果如图 3-203 所示。

对象是围绕旋转中心⊙旋转的，默认的旋转中心⊙是对象的中心点，将鼠标指针移动到旋转中心上，按住鼠标左键拖曳旋转中心⊙到适当的位置，松开鼠标左键，完成对旋转中心的移动。

图 3-201

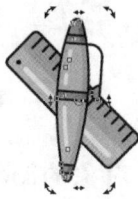
图 3-202

图 3-203

2. 使用属性栏旋转对象

选取要旋转的对象，如图 3-204 所示。选择"选择"工具，在属性栏中的"旋转角度"框中输入 30.0，如图 3-205 所示，按 Enter 键，效果如图 3-206 所示。

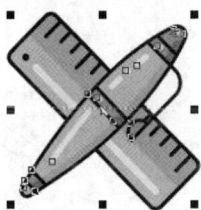
图 3-204

↻ 30.0

图 3-205

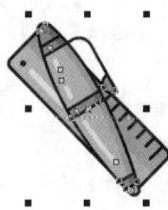
图 3-206

3. 使用"变换"泊坞窗旋转对象

选取要旋转的对象，如图 3-207 所示。选择"窗口 > 泊坞窗 > 变换 > 旋转"命令，或按 Alt+F8 组合键，弹出"变换"泊坞窗，如图 3-208 所示。也可以在已打开的"变换"泊坞窗中单击"旋转"按钮。

图 3-207

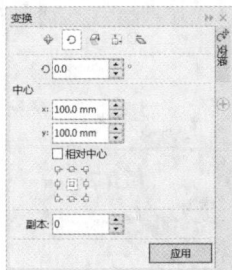
图 3-208

在"变换"泊坞窗的旋转设置区的"旋转角度"框中直接输入旋转角度数值，旋转角度数值可以是正值也可以是负值。在"中心"设置区中输入旋转中心的坐标。勾选"相对中心"复选框，对象将以选中的旋转中心为中心旋转。"变换"泊坞窗的设置如图 3-209 所示，设置完成后，单击"应用"按钮，对象旋转的效果如图 3-210 所示。

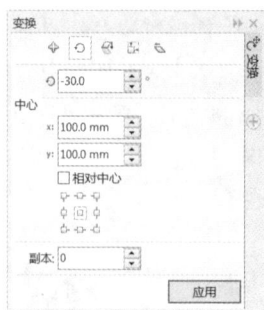

<table>
</table>

图 3-209   图 3-210

3.2.7　对象的倾斜变形

1. 使用鼠标倾斜变形对象

选取要倾斜变形的对象，对象的周围出现控制手柄。再次单击对象，这时对象的周围出现旋转控制手柄↗和倾斜控制手柄 ↔ ，如图 3-211 所示。

将鼠标指针移动到倾斜控制手柄附近，鼠标指针变为倾斜符号⇄，如图 3-212 所示。按住鼠标左键，拖曳鼠标指针变形对象，倾斜变形时会出现会出现一个蓝色线条组成的对象框架跟随指针发生倾斜，如图 3-213 所示。倾斜到需要的角度后，松开鼠标左键，对象倾斜变形的效果如图 3-214 所示。

图 3-211　　　　　图 3-212　　　　　　　图 3-213　　　　　图 3-214

2. 使用"变换"泊坞窗倾斜变形对象

选取要倾斜变形的对象，如图 3-215 所示。选择"窗口 > 泊坞窗 > 变换 > 倾斜"命令，弹出"变换"泊坞窗，如图 3-216 所示。也可以在已打开的"变换"泊坞窗中单击"倾斜"按钮 。

图 3-215   图 3-216

在"变换"泊坞窗中进行设置，如图 3-217 所示，单击"应用"按钮，对象倾斜变形，效果如图 3-218 所示。

图 3-217   图 3-218

3.2.8 对象的复制

1. 使用命令复制对象

选取要复制的对象，如图 3-219 所示。选择"编辑 > 复制"命令，或按 Ctrl+C 组合键，对象的副本将被放置在剪贴板中。选择"编辑 > 粘贴"命令，或按 Ctrl+V 组合键，对象的副本被粘贴到原对象的下面，位置和原对象是相同的。用鼠标移动对象，可以显示复制的对象，如图 3-220 所示。

图 3-219   图 3-220

> **技巧**
>
> 选择"编辑 > 剪切"命令，或按 Ctrl+X 组合键，对象将从绘图页面中删除并被放置在剪贴板中。

2. 使用鼠标和键盘复制对象

选取要复制的对象，如图 3-221 所示。将鼠标指针移动到对象的中心点上，鼠标指针变为十字箭头✛，如图 3-222 所示。按住鼠标左键拖曳对象到适当的位置，如图 3-223 所示，单击鼠标右键，完成对象的复制，效果如图 3-244 所示。

图 3-221   图 3-222   图 3-223   图 3-224

选取要复制的对象，按住鼠标右键拖曳对象到适当的位置，松开鼠标右键后弹出图 3-225 所示的快捷菜单，选择"复制"命令，完成对象的复制，如图 3-226 所示。

使用"选择"工具 ，选取要复制的对象，按数字键盘上的+键可以快速复制对象。

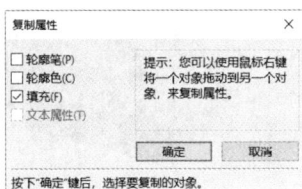

图 3-225

图 3-226

技巧　　　可以在两个不同的绘图页面中复制对象，按住鼠标左键拖曳其中一个绘图页面中的对象到另一个绘图页面中，在松开鼠标左键前单击鼠标右键即可复制对象。

3. 使用命令复制对象属性

选取要复制属性的对象，如图 3-227 所示。选择"编辑 > 复制属性自"命令，弹出"复制属性"对话框，在对话框中勾选"填充"复选框，如图 3-228 所示，单击"确定"按钮，鼠标指针显示为黑色箭头，在被复制属性的对象上单击，如图 3-229 所示，对象的属性复制完成，效果如图 3-230 所示。

图 3-227　　　　　　　图 3-228　　　　　　　图 3-229　　　　　图 3-230

3.2.9　对象的删除

在 CorelDRAW X7 中可以方便、快捷地删除对象。下面介绍如何删除不需要的对象。

选取要删除的对象，选择"编辑 > 删除"命令，如图 3-231 所示，或按 Delete 键，可以将选取的对象删除。

图 3-231

技巧　　　如果想删除多个对象或全部对象，首先要选取这些对象，再执行"删除"命令或按 Delete 键。

课堂练习——绘制卡通汽车

练习知识要点

使用"矩形"工具、"椭圆形"工具、"变换"泊坞窗、"图框精确剪裁"命令和"水平镜像"按钮绘制卡通汽车，效果如图 3-232 所示。

效果所在位置

云盘\Ch03\效果\绘制卡通汽车.cdr。

微课视频

扫码观看
本案例视频

图 3-232

课后习题——绘制花灯插画

习题知识要点

使用"矩形"工具、"基本形状"工具、"形状"工具、"转换为曲线"按钮、"椭圆形"工具、"垂直镜像"按钮绘制花灯插画，效果如图 3-233 所示。

效果所在位置

云盘\Ch03\效果\绘制花灯插画.cdr。

微课视频

扫码观看
本案例视频

图 3-233

04

第 4 章
绘制和编辑曲线

本章介绍

  CorelDRAW X7 中提供了多种绘制和编辑曲线的方法。绘制曲线是进行图形作品绘制的基础，而使用修整功能可以制作出复杂多变的图形效果。通过对本章的学习，读者可以更好地掌握绘制曲线和修整图形的方法，为绘制出更复杂、更绚丽的作品打好基础。

学习目标

- ✔ 掌握绘制和编辑曲线的方法。
- ✔ 掌握修整图形的技巧。

技能目标

- ✔ 掌握"环境保护 App 引导页"的制作方法。
- ✔ 掌握"卡通猫咪"的绘制方法。

素养目标

- ✔ 通过绘制曲线，培养耐心和专注力。
- ✔ 通过编辑曲线，培养坚韧不拔的意志。
- ✔ 通过精确描绘线条细节，培养对细节的掌控能力。

4.1 绘制曲线

在 CorelDRAW X7 中，绘制出的作品都是由几何对象构成的，而几何对象的构成元素主要是直线和曲线。通过学习绘制直线和曲线，可以进一步掌握 CorelDRAW X7 强大的绘图功能。

4.1.1 课堂案例——制作环境保护 App 引导页

案例学习目标

学习使用"艺术笔"工具、"拆分"命令制作环境保护 App 引导页。

案例知识要点

使用"艺术笔"工具、"旋转角度"选项绘制狐狸、树和树叶图形，使用"椭圆形"工具绘制阴影，环境保护 App 引导页效果如图 4-1 所示。

效果所在位置

云盘\Ch04\效果\制作环境保护 App 引导页.cdr。

图 4-1

微课视频

扫码观看
本案例视频

（1）按 Ctrl+O 组合键，弹出"打开绘图"对话框，选择云盘中的"Ch04 \ 素材 \ 制作环境保护 App 引导页 \ 01"文件，单击"打开"按钮，效果如图 4-2 所示。

（2）选择"艺术笔"工具，单击属性栏中的"喷涂"按钮，在"类别"下拉列表中选择"其它"，如图 4-3 所示，在"喷射图样"下拉列表中选择需要的图形，如图 4-4 所示，在绘图页面外拖曳鼠标指针绘制图形，效果如图 4-5 所示。

（3）按 Ctrl+K 组合键拆分艺术笔群组，如图 4-6 所示。按 Ctrl+U 组合键取消图形群组。选择"选择"工具，用圈选的方法选取不需要的图形，如图 4-7 所示，按 Delete 键将其删除，效果如图 4-8 所示。

（4）选择"选择"工具，选中并拖曳狐狸图形到绘图页面中适当的位置，调整其大小，效果如图 4-9 所示。单击属性栏中的"水平镜像"按钮，水平翻转图形，效果如图 4-10 所示。

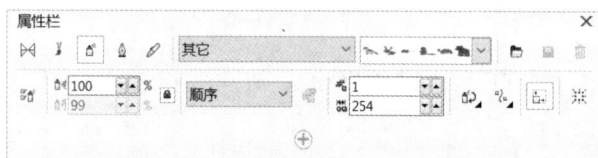

图 4-2   图 4-3

图 4-4   图 4-5

图 4-6   图 4-7   图 4-8

（5）选择"椭圆形"工具○，在适当的位置绘制一个椭圆形，设置填充颜色的 RGB 值为 226、220、169，填充椭圆形，并去除椭圆形的轮廓线，效果如图 4-11 所示。按 Ctrl+PageDown 组合键，将椭圆形向后移一层，效果如图 4-12 所示。

图 4-9   图 4-10   图 4-11   图 4-12

（6）选择"艺术笔"工具，在属性栏的"类别"下拉列表中选择"植物"，在"喷射图样"下拉列表中选择需要的图形，如图 4-13 所示，在绘图页面外拖曳鼠标指针绘制图形，效果如图 4-14 所示。

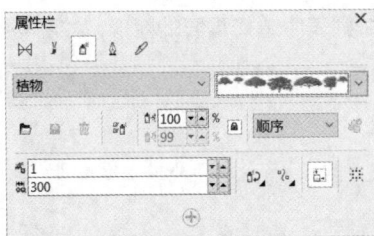

图 4-13

图 4-14

（7）按 Ctrl+K 组合键拆分艺术笔群组，如图 4-15 所示。按 Ctrl+U 组合键取消图形群组。选择"选择"工具 ，选取需要的图形，如图 4-16 所示。

图 4-15

图 4-16

（8）拖曳图形到绘图页面中适当的位置并调整其大小，效果如图 4-17 所示。用相同的方法拖曳其他图形到绘图页面中适当的位置并调整其大小，效果如图 4-18 所示。

图 4-17

图 4-18

（9）选择"椭圆形"工具 ，在适当的位置绘制两个椭圆形，如图 4-19 所示。选择"选择"工具 ，将绘制的椭圆形同时选取，设置填充颜色的 RGB 值为 226、220、169，填充椭圆形，并去除椭圆形的轮廓线，效果如图 4-20 所示。连续按 Ctrl+PageDown 组合键将图形向后移至适当的位置，效果如图 4-21 所示。

图 4-19

图 4-20

图 4-21

（10）选择"艺术笔"工具，在属性栏的"喷射图样"下拉列表中选择需要的图形，如图 4-22 所示，在绘图页面外拖曳鼠标指针绘制图形，效果如图 4-23 所示。

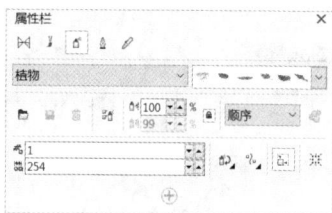

图 4-22　　　　　　　　　　　　　　　图 4-23

（11）按 Ctrl+K 组合键拆分艺术笔群组，如图 4-24 所示。按 Ctrl+U 组合键取消图形群组。选择"选择"工具，选取需要的图形，如图 4-25 所示。

图 4-24　　　　　　　　　　　　　　　图 4-25

（12）选择"选择"工具，拖曳图形到绘图页面中适当的位置并调整其大小，效果如图 4-26 所示。在属性栏的"旋转角度"框中输入 34，按 Enter 键，效果如图 4-27 所示。

图 4-26　　　　　　　　　　　　　　　图 4-27

（13）用相同的方法拖曳其他图形到绘图页面中适当的位置并调整其大小，效果如图 4-28 所示。环境保护 App 引导页制作完成，效果如图 4-29 所示。

图 4-28

图 4-29

4.1.2 认识曲线

在 CorelDRAW X7 中，曲线是矢量图形的组成部分。可以使用绘图工具绘制曲线，也可以将任意多边形、椭圆形以及文本对象转换成曲线。下面对曲线的节点、线段、控制线和控制点等概念进行讲解。

节点：构成曲线的基本要素。可以通过调整节点和节点上的控制点来绘制曲线和改变曲线的形状。通过在曲线上增加或删除节点的方式可以使曲线的绘制更加简便。通过转换节点的性质，可以将直线和曲线的节点相互转换，使直线段转换为曲线段或曲线段转换为直线段。

线段：两个节点之间的部分。线段包括直线段和曲线段，直线段在转换成曲线段后可以进行曲线特性的操作，如图 4-30 所示。

控制线：在绘制曲线的过程中，节点的两边出现的蓝色的虚线。选择"形状"工具，在已经绘制好的曲线的节点上单击，节点的两边会出现控制线。

> **技巧**
>
> 直线段的节点没有控制线。直线段转换为曲线段后，在节点上单击会出现控制线。

控制点：在绘制曲线的过程中，节点的两边会出现控制线，控制线的两端就是控制点。通过拖曳控制点可以调整曲线的弯曲程度，如图 4-31 所示。

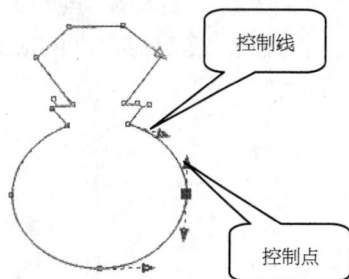

图 4-30   图 4-31

4.1.3 "手绘"工具的使用

1. 绘制直线

选择"手绘"工具，在绘图页面中单击以确定直线的起点，鼠标指针变为十字形，如图 4-32 所示。松开鼠标左键，移动鼠标指针到直线的终点位置后单击，一条直线绘制完成，如图 4-33 所示。

选择"手绘"工具，在绘图页面中单击以确定直线的起点，在绘制过程中，确定其他节点时都要双击，在要闭合的终点上单击，完成直线式闭合图形的绘制，效果如图 4-34 所示。

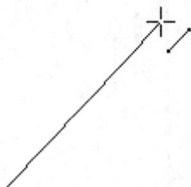   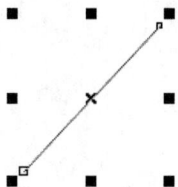   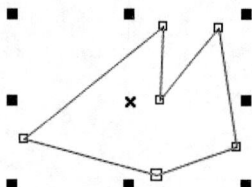

图 4-32   图 4-33   图 4-34

2. 绘制曲线

选择"手绘"工具 🖉，在绘图页面中曲线的起点位置按住鼠标左键并拖曳鼠标指针，绘制需要的曲线，松开鼠标左键，一条曲线绘制完成，效果如图 4-35 所示。拖曳鼠标，使曲线的起点和终点重合，一条闭合的曲线绘制完成，效果如图 4-36 所示。

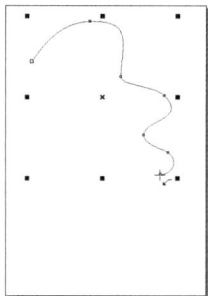
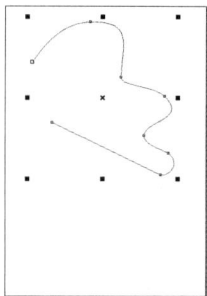

图 4-35　　　　　　　　　　　　图 4-36

3. 绘制直线和曲线的混合图形

使用"手绘"工具 🖉 可以在绘图页面中绘制出直线和曲线的混合图形，其具体操作步骤如下。

选择"手绘"工具 🖉，在绘图页面中曲线的起点位置按住鼠标左键并拖曳鼠标指针，绘制需要的曲线，松开鼠标左键，一条曲线绘制完成，效果如图 4-37 所示。

在要继续绘制出直线的节点上单击，如图 4-38 所示。然后移动鼠标指针并在需要的位置单击，绘制出一条直线，效果如图 4-39 所示。

图 4-37　　　　　　　　　　图 4-38　　　　　　　　　　图 4-39

将鼠标指针放在要继续绘制曲线的节点上，如图 4-40 所示。按住鼠标左键的同时拖曳，绘制需要的曲线，松开鼠标左键后图形绘制完成，效果如图 4-41 所示。

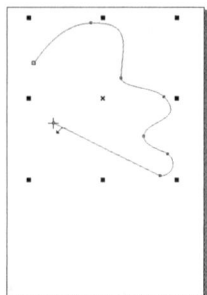
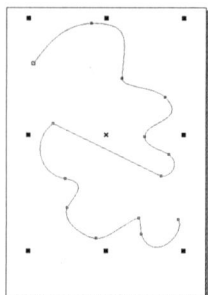

图 4-40　　　　　　　　　　　　图 4-41

4. 设置"手绘"工具属性

在 CorelDRAW X7 中，可以根据不同的情况来设置"手绘"工具的属性以提高工作效率。下面介绍"手绘"工具属性的设置方法。

双击"手绘"工具 的图标，弹出图 4-42 所示的"选项"对话框。

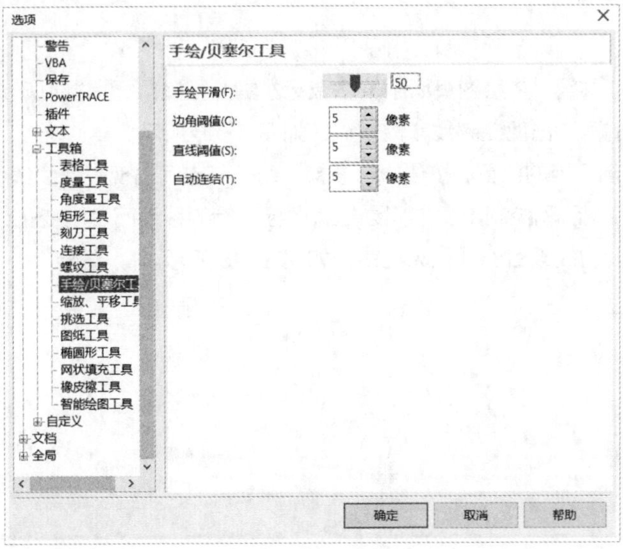

图 4-42

在对话框中的"手绘/贝塞尔工具"设置区中可以设置"手绘"工具的属性。

"手绘平滑"选项用于设置手绘过程中曲线的平滑程度，它决定了绘制出的曲线和鼠标指针移动轨迹的匹配程度，其值可以是 0 ~ 100，不同的值会有不同的绘制效果。值设置得越小，平滑的程度越高；值设置得越大，平滑的程度越低。

"边角阈值"选项用于设置边角节点的平滑度。值越大，节点越尖；值越小，节点越平滑。

"直线阈值"选项用于设置手绘曲线相对于直线路径的偏移量。

"边角阈值"和"直线阈值"的值越大，绘制的曲线越接近直线。

"自动连结"选项用于设置绘图时两个端点自动连接的接近程度。当鼠标指针接近设置的半径范围时，曲线将自动连接成封闭的曲线。

4.1.4 "贝塞尔"工具的使用

使用"贝塞尔"工具 可以绘制平滑、精确的曲线。可以通过确定节点和改变控制点的位置来控制曲线的弯曲度。可以使用节点和控制点对绘制完的直线或曲线进行精确的调整。

1. 绘制直线和折线

选择"贝塞尔"工具 ，在绘图页面中单击以确定直线的起点，移动鼠标指针到适当的位置，然后单击以确定直线的终点，绘制出一段直线。只要确定下一个节点，就可以绘制出折线，如果想绘制出有多个折角的折线，继续确定节点即可，如图 4-43 所示。

双击折线上的节点，将删除这个节点，折线的另外两个节点将自动连接，效果如图 4-44 所示。

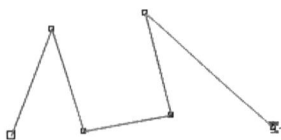

图 4-43   图 4-44

2. 绘制曲线

　　选择"贝塞尔"工具，在绘图页面中按住鼠标左键并拖曳鼠标指针以确定曲线的起点，松开鼠标左键，这时该节点的两边出现控制线和控制点，如图 4-45 所示。

　　将鼠标指针移动到适当的位置，按住鼠标左键，两个节点间出现一条曲线段，拖曳鼠标指针，第 2 个节点的两边出现控制线和控制点，它们会随着鼠标指针的移动而发生变化，曲线的形状也会随之发生变化，调整为需要的效果后松开鼠标左键，如图 4-46 所示。

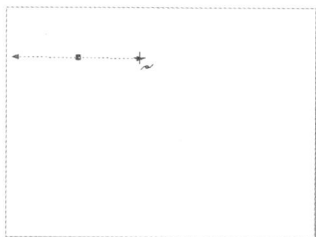　　　　　　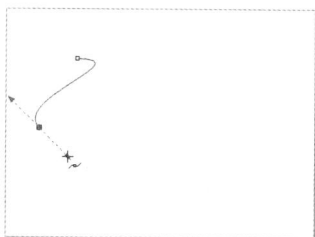

图 4-45   图 4-46

　　在下一个位置单击，出现一条连续的平滑曲线，如图 4-47 所示。选择"形状"工具，在第 2 个节点处单击，出现控制线和控制点，效果如图 4-48 所示。

图 4-47   图 4-48

> **技巧**
>
> 　　当确定一个节点后，在这个节点上双击，再单击确定下一个节点，将出现直线。当确定一个节点后，在这个节点上双击，再单击确定下一个节点并拖曳，将出现曲线。

4.1.5 "艺术笔"工具的使用

　　在 CorelDRAW X7 中，使用"艺术笔"工具可以绘制出多种精美的线条和图形，可以模仿画笔的真实效果，使画面产生丰富的变化，从而绘制出不同风格的设计作品。

　　选择"艺术笔"工具，其属性栏如图 4-49 所示。属性栏中包含 5 种模式，分别是

"预设"模式、"笔刷"模式、"喷涂"模式、"书法"模式和"压力"模式。下面具体介绍这 5 种模式。

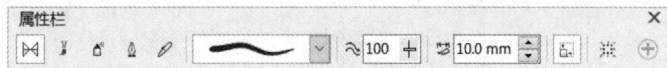

图 4-49

1. "预设"模式

"预设"模式提供了多种线条类型，并且可以改变曲线的宽度。单击属性栏的"预设笔触"下拉按钮 ，打开其下拉列表，如图 4-50 所示，可以在其中选择需要的线条类型。

单击属性栏中的"手绘平滑" 100 选项中的按钮，弹出滑动条，拖曳滑动条或输入数值可以调节绘图时线条的平滑程度。在"笔触宽度"框 10.0 mm 中输入数值可以设置曲线的宽度。选择"预设"模式和线条类型后，鼠标指针变为 图标，在绘图页面中，按住鼠标左键并拖曳鼠标指针可以绘制出封闭的线条图形。

2. "笔刷"模式

"笔刷"模式提供了多种样式的画笔，将画笔运用在绘制的曲线上可以绘制出漂亮的效果。

在属性栏中单击"笔刷"模式按钮 ，然后单击"笔刷笔触"下拉按钮 ，打开其下拉列表，如图 4-51 所示，可以在其中选择需要的笔刷类型，在绘图页面中，按住鼠标左键并拖曳鼠标指针，绘制出需要的图形。

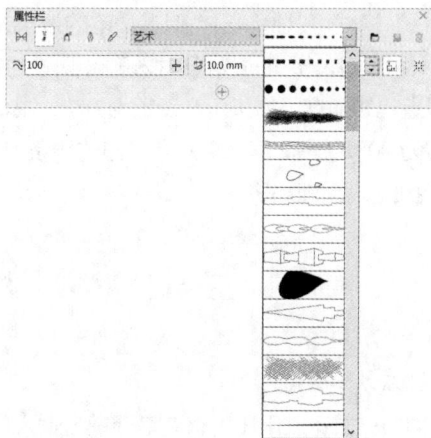

图 4-50   图 4-51

3. "喷涂"模式

"喷涂"模式提供了多种有趣的图形对象，这些图形对象可以应用在绘制的曲线上。可以在属性栏的"喷射图样"下拉列表中选择喷雾形状来绘制需要的图形。

在属性栏中单击"喷涂"模式按钮 ，属性栏如图 4-52 所示。单击属性栏的"喷射图样"下拉按钮 ，打开其下拉列表，如图 4-53 所示，可以在其中选择需要的喷涂类型。打开属性栏中的"喷涂顺序" 顺序 下拉列表，可以在其中选择喷出图形的顺序。选择"随机"选项，喷出的图形将会随机分布。选择"顺序"选项，喷出的图形将会以方形分布。选择"按方向"选项，喷出的图形将会随鼠标指针移动的路径分布。在绘图页面中，按住鼠标左键并拖曳鼠标指针，绘制出需要的图形。

图 4-52

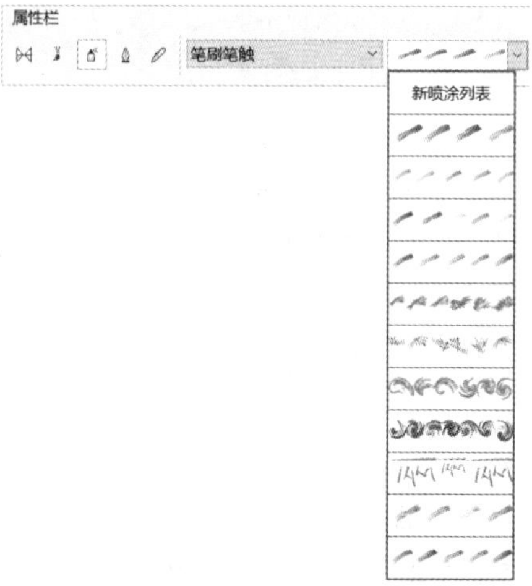

图 4-53

4. "书法"模式

"书法"模式可以绘制出类似书法笔的效果，可以改变曲线的粗细。

在属性栏中单击"书法"模式按钮，属性栏如图 4-54 所示。在属性栏的"书法角度"框 45.0 ° 中可以设置笔触角度。如果角度设置为 0°，书法笔垂直方向画出的线条最粗，笔尖是水平的；如果角度设置为 90°，书法笔水平方向画出的线条最粗，笔尖是垂直的。在绘图页面中，按住鼠标左键并拖曳鼠标指针，绘制图形。

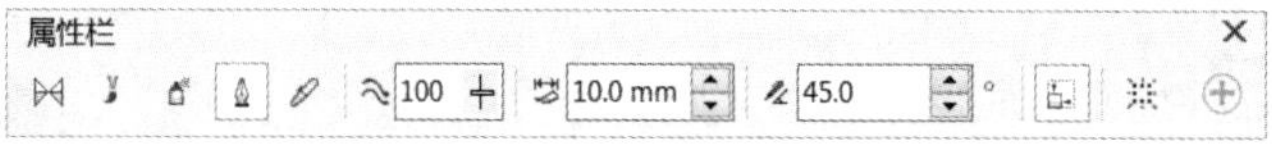

图 4-54

5. "压力"模式

"压力"模式可以用压力感应笔或键盘输入的方式改变线条的粗细，应用好这个功能可以绘制出特殊的图形效果。

在属性栏的"预设笔触"下拉列表中选择需要的画笔，单击"压力"模式按钮，属性栏如图 4-55 所示。设置好压力感应笔的平滑度和笔触的宽度，在绘图页面中，按住鼠标左键拖曳鼠标指针绘制图形。

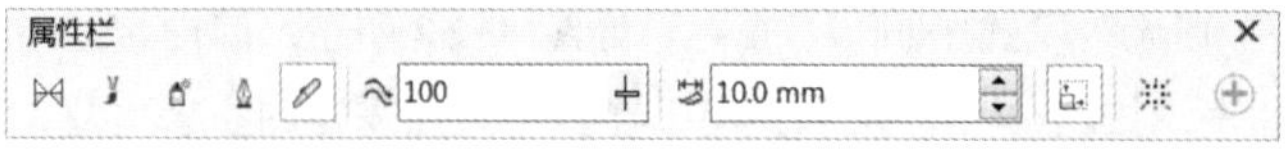

图 4-55

4.1.6 "钢笔"工具的使用

使用"钢笔"工具可以绘制出多种精美的曲线和图形，还可以对已绘制的曲线和图形进行编辑和修改。在 CorelDRAW X7 中，各种复杂的图形都可以通过"钢笔"工具来绘制。

1. **绘制直线和折线**

选择"钢笔"工具，在绘图页面中单击以确定直线的起点，移动鼠标指针到适当的位置，再单击以确定直线的终点，绘制出一段直线，效果如图 4-56 所示。继续单击确定下一个节点，就可以绘制出折线，如果想绘制出有多个折角的折线，继续单击确定节点就可以了，折线的效果如图 4-57 所示。要结束绘制，按 Esc 键或单击"钢笔"工具按钮即可。

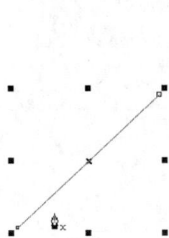

图 4-56

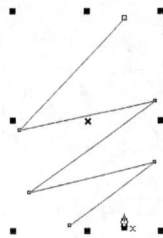

图 4-57

2. **绘制曲线**

选择"钢笔"工具，在绘图页面中单击以确定曲线的起点。将鼠标移动到适当的位置，然后按住鼠标左键不动，两个节点间出现一条直线段，如图 4-58 所示。拖曳鼠标，第 2 个节点的两边出现控制线和控制点，它们会随着鼠标指针的移动而发生变化，直线段会变为曲线段，如图 4-59 所示。调整到需要的效果后松开鼠标左键，曲线的效果如图 4-60 所示。

图 4-58　　　　　　　　　图 4-59　　　　　　　　　图 4-60

使用相同的方法继续绘制曲线段，效果如图 4-61 和图 4-62 所示。绘制完成的曲线如图 4-63 所示。

如果想在绘制曲线后继续绘制直线，按住 C 键，在要继续绘制出直线的节点上，按住鼠标左键并拖曳鼠标指针，这时出现节点的控制点。松开 C 键，将控制点拖曳到下一个节点的位置，如图 4-64 所示。松开鼠标左键，再单击，可以绘制出一段直线，效果如图 4-65 所示。

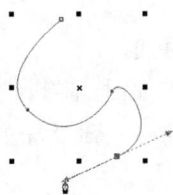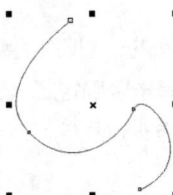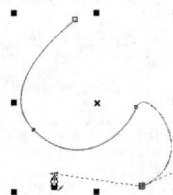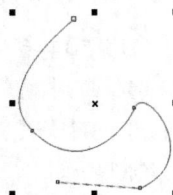

图 4-61　　　　　　图 4-62　　　　　　　图 4-63　　　　　　　图 4-64　　　　　　图 4-65

3. 编辑曲线

在"钢笔"工具属性栏中单击"自动添加或删除节点"按钮 ，曲线的绘制变为自动添加或删除节点模式。

将鼠标指针移动到节点上，鼠标指针变为删除节点图标 ，如图 4-66 所示。单击可以删除节点，效果如图 4-67 所示。

将鼠标指针移动到曲线上，鼠标指针变为添加节点图标 ，如图 4-68 所示。单击可以添加节点，效果如图 4-69 所示。

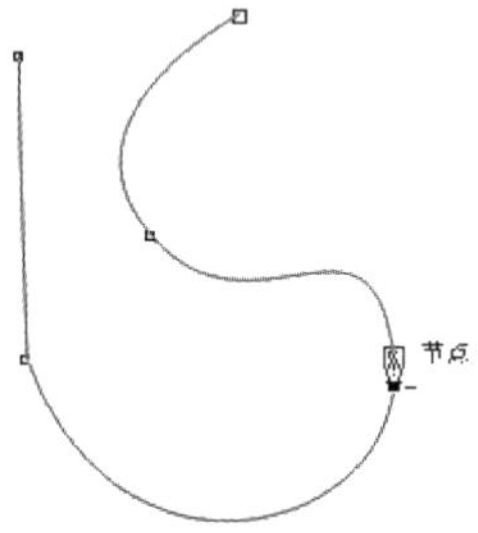

图 4-66 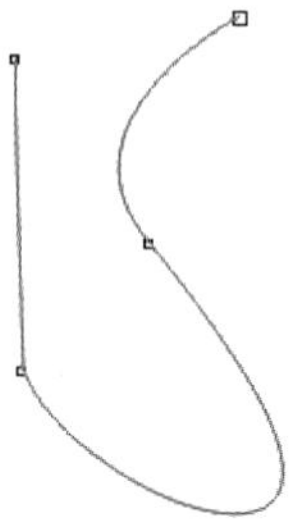　　　　　图 4-67 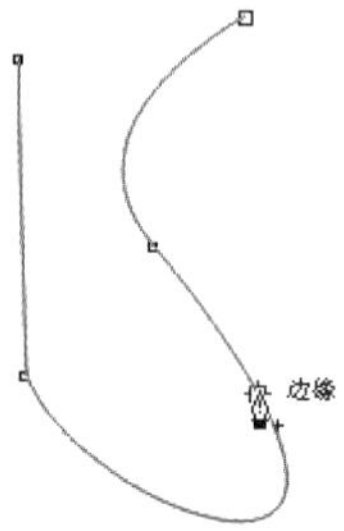　　　　　图 4-68 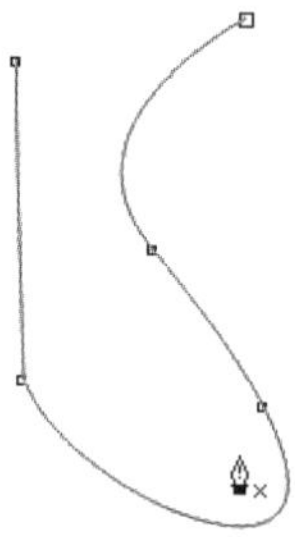　　　　　图 4-69

将鼠标指针移动到曲线的起点，鼠标指针变为闭合曲线图标 ，如图 4-70 所示。单击可以闭合曲线，效果如图 4-71 所示。

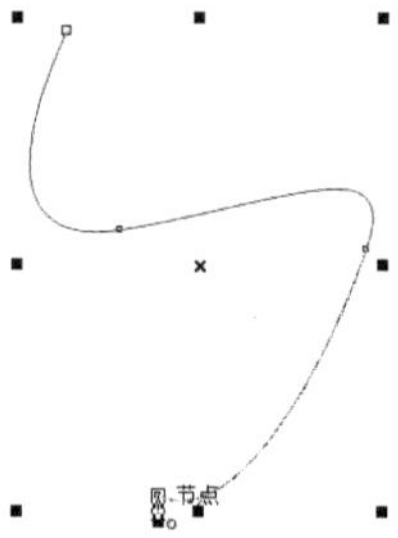

图 4-70 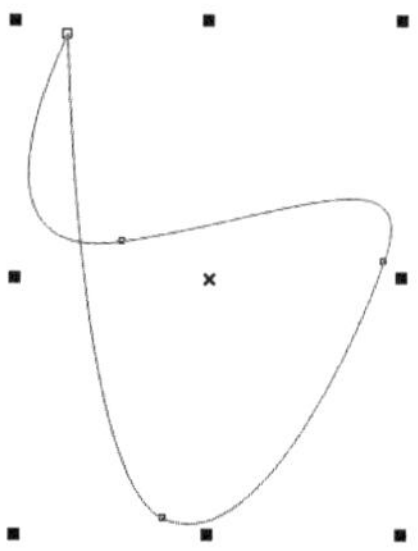　　　　　　　　图 4-71

> **技巧**
>
> 绘制曲线的过程中，按住 Alt 键可以编辑曲线段，进行节点的转换、移动和调整等操作；松开 Alt 键可以继续进行绘制。

4.1.7 "B 样条"工具的使用

使用"B 样条"工具 可以通过设置不同的分割段来绘制曲线。

选择"B 样条"工具 ，在绘图页面中单击以确定起点，移动鼠标指针到适当的位置，然后单击以确定第 2 个节点，继续单击确定下一个节点，这样就可以绘制出一条曲线，如图 4-72 所示，双击完成绘制。

在要继续绘制曲线的节点上单击，如图 4-73 所示。然后移动鼠标指针并在需要的位置单击，可以继续绘制曲线，效果如图 4-74 所示。

图 4-72   图 4-73   图 4-74

4.1.8 "折线"工具的使用

使用"折线"工具可以绘制出简单的直线图形和曲线图形。

选择"折线"工具，在绘图页面中单击以确定直线的起点，移动鼠标指针到适当的位置，然后单击以确定直线的终点，绘制出一段直线。继续单击确定下一个节点，这样就可以绘制出折线，如图 4-75 所示。

单击确定节点后，按住鼠标左键不放并拖曳鼠标指针，可以继续绘制出手绘效果的曲线，如图 4-76 所示。在确定节点时双击可以结束绘制。直线和曲线的效果如图 4-77 所示。

图 4-75   图 4-76   图 4-77

使用"折线"工具可以绘制闭合的曲线，将鼠标指针移动到曲线的起点，鼠标指针变为闭合曲线图标↓，如图 4-78 所示。单击可以闭合曲线，效果如图 4-79 所示。

图 4-78   图 4-79

4.1.9 "3 点曲线"工具的使用

选择"3 点曲线"工具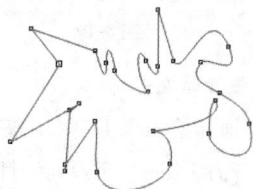，在绘图页面中按住鼠标左键不放，拖曳鼠标指针到适当的位置，绘制出一条任意方向的线段，将其作为曲线的一个轴，如图 4-80 所示。

松开鼠标左键，然后移动鼠标指针到适当的位置，即可确定曲线的形状，如图 4-81 所示。单击，有弧度的曲线绘制完成，效果如图 4-82 所示。

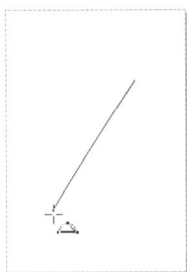
图 4-80

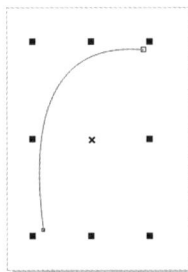
图 4-81

图 4-82

4.1.10　"智能绘图"工具的使用

使用"智能绘图"工具可以快速而准确地绘制出所需的基本图形。"智能绘图"工具特别适合绘制简单的规划图和流程图。"智能绘图"工具可以自动识别许多形状，包括直线、曲线、圆形、椭圆形、矩形、箭头和平行四边形等，还可以自动平滑和修饰曲线，对自由手绘的线条进行重新组织优化，使图形更加流畅、规整和完美。使用"智能绘图"工具可以有效地节约时间。下面介绍使用"智能绘图"工具绘制图形的方法和技巧。

1.　绘制直线和曲线

选择工具箱中的"智能绘图"工具，或按 Shift+S 组合键，在绘图页面中按住鼠标左键并拖曳鼠标指针绘制直线，如图 4-83 所示。松开鼠标左键，"智能绘图"工具将其自动识别为一条直线，效果如图 4-84 所示。

选择工具箱中的"智能绘图"工具，在绘图页面中，按住鼠标左键并拖曳鼠标指针，绘制曲线，如图 4-85 所示。松开鼠标左键，"智能绘图"工具将其自动识别为一条曲线，效果如图 4-86 所示。

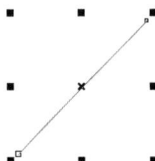

图 4-83　　　　图 4-84　　　　图 4-85　　　　图 4-86

2.　绘制椭圆形和平行四边形

选择工具箱中的"智能绘图"工具，按住鼠标左键，拖曳鼠标指针，绘制椭圆形，如图 4-87 所示。松开鼠标左键，"智能绘图"工具将其自动识别为一个椭圆形，效果如图 4-88 所示。

选择工具箱中的"智能绘图"工具，按住鼠标左键，拖曳鼠标指针，绘制平行四边形，如图 4-89 所示。松开鼠标左键，"智能绘图"工具将其自动识别为一个平行四边形，效果如图 4-90 所示。

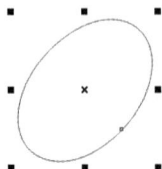

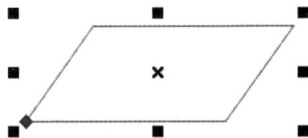

图 4-87　　　　图 4-88　　　　图 4-89　　　　图 4-90

3. 绘制箭头

选择工具箱中的"智能绘图"工具，绘制箭头形状，如图 4-91 所示。松开鼠标左键，"智能绘图"工具将其自动识别为一个箭头，效果如图 4-92 所示。

图 4-91　　　　　　　　　　图 4-92

4. "智能绘图"工具属性栏

选择工具箱中的 "智能绘图"工具，显示"智能绘图"工具属性栏，如图 4-93 所示。

图 4-93

在"形状识别等级"下拉列表中可以选择无、最低、低、中、高和最高 6 个级别，通过选择不同级别，可以控制识别形状的程度。

在"智能平滑等级"下拉列表中可以选择无、最低、低、中、高和最高 6 个级别，通过选择不同级别，可以控制线条的平滑程度。

在"轮廓宽度"下拉列表中可以设置绘制线条的宽度。

4.2 编辑曲线

在 CorelDRAW X7 中，完成曲线或图形的绘制后，可能还需要通过进一步调整曲线或图形来达到设计方面的要求，这时就需要使用 CorelDRAW X7 的编辑曲线功能来进行更完善的编辑。

4.2.1 编辑曲线的节点

节点是构成图形的基本要素，用"形状"工具选择曲线或图形后，会显示曲线或图形的全部节点。通过移动节点和节点的控制点、控制线可以编辑曲线或图形的形状，还可以通过增加或删除节点来进一步编辑曲线或图形。

绘制一条曲线，如图 4-94 所示。使用"形状"工具单击曲线上的节点，如图 4-95 所示。弹出的属性栏如图 4-96 所示。

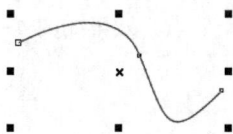

图 4-94　　　　　　图 4-95　　　　　　　　　　图 4-96

属性栏中有 3 种节点类型：尖突节点、平滑节点和对称节点。节点类型决定了节点控制点的属性，单击属性栏中的按钮可以转换节点类型。

"尖突节点"按钮 ：尖突节点的控制点是独立的，当移动一个控制点时，另外一个控制点并不会移动，从而使得通过尖突节点的曲线能够尖突弯曲。

"平滑节点"按钮 ：平滑节点的控制点之间是相关的，当移动一个控制点时，另外一个控制点也会随之移动，通过平滑节点连接的线段将产生平滑的过渡。

"对称节点"按钮 ：对称节点不仅控制点是相关的，而且控制线的长度是相等的，从而使得对称节点两边曲线的曲率也是相等的。

1. 选取并移动节点

绘制一个图形，如图 4-97 所示。选择"形状"工具 ，单击选取节点，如图 4-98 所示，按住鼠标左键并拖曳节点以移动节点，如图 4-99 所示。松开鼠标左键，图形调整后的效果如图 4-100 所示。

图 4-97 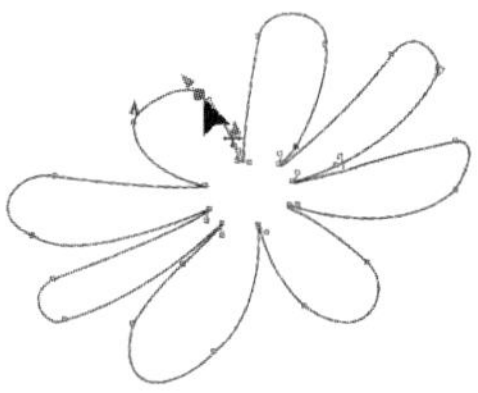　　　　　图 4-98 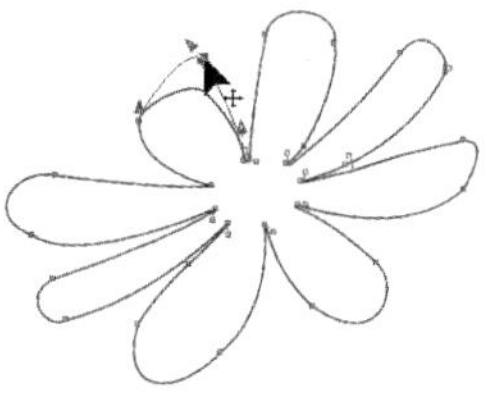　　　　　图 4-99 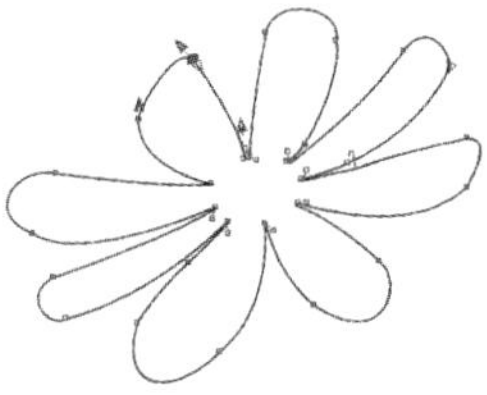　　　　　图 4-100

使用"形状"工具 选中并拖曳节点上的控制点，如图 4-101 所示。松开鼠标左键，图形调整后的效果如图 4-102 所示。

使用"形状"工具 圈选图形上的部分节点，如图 4-103 所示。松开鼠标左键，图形中被选中的部分节点如图 4-104 所示。拖曳任意一个被选中的节点，其他被选中的节点也会随之移动。

> **技巧**　因为 CorelDRAW X7 中有 3 种节点类型，所以当移动不同类型节点上的控制点时，图形的形状也会有不同形式的变化。

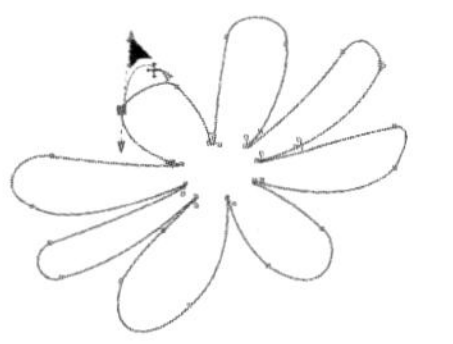

图 4-101 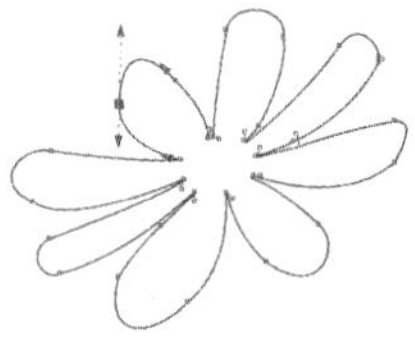　　　　　图 4-102 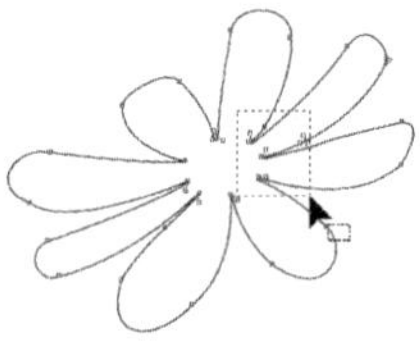　　　　　图 4-103 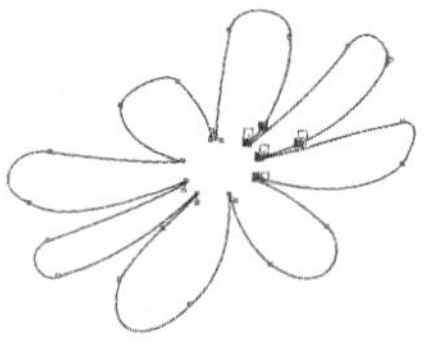　　　　　图 4-104

2. 增加或删除节点

绘制一个图形，如图 4-105 所示。使用"形状"工具 选择需要增加或删除节点的曲线，在曲线上要增加节点的位置双击，如图 4-106 所示，可以在这个位置增加一个节点，效果如图 4-107 所示。

单击属性栏中的"添加节点"按钮 也可以在曲线上增加节点。

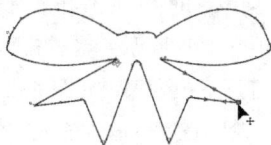

图 4-105　　　　　　　　图 4-106　　　　　　　　图 4-107

将鼠标指针放在要删除的节点上并双击，如图 4-108 所示，可以删除这个节点，效果如图 4-109 所示。

选中要删除的节点，单击属性栏中的"删除节点"按钮，也可以删除曲线上选中的节点。

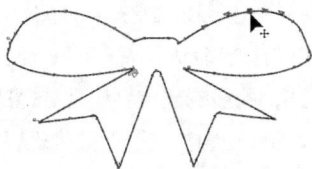

图 4-108　　　　　　　　　　　图 4-109

> **技巧**　如果需要在曲线和图形中删除多个节点，可以先按住 Shift 键，再用鼠标选择要删除的多个节点，选择好后按 Delete 键。也可以使用圈选的方法选择需要删除的多个节点，选择好后按 Delete 键。

3. 断开节点

在曲线中要断开的节点上单击，选中该节点，如图 4-110 所示。单击属性栏中的"断开曲线"按钮断开节点。选择"选择"工具，曲线效果如图 4-111 所示。

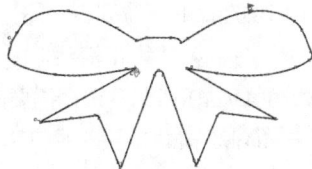

图 4-110　　　　　　　　　　　图 4-111

> **技巧**　在绘制图形的过程中，有时需要将开放的路径闭合。选择"对象 > 连接曲线"命令子菜单中的各个命令，可以用直线或曲线闭合路径。

4. 合并和连接节点

使用"形状"工具圈选需要合并的两个节点，如图 4-112 所示。两个节点被选中，如图 4-113 所示。单击属性栏中的"连接两个节点"按钮将节点合并，使曲线成为闭合的曲线，如图 4-114 所示。

使用"形状"工具圈选两个需要连接的节点，单击属性栏中的"闭合曲线"按钮，可以将两个节点以直线连接，使曲线成为闭合的曲线。

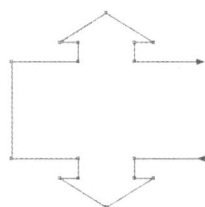

图 4-112   图 4-113   图 4-114

4.2.2 编辑曲线的端点和轮廓

通过属性栏可以设置曲线的端点和轮廓的样式，这项功能可以帮助用户制作出非常实用的图形效果。

绘制一条曲线，用"选择"工具 选择这条曲线，如图 4-115 所示。这时的属性栏如图 4-116 所示。在属性栏中单击"轮廓宽度" 0.2 mm 下拉按钮 ，打开下拉列表，如图 4-117 所示。在其中进行选择，将曲线变宽，效果如图 4-118 所示。也可以在"轮廓宽度"框中输入数值后按 Enter 键，设置曲线宽度。

图 4-115   图 4-116   图 4-117   图 4-118

属性栏中有 3 个可供选择的下拉列表 ，按从左到右的顺序分别是"起始箭头" 、"轮廓样式" 和"终止箭头" 。单击"起始箭头" 下拉按钮，弹出"起始箭头"下拉列表，如图 4-119 所示。选择需要的箭头样式，曲线的起点会出现选择的箭头，效果如图 4-120 所示。单击"轮廓样式" 下拉按钮，弹出"轮廓样式"下拉列表，如图 4-121 所示。选择需要的轮廓样式，曲线的样式被改变，效果如图 4-122 所示。单击"终止箭头" 下拉按钮，弹出"终止箭头"下拉列表，如图 4-123 所示。选择需要的箭头样式，曲线的终点会出现选择的箭头，如图 4-124 所示。

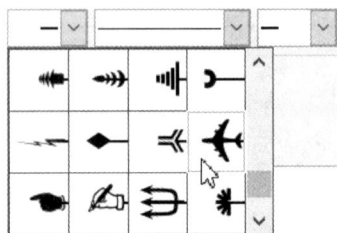

图 4-119

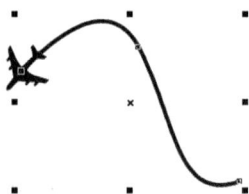

图 4-120

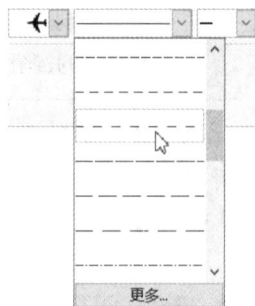

图 4-121

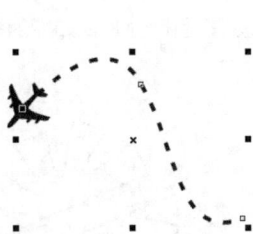

图 4-122　　　　　　图 4-123　　　　　　图 4-124

4.2.3　编辑和修改几何图形

使用"矩形"工具、"椭圆形"工具和"多边形"工具绘制的图形都是简单的几何图形。这类图形有其特殊的属性，图形上的节点比较少，只能对其进行简单的编辑。如果想对其进行复杂的编辑，就需要将简单的几何图形转换为曲线。

1. 使用"转换为曲线"按钮

使用"椭圆形"工具绘制一个椭圆形，效果如图 4-125 所示；在属性栏中单击"转换为曲线"按钮，将椭圆形转换成曲线图形，曲线图形上增加了多个节点，如图 4-126 所示；使用"形状"工具拖曳椭圆形上的节点，如图 4-127 所示；松开鼠标左键，调整后的图形效果如图 4-128 所示。

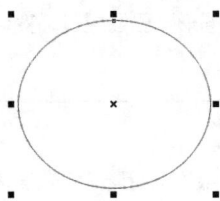

图 4-125　　　　　　图 4-126　　　　　　图 4-127　　　　　　图 4-128

2. 使用"转换为曲线"按钮

使用"多边形"工具绘制一个多边形，如图 4-129 所示；选择"形状"工具，单击需要选中的节点，如图 4-130 所示；单击属性栏中的"转换为曲线"按钮，将直线转换为曲线，曲线上出现节点，图形保持对称，如图 4-131 所示；使用"形状"工具拖曳节点调整图形，如图 4-132 所示。松开鼠标左键，图形效果如图 4-133 所示。

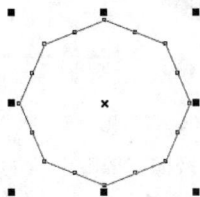 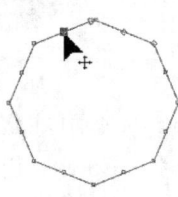 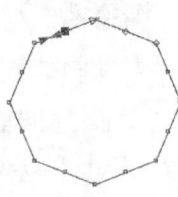 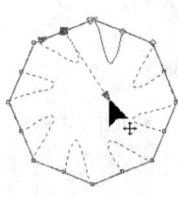 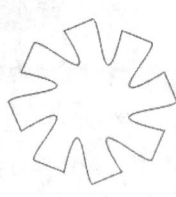

图 4-129　　　　图 4-130　　　　图 4-131　　　　图 4-132　　　　图 4-133

3. 裁切图形

使用"刻刀"工具可以对单一的图形进行裁切，使一个图形被裁切成两个部分。

选择"刻刀"工具，鼠标指针变为刻刀形状。将鼠标指针放到图形上准备裁切的起点位置并单击，如图 4-134 所示；移动鼠标指针时会出现一条裁切线，移到裁切的终点位置后单击，如图 4-135

所示；图形裁切完成的效果如图 4-136 所示；使用"选择"工具 ，拖曳裁切后的图形，如图 4-137 所示。图形被分成了两部分。

图 4-134　　　　　　　图 4-135　　　　　　　图 4-136　　　　　　　图 4-137

在裁切前单击"保留为一个对象"按钮 ，在图形被裁切后，裁切的两部分还属于一个图形对象。若不单击此按钮，在裁切后可以得到两个相互独立的图形。按 Ctrl+K 组合键可以拆分裁切后的曲线。

单击"剪切时自动闭合"按钮 ，在图形被裁切后，裁切的两部分将自动生成闭合的曲线图形，并保留其填充属性；若不单击此按钮，在图形被裁切后，裁切的两部分将不会自动闭合，同时图形会失去填充属性。

> **技巧**　按住 Shift 键，使用"刻刀"工具 将以贝塞尔曲线的方式裁切图形。已经经过渐变、群组及特殊效果处理的图形和位图都不能使用"刻刀"工具来裁切。

4. 擦除图形

使用"橡皮擦"工具可以擦除部分或全部图形，并可以将擦除后图形的剩余部分闭合。"橡皮擦"工具只能对单一的图形进行擦除。

绘制一个图形，如图 4-138 所示。选择"橡皮擦"工具 ，鼠标指针变为擦除工具图标，按住鼠标左键拖曳鼠标指针可以擦除图形，如图 4-139 所示。擦除后的图形效果如图 4-140 所示。

图 4-138　　　　　　　图 4-139　　　　　　　图 4-140

"橡皮擦"工具属性栏如图 4-141 所示。"橡皮擦厚度"框 可以设置擦除的宽度，单击"减少节点"按钮 可以在擦除时自动平滑边缘，单击"橡皮擦形状"按钮 可以转换橡皮擦的形状为方形或圆形。

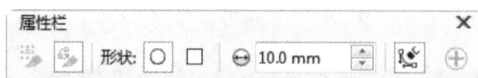

图 4-141

5. 修饰图形

使用"沾染"工具 ◢ 和"粗糙"工具 ◣ 可以修饰已绘制的图形。

绘制一个图形,如图 4-142 所示。选择"沾染"工具 ◢,其属性栏如图 4-143 所示。在图形上拖曳鼠标指针,制作出需要的涂抹效果,如图 4-144 所示。

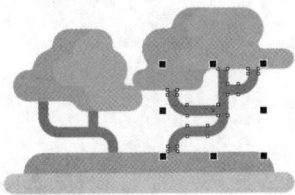

图 4-142　　　　　　　　　　　　　　　图 4-143　　　　　　　　　　　　　　　图 4-144

绘制一个图形,如图 4-145 所示。选择"粗糙"工具 ◣,其属性栏如图 4-146 所示。在图形边缘拖曳,制作出需要的粗糙效果,如图 4-147 所示。

图 4-145　　　　　　　　　　　　　　　图 4-146　　　　　　　　　　　　　　　图 4-147

> **技巧**
>
> 可以应用"沾染"工具 ◢ 和"粗糙"工具 ◣ 的矢量对象有:开放/闭合的路径,纯色对象和交互式渐变填充、交互式透明、交互式阴影效果的对象。不可以应用这两个工具的矢量对象有:交互式调和、立体化的对象。

4.3　修整图形

在 CorelDRAW X7 中,修整功能对于编辑图形对象非常重要。使用修整功能中的"焊接""修剪""相交""简化"等功能可以创建出复杂的全新图形。

4.3.1　课堂案例——绘制卡通猫咪

案例学习目标

学习使用绘图工具、修整功能绘制卡通猫咪。

案例知识要点

使用"椭圆形"工具、"矩形"工具、"3 点矩形"工具、"移除前面对象"按钮、"合并"按钮和

"贝塞尔"工具绘制猫咪头部和眼睛，使用"3 点椭圆形"工具、"移除前面对象"按钮、"折线"工具、"椭圆形"工具、"矩形"工具和"形状"工具绘制猫咪胡须和其他元素。卡通猫咪效果如图 4-148 所示。

效果所在位置

云盘\Ch04\效果\绘制卡通猫咪.cdr。

图 4-148

1. 绘制猫咪头部和眼睛

（1）按 Ctrl+N 组合键，弹出"创建新文档"对话框，设置文档的宽度为 200 mm，高度为 200 mm，取向为纵向，颜色模式为 CMYK，渲染分辨率为 300 dpi，单击"确定"按钮，创建一个文档。

（2）选择"椭圆形"工具，在绘图页面中绘制一个椭圆形，如图 4-149 所示。选择"矩形"工具，在适当的位置绘制两个矩形，如图 4-150 所示。

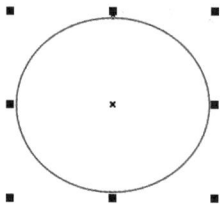
图 4-149

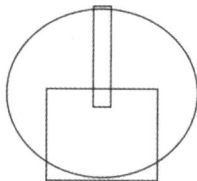
图 4-150

（3）选择"选择"工具，选取需要的矩形，单击属性栏中的"转换为曲线"按钮，将图形转换为曲线，如图 4-151 所示。选择"形状"工具，选中并向右拖曳矩形左上角的节点到适当的位置，效果如图 4-152 所示。用相同的方法调整矩形右上角的节点，效果如图 4-153 所示。

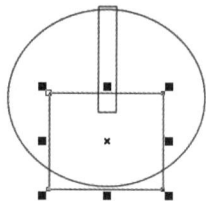
图 4-151

图 4-152

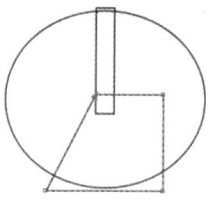
图 4-153

（4）选择"选择"工具，用圈选的方法将所绘制的图形同时选取，如图 4-154 所示，单击属性栏中的"移除前面对象"按钮 🔲 ，将三个图形剪切为一个图形，效果如图 4-155 所示。

（5）选择"3 点矩形"工具 🔲 ，在适当的位置拖曳鼠标指针绘制一个倾斜矩形，如图 4-156 所示。单击属性栏中的"转换为曲线"按钮 🔲 ，将图形转换为曲线，如图 4-157 所示。

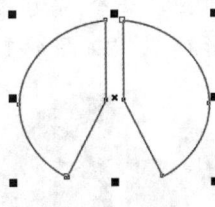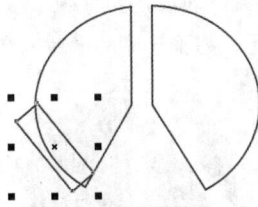

图 4-154　　　　　　图 4-155　　　　　　图 4-156　　　　　　图 4-157

（6）选择"形状"工具 🔲 ，选中并向下拖曳倾斜矩形右下角的节点到适当的位置，效果如图 4-158 所示。用相同的方法调整其左下角的节点，效果如图 4-159 所示。

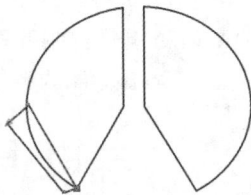

图 4-158　　　　　　　　　图 4-159

（7）选择"选择"工具 🔲 ，用圈选的方法将所绘制的图形同时选取，如图 4-160 所示，单击属性栏中的"合并"按钮 🔲 ，合并图形，效果如图 4-161 所示。填充图形为黑色，并去除图形的轮廓线，效果如图 4-162 所示。

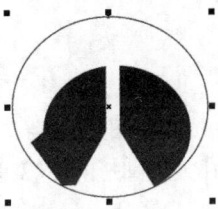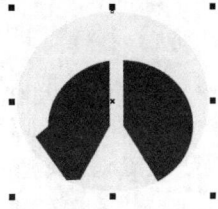

图 4-160　　　　　　　图 4-161　　　　　　　图 4-162

（8）选择"椭圆形"工具 🔲 ，在适当的位置绘制一个椭圆形，如图 4-163 所示，设置填充颜色的 CMYK 值为 0、5、10、0，填充椭圆形，并去除椭圆形的轮廓线，效果如图 4-164 所示。按 Ctrl+PageDown 组合键，将椭圆形向后移一层，效果如图 4-165 所示。

图 4-163　　　　　　　图 4-164　　　　　　　图 4-165

（9）选择"贝塞尔"工具，在适当的位置分别绘制不规则图形，如图 4-166 所示。选择"选择"工具，按住 Shift 键的同时依次单击不规则图形将其同时选取，填充不规则图形为黑色，并去除不规则图形的轮廓线，效果如图 4-167 所示。

（10）选择"对象 > 图框精确裁剪 > 置于图文框内部"命令，鼠标指针变为黑色箭头，在椭圆形上单击，如图 4-168 所示，将不规则图形置入椭圆形中，效果如图 4-169 所示。

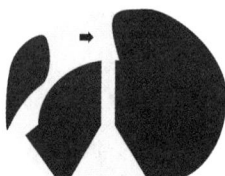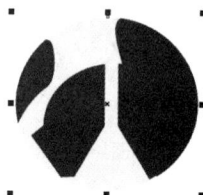

图 4-166   图 4-167   图 4-168   图 4-169

（11）选择"椭圆形"工具，按住 Ctrl 键的同时在适当的位置绘制一个圆形，效果如图 4-170 所示。选择"选择"工具，按住 Shift 键的同时向内拖曳圆形右上角的控制手柄到适当的位置，然后单击鼠标右键，复制一个圆形，效果如图 4-171 所示。竖直向下拖曳复制的圆形到适当的位置，效果如图 4-172 所示。（为了方便读者观看，这里以白色显示。）

图 4-170   图 4-171   图 4-172

（12）选择"选择"工具，按住 Shift 键的同时单击大圆形将其同时选取，如图 4-173 所示，单击属性栏中的"移除前面对象"按钮，将两个圆形剪切为一个图形，效果如图 4-174 所示。

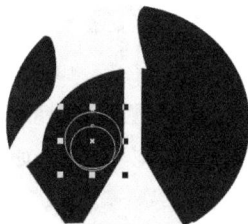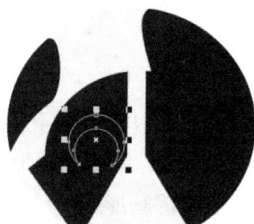

图 4-173   图 4-174

（13）保持图形的选取状态。设置填充颜色的 CMYK 值为 44、0、24、0，填充图形，并去除图形的轮廓线，效果如图 4-175 所示。选择"椭圆形"工具，按住 Ctrl 键的同时在适当的位置绘制一个圆形，设置填充颜色的 CMYK 值为 0、5、10、0，填充圆形，并去除圆形的轮廓线，效果如图 4-176 所示。

（14）选择"选择"工具，按住 Shift 键的同时单击下方剪切图形将其同时选取，如图 4-177 所示，按数字键盘上的+键复制图形。按住 Ctrl 键的同时水平向右拖曳复制的图形到适当的位置，效果如图 4-178 所示。

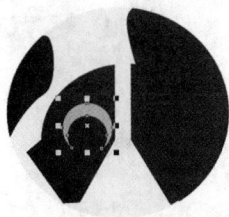

图 4-175　　　　　图 4-176　　　　　图 4-177　　　　　图 4-178

（15）选择"椭圆形"工具，在适当的位置绘制两个椭圆形，如图 4-179 所示。选择"选择"工具，按住 Shift 键的同时依次单击椭圆形将它们同时选取，如图 4-180 所示。

（16）单击属性栏中的"移除前面对象"按钮，将两个椭圆形剪切为一个图形，效果如图 4-181 所示。设置填充颜色的 CMYK 值为 0、5、10、0，填充图形，并去除图形的轮廓线，效果如图 4-182 所示。

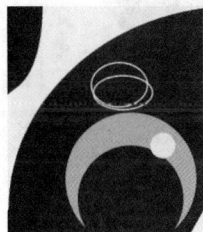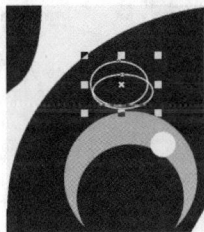

图 4-179　　　　　图 4-180　　　　　图 4-181　　　　　图 4-182

（17）按数字键盘上的+键复制图形。选择"选择"工具，按住 Ctrl 键的同时水平向右拖曳复制的图形到适当的位置，效果如图 4-183 所示。单击属性栏中的"水平镜像"按钮水平翻转图形，效果如图 4-184 所示。

图 4-183　　　　　　　　　　　图 4-184

2．绘制猫咪胡须和其他元素

（1）选择"3 点椭圆形"工具，在适当的位置拖曳鼠标指针绘制一个倾斜椭圆形，如图 4-185 所示。按数字键盘上的+键复制倾斜椭圆形。向上微调复制的倾斜椭圆形到适当的位置，效果如图 4-186 所示。

（2）选择"选择"工具，按住 Shift 键的同时单击原倾斜椭圆形将其同时选取，如图 4-187 所

示，单击属性栏中的"移除前面对象"按钮，将两个倾斜椭圆形剪切为一个图形，效果如图 4-188
所示。

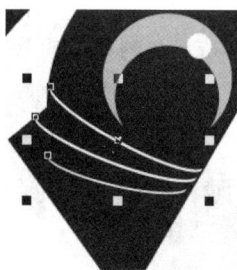

图 4-185　　　　　　　　图 4-186　　　　　　　　图 4-187　　　　　　　　图 4-188

（3）保持图形的选取状态。设置填充颜色的 CMYK 值为 0、5、10、0，填充图形，效果如图 4-189
所示。用相同的方法绘制其他胡须，效果如图 4-190 所示。选择"选择"工具，用圈选的方法将所
绘制的胡须同时选取，如图 4-191 所示，按 Ctrl+G 组合键将其群组。

图 4-189　　　　　　　　　　　图 4-190　　　　　　　　　　　图 4-191

（4）按数字键盘上的+键复制图形。选择"选择"工具，按住 Ctrl 键的同时水平向右拖曳复制
的图形到适当的位置，效果如图 4-192 所示。单击属性栏中的"水平镜像"按钮水平翻转图形，
效果如图 4-193 所示。在"无填充"按钮上单击鼠标右键，去除图形的轮廓线，效果如图 4-194
所示。

图 4-192　　　　　　　　　　　图 4-193　　　　　　　　　　　图 4-194

（5）选择"折线"工具，在适当的位置分别绘制不规则图形（为了方便读者观看，图形以红色
显示），如图 4-195 所示。选择"选择"工具，选取右侧的图形，填充图形为黑色，并去除图形的
轮廓线，效果如图 4-196 所示。

（6）选取左侧的图形，设置填充颜色的 CMYK 值为 0、88、100、0，填充图形，效果如图 4-197
所示。按住 Shift 键的同时单击右侧的图形将其同时选取，连续按 Ctrl+PageDown 组合键，将图形
向后移至适当的位置，效果如图 4-198 所示。

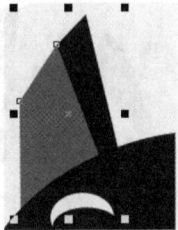

图 4-195　　　　图 4-196　　　　图 4-197　　　　图 4-198

（7）选择"3 点椭圆形"工具，在适当的位置拖曳鼠标指针绘制两个倾斜椭圆形，如图 4-199 所示。选择"选择"工具，按住 Shift 键的同时依次单击倾斜椭圆形将其同时选取，如图 4-200 所示。

（8）单击属性栏中的"移除前面对象"按钮，将两个倾斜椭圆形剪切为一个图形，效果如图 4-201 所示。设置填充颜色的 CMYK 值为 0、5、10、0，填充图形，并去除图形的轮廓线，效果如图 4-202 所示。

图 4-199　　　　图 4-200　　　　图 4-201　　　　图 4-202

（9）用相同的方法再绘制一个图形，效果如图 4-203 所示。选择"选择"工具，按住 Shift 键的同时依次单击需要的图形将其同时选取，如图 4-204 所示。

图 4-203　　　　　　图 4-204

（10）按数字键盘上的+键复制图形。选择"选择"工具，按住 Ctrl 键的同时水平向右拖曳复制的图形到适当的位置，效果如图 4-205 所示。单击属性栏中的"水平镜像"按钮，水平翻转图形，效果如图 4-206 所示。选择"椭圆形"工具，在适当的位置绘制两个椭圆形，如图 4-207 所示。

（11）选择"选择"工具，按住 Shift 键的同时依次单击两个椭圆形将它们同时选取，如图 4-208 所示。单击属性栏中的"移除前面对象"按钮，将两个椭圆形剪切为一个图形，效果如图 4-209 所示。设置填充颜色的 CMYK 值为 0、88、100、0，填充图形，并去除图形的轮廓线，效果如图 4-210 所示。

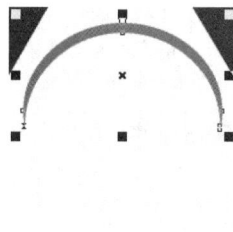

图 4-205　　　　　图 4-206　　　　　图 4-207

图 4-208　　　　　图 4-209　　　　　图 4-210

（12）按数字键盘上的+键复制图形。选择"选择"工具，按住 Ctrl 键的同时竖直向下拖曳复制的图形到适当的位置，效果如图 4-211 所示。填充复制的图形为黑色，效果如图 4-212 所示。

（13）选择"选择"工具，按住 Shift 键的同时向内拖曳复制的图形右上角的控制手柄，等比例缩小图形，效果如图 4-213 所示。单击属性栏中的"垂直镜像"按钮，垂直翻转图形，效果如图 4-214 所示。

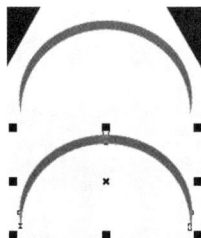 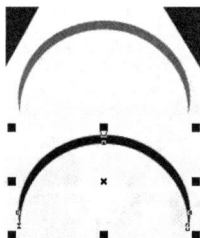 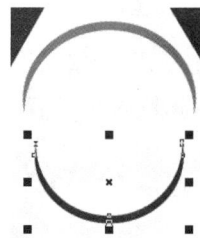

图 4-211　　　图 4-212　　　图 4-213　　　图 4-214

（14）选择"椭圆形"工具，在适当的位置绘制一个椭圆形，如图 4-215 所示。选择"选择"工具，按住 Shift 键的同时单击橘红色图形将其同时选取，如图 4-216 所示，单击属性栏中的"合并"按钮合并图形，效果如图 4-217 所示。

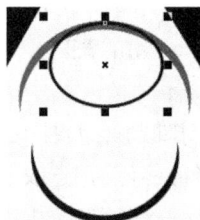 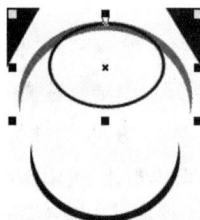 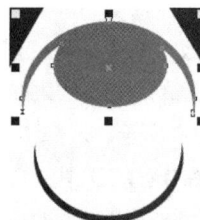

图 4-215　　　　　图 4-216　　　　　图 4-217

（15）选择"矩形"工具 ⬚，在适当的位置绘制一个矩形，填充矩形为黑色，并去除矩形的轮廓
线，效果如图 4-218 所示。连续按 Ctrl+PageDown 组合键，将矩形向后移至适当的位置，效果如
图 4-219 所示。

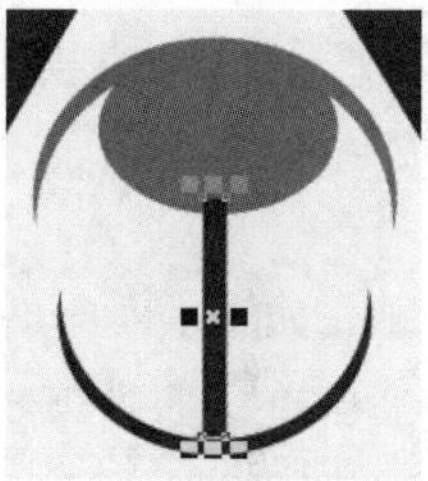

图 4-218 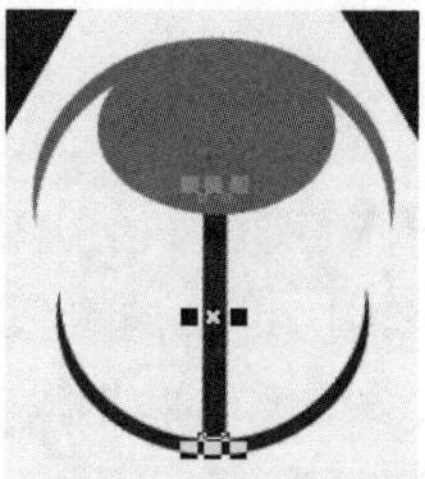   图 4-219

（16）选择"矩形"工具 ⬚，在适当的位置绘制一个矩形，如图 4-220 所示，单击属性栏中的"转
换为曲线"按钮 ⬚，将矩形转换为曲线，如图 4-221 所示。选择"形状"工具 ⬚，选中并向右拖曳矩
形左上角的节点到适当的位置，效果如图 4-222 所示。

图 4-220   图 4-221    图 4-222

（17）选择"选择"工具 ⬚，选取图形，设置填充颜色的 CMYK 值为 0、5、10、0，填充图形，
并去除图形的轮廓线，效果如图 4-223 所示。按 Shift+PageDown 组合键，将图形移至图层后面，
效果如图 4-224 所示。

图 4-223    图 4-224

（18）按数字键盘上的+键复制图形，如图 4-225 所示。选择"形状"工具 ⬚，在适当的位置双
击，添加一个节点，如图 4-226 所示。

图 4-225   图 4-226

（19）使用"形状"工具，在右侧不需要的节点上双击，删除节点，如图 4-227 所示。选择"选择"工具，选取图形，填充图形为黑色，效果如图 4-228 所示。

图 4-227

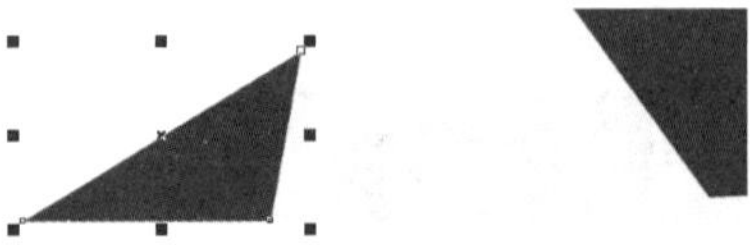

图 4-228

（20）选择"选择"工具，用圈选的方法将两个图形同时选取，如图 4-229 所示，按数字键盘上的+键复制图形。按住 Ctrl 键的同时水平向右拖曳复制的图形到适当的位置，效果如图 4-230 所示。单击属性栏中的"水平镜像"按钮，水平翻转复制的图形，效果如图 4-231 所示。

图 4-229

图 4-230

图 4-231

（21）选择"折线"工具，在适当的位置拖曳鼠标指针绘制不规则图形，如图 4-232 所示。填充图形为黑色，并去除图形的轮廓线，效果如图 4-233 所示。

图 4-232

图 4-233

（22）双击"矩形"工具，绘制一个与绘图页面大小相等的矩形，如图 4-234 所示，设置填充颜色的 CMYK 值为 44、0、24、0，填充矩形，并去除矩形的轮廓线，效果如图 4-235 所示。卡通猫咪绘制完成，效果如图 4-236 所示。

图 4-234

图 4-235

图 4-236

4.3.2　焊接

"焊接"功能会将几个图形结合成一个图形，新的图形轮廓由被焊接的图形边界组成，被焊接图形的交叉线都将消失。

使用"选择"工具 选中要焊接的图形，如图 4-237 所示。选择"窗口 > 泊坞窗 > 造型"命令，或选择"对象 > 造形 > 造型"命令，弹出图 4-238 所示的"造型"泊坞窗。

在"造型"泊坞窗中选择"焊接"选项，再单击"焊接到"按钮，将鼠标指针放到目标对象上并单击，如图 4-239 所示。焊接后的效果如图 4-240 所示，新生成的图形对象的边框和填充颜色与目标对象完全相同。

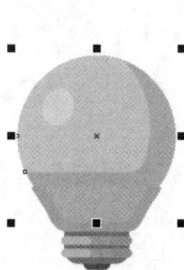

图 4-237　　　　　图 4-238　　　　　图 4-239　　　　　图 4-240

在进行焊接操作之前可以在"造型"泊坞窗中设置是否"保留原始源对象"和"保留原目标对象"。选择保留源对象和目标对象，如图 4-241 所示，焊接图形对象时，源对象和目标对象都被保留，如图 4-242 所示。保留源对象和目标对象对"修剪"和"相交"功能也适用。

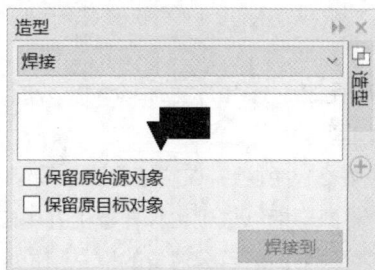

图 4-241　　　　　　　　　　图 4-242

选择几个要焊接的图形后，选择"对象 > 造形 > 合并"命令可以完成多个对象的焊接。焊接前圈选多个图形时，底层的图形就是目标对象。按住 Shift 键选择多个图形时，最后选择的图形就是目标对象。

4.3.3　修剪

"修剪"功能会将目标对象与源对象的相交部分裁掉，使目标对象的形状被更改。修剪后的目标对象保留其填充和轮廓属性。

使用"选择"工具 选择源对象，如图 4-243 所示。在"造型"泊坞窗中选择"修剪"选项，如图 4-244 所示，然后单击"修剪"按钮，将鼠标指针放到目标对象上并单击，如图 4-245 所示。修剪后的效果如图 4-246 所示，新生成的图形对象的边框和填充颜色与目标对象完全相同。

图 4-243　　　　　　　　　图 4-244　　　　　　　　图 4-245　　　　　　　　图 4-246

选择"对象 > 造形 > 修剪"命令也可以完成修剪，源对象和被修剪的目标对象会同时存在于绘图页面中。

4.3.4　相交

"相交"功能会将两个或两个以上对象的相交部分保留，使相交的部分成为一个新的图形对象。新图形对象的填充和轮廓属性将与目标对象相同。

使用"选择"工具 选择源对象，如图 4-247 所示。在"造型"泊坞窗中选择"相交"选项，如图 4-248 所示，单击"相交对象"按钮，将鼠标指针放到目标对象上并单击，如图 4-249 所示，相交后的效果如图 4-250 所示，相交后图形对象将保留目标对象的填充和轮廓属性。

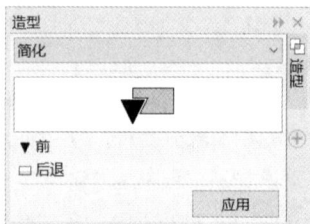

图 4-247　　　　　　　　图 4-248　　　　　　　　图 4-249　　　　　图 4-250

选择"对象 > 造形 > 相交"命令也可以完成相交。源对象和目标对象以及相交后的新图形对象会同时存在于绘图页面中。

4.3.5　简化

"简化"功能会减去后面图形中和前面图形重叠的部分，并保留前面图形的状态不变。

使用"选择"工具 选中两个相交的图形对象，如图 4-251 所示。在"造型"泊坞窗中选择"简化"选项，如图 4-252 所示，单击"应用"按钮，图形的简化效果如图 4-253 所示。

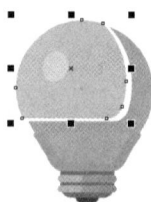

图 4-251　　　　　　　　　图 4-252　　　　　　　　图 4-253

选择"对象 > 造形 > 简化"命令也可以完成图形的简化。

4.3.6　移除后面对象

"移除后面对象"功能会减去后面图形、前后图形的重叠部分，并保留前面图形的剩余部分。

使用"选择"工具，选中两个相交的图形对象，如图 4-254 所示。在"造型"泊坞窗中选择"移除后面对象"选项，如图 4-255 所示，单击"应用"按钮，移除后面对象的效果如图 4-256 所示。

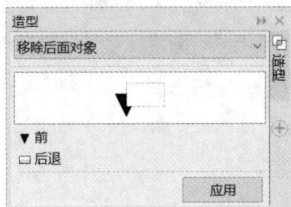
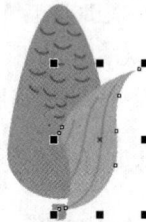

图 4-254　　　　　　　　　　图 4-255　　　　　　　　　　图 4-256

选择"对象 ＞ 造型 ＞ 移除后面对象"命令也可以完成图形的"前减后"操作。

4.3.7　移除前面对象

"移除前面对象"功能会减去前面图形、前后图形的重叠部分，并保留后面图形的剩余部分。

使用"选择"工具，选中两个相交的图形对象，如图 4-257 所示。在"造型"泊坞窗中选择"移除前面对象"选项，如图 4-258 所示，单击"应用"按钮，移除前面对象的效果如图 4-259 所示。

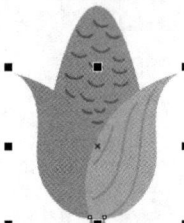

图 4-257　　　　　　　　　　图 4-258　　　　　　　　　　图 4-259

选择"对象 ＞ 造型 ＞ 移除前面对象"命令也可以完成图形的"后减前"操作。

4.3.8　边界

使用"边界"功能可以快速创建所选图形的共同边界。

使用"选择"工具，选中要创建边界的图形对象，如图 4-260 所示。在"造型"泊坞窗中选择"边界"选项，如图 4-261 所示，单击"应用"按钮，边界效果如图 4-262 所示。

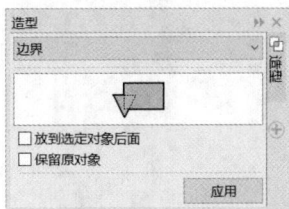
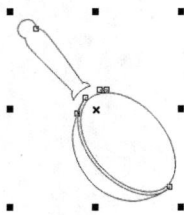

图 4-260　　　　　　　　　　图 4-261　　　　　　　　　　图 4-262

课堂练习——绘制蓝鲸插画

🔗 练习知识要点

　　使用"矩形"工具、"手绘"工具和填充工具绘制插画背景，使用"矩形"工具、"椭圆形"工具、"移除前面对象"按钮、"贝塞尔"工具绘制蓝鲸，使用"艺术笔"工具绘制水花，使用"手绘"工具和"轮廓笔"工具绘制海鸥，效果如图 4-263 所示。

◎ 效果所在位置

　　云盘\Ch04\效果\绘制蓝鲸插画.cdr。

微课视频

扫码观看
本案例视频

图 4-263

课后习题——绘制卡通长颈鹿

🔗 习题知识要点

　　使用"贝塞尔"工具、"椭圆形"工具、"3 点椭圆形"工具、"转换为曲线"命令、"形状"工具、"转角半径"选项和"焊接"按钮绘制长颈鹿，效果如图 4-264 所示。

◎ 效果所在位置

　　云盘\Ch04\效果\绘制卡通长颈鹿.cdr。

微课视频

扫码观看
本案例视频

图 4-264

05

第 5 章
编辑轮廓线与填充颜色

本章介绍

　　在 CorelDRAW X7 中，绘制一个图形时需要先绘制出该图形的轮廓线，并按设计的需求对轮廓线进行编辑。编辑完成后，就可以使用色彩进行渲染。在优秀的设计作品中，色彩的运用非常重要。通过学习本章的内容，读者可以制作出不同效果的图形轮廓线，了解并掌握各种颜色的填充方式和填充技巧。

学习目标

✔ 掌握编辑轮廓线的方法。
✔ 掌握均匀填充的使用方法。
✔ 掌握渐变填充和图样填充的使用方法。
✔ 掌握底纹填充、网状填充的使用方法。
✔ 掌握滴管工具的使用方法。

技能目标

✔ 掌握"送餐图标"的绘制方法。
✔ 掌握"卡通小狐狸"的绘制方法。
✔ 掌握"手机设置图标"的绘制方法。

素养目标

✔ 通过调整轮廓线和填充颜色，培养视觉平衡能力。
✔ 提高对色彩搭配和视觉平衡的敏感度。
✔ 通过选择色彩，增强自信心和认同感。

5.1 编辑轮廓线和均匀填充

CorelDRAW X7 提供了丰富的轮廓线和填充设置，用户可以用其制作出精美的轮廓线和填充效果。下面具体介绍编辑轮廓线和均匀填充的方法和技巧。

5.1.1 课堂案例——绘制送餐图标

案例学习目标

学习使用图形绘制工具、"轮廓笔"工具、"编辑样式"按钮和"均匀填充"按钮绘制送餐图标。

案例知识要点

使用图形绘制工具、"合并"按钮、"形状"工具、"移除前面对象"按钮和"轮廓笔"工具绘制车身和车轮，使用"手绘"工具、"编辑样式"按钮、"矩形"工具绘制车头和大灯。送餐图标效果如图 5-1 所示。

效果所在位置

云盘\Ch05\效果\绘制送餐图标.cdr。

图 5-1

（1）按 Ctrl+N 组合键，弹出"创建新文档"对话框，设置文档的宽度为 1024 px，高度为 1024 px，取向为纵向，颜色模式为 RGB，渲染分辨率为 72 dpi，单击"确定"按钮，创建一个文档。

（2）选择"矩形"工具，在绘图页面中绘制两个矩形，如图 5-2 所示。选择"选择"工具，用圈选的方法将所绘制的矩形同时选取，单击属性栏中的"合并"按钮，合并图形，如图 5-3 所示。

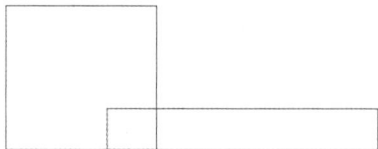

图 5-2

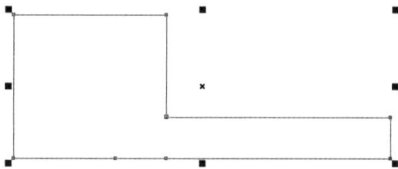

图 5-3

（3）选择"形状"工具，选中并向左拖曳图形左下角的节点到适当的位置，效果如图 5-4 所示。选择"选择"工具，设置填充颜色的 RGB 值为 230、34、41，填充图形，效果如图 5-5 所示。

图 5-4　　　　　　　　　　　　　图 5-5

（4）按 F12 键，弹出"轮廓笔"对话框，在"颜色"选项中设置轮廓线颜色为黑色，其他选项的设置如图 5-6 所示；单击"确定"按钮，效果如图 5-7 所示。

图 5-6　　　　　　　　　　　　　图 5-7

（5）选择"椭圆形"工具，按住 Ctrl 键的同时在适当的位置绘制一个圆形，如图 5-8 所示。选择"属性滴管"工具，将鼠标指针放置在红色图形上，鼠标指针变为图标，如图 5-9 所示。在红色图形上单击吸取属性，鼠标指针变为图标，在圆形上单击进行填充，效果如图 5-10 所示。

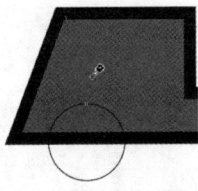　　　

图 5-8　　　　　　　　图 5-9　　　　　　　　图 5-10

（6）选择"选择"工具，在"RGB 调色板"中的"70%黑"色块上单击，填充圆形，效果如图 5-11 所示。按 Ctrl+PageDown 组合键，将圆形向后移一层，效果如图 5-12 所示。

（7）按数字键盘上的+键复制圆形。按住 Ctrl 键的同时水平向右拖曳复制的圆形到适当的位置，效果如图 5-13 所示。

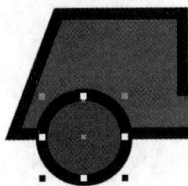　　　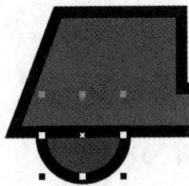

图 5-11　　　　　　　图 5-12　　　　　　　　图 5-13

（8）分别选择"椭圆形"工具 ，和"矩形"工具 ，在适当的位置分别绘制一个椭圆形和一个矩形，如图 5-14 所示。选择"选择"工具 ，按住 Shift 键的同时单击矩形和椭圆形将其同时选取，如图 5-15 所示，单击属性栏中的"移除前面对象"按钮 ，将两个图形剪切为一个图形，效果如图 5-16 所示。（为了方便读者观看，这里以黄色显示。）

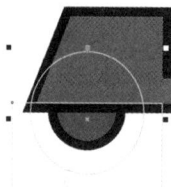

图 5-14　　　　　　　　　图 5-15　　　　　　　　　图 5-16

（9）选择"属性滴管"工具 ，将鼠标指针放置在红色图形上，鼠标指针变为 图标，如图 5-17 所示。在红色图形上单击吸取属性，鼠标指针变为 图标，在新绘制的图形上单击进行填充，效果如图 5-18 所示。

图 5-17　　　　　　　　　　　　图 5-18

（10）选择"选择"工具 ，按 Alt+F9 组合键，弹出"变换"泊坞窗，选项的设置如图 5-19 所示，单击"应用"按钮，效果如图 5-20 所示。按住 Ctrl 键的同时水平向右拖曳复制的图形到适当的位置，效果如图 5-21 所示。

图 5-19　　　　　　　　　图 5-20　　　　　　　　　图 5-21

（11）选择"手绘"工具 ，按住 Ctrl 键的同时在适当的位置绘制一条线段，并在属性栏中的"轮廓宽度"框 1 px 中输入 30 px；按 Enter 键，效果如图 5-22 所示。

（12）选择"选择"工具 ，按数字键盘上的+键复制线段。按住 Ctrl 键的同时竖直向下拖曳复制的线段到适当的位置，效果如图 5-23 所示。不松开 Ctrl 键，向右拖曳复制的线段末端中间的控制手柄到适当的位置，调整线段长度，效果如图 5-24 所示。

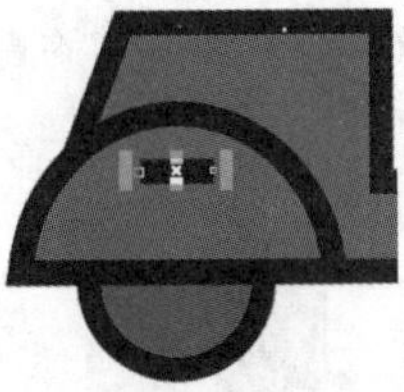

图 5-22    图 5-23 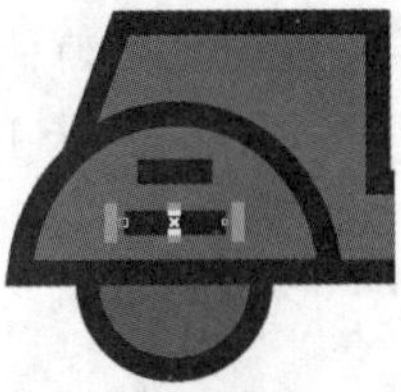   图 5-24

（13）选取绘制的第一条线段，如图 5-25 所示，按数字键盘上的+键复制线段。向右拖曳复制的
线段到适当的位置，效果如图 5-26 所示。

图 5-25    图 5-26

（14）选择"矩形"工具 ▢，在适当的位置绘制一个矩形，如图 5-27 所示。单击属性栏中的"转
换为曲线"按钮 ⟳，将矩形转换为曲线，如图 5-28 所示。选择"形状"工具 ⬚，选中并向左拖曳矩
形右上角的节点到适当的位置，效果如图 5-29 所示。

图 5-27    图 5-28 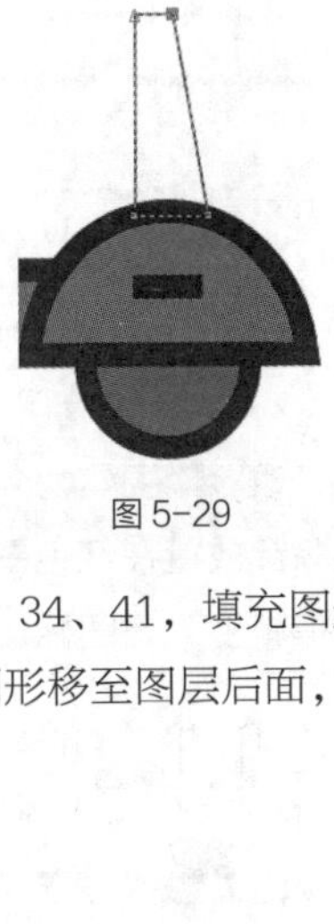   图 5-29

（15）选择"选择"工具 �，设置填充颜色的 RGB 值为 230、34、41，填充图形，并去除图形
的轮廓线，效果如图 5-30 所示。按 Shift+PageDown 组合键将图形移至图层后面，效果如图 5-31
所示。

图 5-30 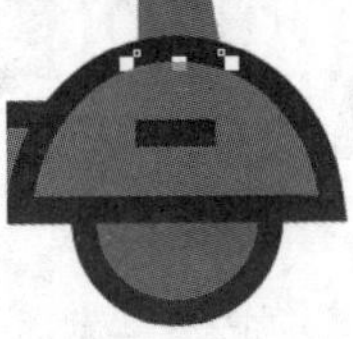   图 5-31

（16）选择"手绘"工具 ✎，在适当的位置绘制一条斜线，如图 5-32 所示。在属性栏中的"轮

廓宽度"框 [1 px] 中输入 30 px；按 Enter 键，效果如图 5-33 所示。按住 Ctrl 键的同时在适当的位置再绘制一条竖线，如图 5-34 所示。

图 5-32　　　　　　　图 5-33　　　　　　　图 5-34

（17）按 F12 键，弹出"轮廓笔"对话框，在"样式"设置区中单击"编辑样式"按钮 [编辑样式(E)...]，弹出"编辑线条样式"对话框，选项的设置如图 5-35 所示；单击"添加"按钮，返回到"轮廓笔"对话框，其他选项的设置如图 5-36 所示；单击"确定"按钮，效果如图 5-37 所示。

图 5-35　　　　　　　　　　图 5-36　　　　　　　　图 5-37

（18）选择"矩形"工具 ▢，在适当的位置绘制一个矩形，如图 5-38 所示。选择"属性滴管"工具 ✐，将鼠标指针放置在红色图形上，鼠标指针变为 ✐ 图标，如图 5-39 所示。在红色图形上单击吸取属性，鼠标指针变为 ◆ 图标，在矩形上单击进行填充，效果如图 5-40 所示。

图 5-38　　　　　　　图 5-39　　　　　　　图 5-40

（19）选择"选择"工具 ▸，按数字键盘上的+键复制矩形。按住 Ctrl 键的同时水平向右拖曳复制的矩形到适当的位置，效果如图 5-41 所示。向左拖曳复制的矩形右侧中间的控制手柄到适当的位置，调整其大小，效果如图 5-42 所示。填充复制的矩形为白色，效果如图 5-43 所示。

图 5-41　　　　　　　　图 5-42　　　　　　　　图 5-43

（20）选取左侧红色矩形，在属性栏中将"转角半径"设置为 50 px 和 0 px，如图 5-44 所示；
按 Enter 键，效果如图 5-45 所示。

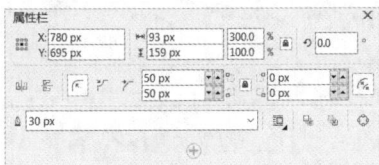
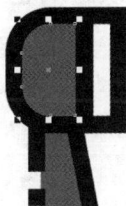

图 5-44　　　　　　　　　　　　　　图 5-45

（21）选择"手绘"工具 ，按住 Ctrl 键的同时在适当的位置绘制一条线段，如图 5-46 所示。
按 F12 键，弹出"轮廓笔"对话框，在"线条端头"选项中单击"圆形端头"按钮 ，其他选项的设
置如图 5-47 所示；单击"确定"按钮，效果如图 5-48 所示。

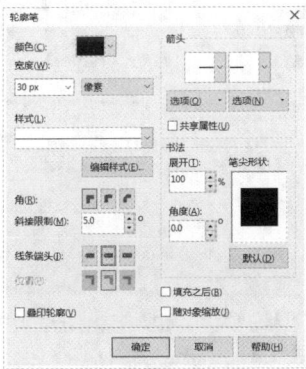
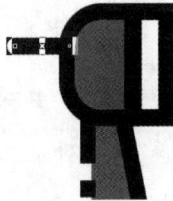

图 5-46　　　　　　　　图 5-47　　　　　　　　图 5-48

（22）用相同的方法绘制坐垫和餐箱等，效果如图 5-49 所示。送餐图标绘制完成，效果如图 5-50
所示。将图标应用在手机中，会自动应用圆角遮罩，呈现出圆角效果，如图 5-51 所示。

图 5-49　　　　　　　　图 5-50　　　　　　　　图 5-51

5.1.2　使用轮廓工具

单击"轮廓笔"工具按钮 🖉，弹出"轮廓笔"工具展开式工具栏，如图 5-52 所示。

展开式工具栏中的"轮廓笔"工具可以用于编辑图形对象的轮廓线，"轮廓色"工具可以用于编辑图形对象的轮廓线颜色。其中的 11 个选项都是设置图形对象的轮廓宽度的，分别是无轮廓、细线轮廓、0.1mm、0.2mm、0.25mm、0.5mm、0.75mm、1mm、1.5mm、2mm 和 2.5mm。选择"彩色"选项会弹出"颜色泊坞窗"，可以对图形的轮廓线颜色进行编辑。

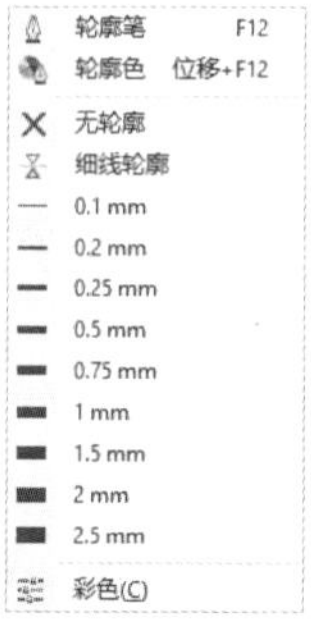

5.1.3　设置轮廓线的颜色

绘制一个图形对象，并使图形对象处于选取状态，选择"轮廓笔"工具 🖉，弹出"轮廓笔"对话框，如图 5-53 所示。

图 5-52

在"轮廓笔"对话框中，"颜色"选项可以设置轮廓线的颜色。在 CorelDRAW X7 的默认状态下，轮廓线被设置为黑色。单击"颜色" ■▼下拉按钮，打开"颜色"下拉列表，如图 5-54 所示。

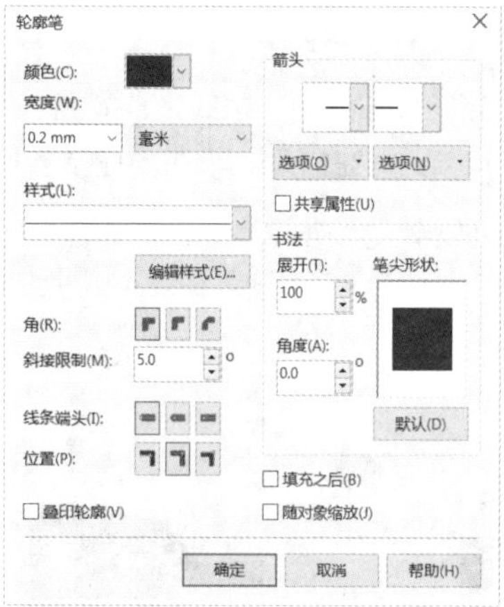

图 5-53

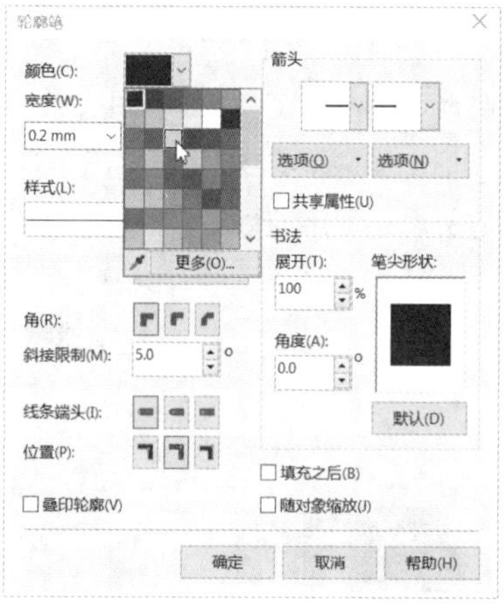

图 5-54

在"颜色"下拉列表中可以选择需要的颜色，也可以单击"更多"按钮，打开"选择颜色"对话框，如图 5-55 所示。在对话框中可以调配自己需要的颜色。

图 5-55

设置好需要的颜色后，单击"确定"按钮即可改变轮廓线的颜色。

> **技巧** 　　在图形对象处于选取状态的情况下，直接在调色板中需要的颜色上单击鼠标右键可以快速设置轮廓线颜色。

5.1.4 设置轮廓线的粗细及样式

在"轮廓笔"对话框中，"宽度"选项可以用于设置轮廓线的宽度和宽度的度量单位。在"宽度"选项中，单击左侧的下拉按钮，弹出下拉列表，可以选择宽度，如图 5-56 所示，也可以在框中直接输入宽度。单击右侧的下拉按钮，弹出下拉列表，可以选择宽度的度量单位，如图 5-57 所示。单击"样式"下拉按钮，弹出下拉列表，可以选择轮廓线的样式，如图 5-58 所示。

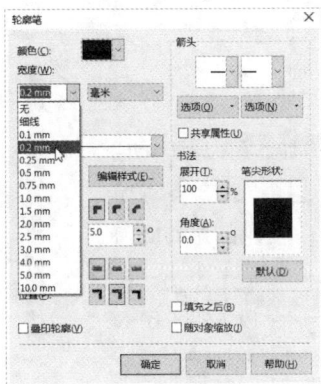
图 5-56

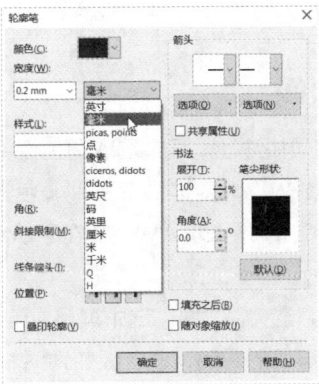
图 5-57

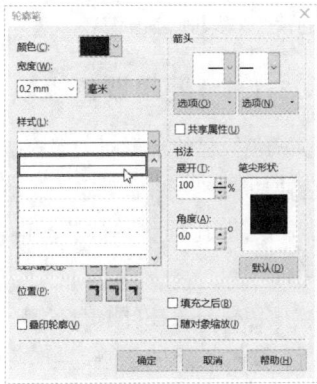
图 5-58

5.1.5 设置轮廓线角的样式及端头样式

在"轮廓笔"对话框中，"角"选项可以用于设置轮廓线角的样式，如图 5-59 所示。"角"选项提供了 3 种拐角的方式，它们分别是尖角、圆角和平角。

将轮廓线的宽度增加，因为较细的轮廓线在设置拐角后效果不明显。3 种拐角的效果如图 5-60 所示。

在"轮廓笔"对话框中，"线条端头"选项可以用于设置线条端头的样式，如图 5-61 所示。3 种样式分别是削平两端点、两端点延伸成半圆形、削平两端点并延伸。分别选择 3 种端头样式，效果如图 5-62 所示。

角(R):　　　　　　　　　　　　　　　　　　　　　　线条端头(I):

图 5-59　　　　　　　图 5-60　　　　　　　图 5-61　　　　　　　图 5-62

在"轮廓笔"对话框中，"箭头"设置区可以用于设置线条两端的箭头样式，如图 5-63 所示。"箭头"设置区中提供了两个样式框，左侧的样式框 ⟋ 用来设置箭头样式，单击样式框上的下拉按钮，弹出"箭头样式"下拉列表，如图 5-64 所示。右侧的样式框 ⟋ 用来设置箭尾样式，单击样式框上的下拉按钮，弹出"箭尾样式"下拉列表，如图 5-65 所示。

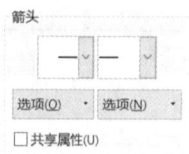

图 5-63　　　　　　　图 5-64　　　　　　　图 5-65

如果勾选"填充之后"复选框，图形对象的轮廓会置于图形对象的填充之后。图形对象的填充会遮挡图形对象的轮廓，只能观察到轮廓的一段宽度的颜色。

勾选"随对象缩放"复选框后，图形对象的轮廓线会根据图形对象的大小而改变，使图形对象的整体效果保持不变。如果不勾选此复选框，在缩放图形对象时，图形对象的轮廓线不会根据图形对象的大小而改变，轮廓线和填充不能保持原图形对象的效果，图形对象的整体效果就会被破坏。

5.1.6　使用调色板填充颜色

调色板是给图形对象填充颜色的最快途径。通过选取调色板中的颜色，可以把一种新颜色快速填充给图形对象。CorelDRAW X7 中提供了多种调色板，选择"窗口 ＞ 调色板"命令，弹出可供选择的多种调色板。CorelDRAW X7 在默认状态下使用的是 CMYK 调色板。

调色板一般在屏幕的右侧，使用"选择"工具，选中屏幕右侧的条形色板，如图 5-66 所示，按住鼠标左键拖曳条形色板到屏幕的中间，调色板变为图 5-67 所示的面板。

使用"选择"工具选中要填充颜色的图形对象，如图 5-68 所示。在调色板中选中的颜色上单击，如图 5-69 所示。图形对象的内部被选中的颜色填充，如图 5-70 所示。单击调色板中的"无填充"按钮☒，可取消对图形对象内部的颜色填充。

图 5-66

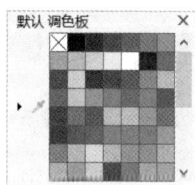　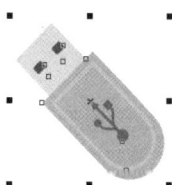　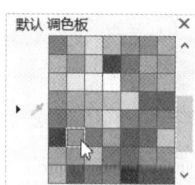

图 5-67　　　　　图 5-68　　　　　图 5-69　　　　　图 5-70

选取轮廓线需要填充颜色的图形，如图 5-71 所示。在调色板中选中的颜色上单击鼠标右键，如图 5-72 所示。图形对象的轮廓线被选中的颜色填充，设置适当的轮廓宽度，效果如图 5-73 所示。

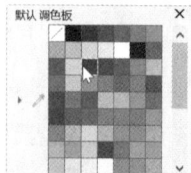　

图 5-71　　　　　　　图 5-72　　　　　　　图 5-73

> **技巧**　　　选中调色板中的色块，按住鼠标左键，拖曳色块到图形对象上，松开鼠标左键，也可填充对象。

5.1.7 使用"均匀填充"界面填充颜色

单击"编辑填充"工具按钮，弹出"编辑填充"对话框，单击"均匀填充"按钮■或按 F11 键，切换到"均匀填充"界面，可以在该界面设置需要的颜色。

界面中的 3 种设置颜色的工具分别为模型、混合器和调色板。具体设置如下。

1. 模型

模型设置区如图 5-74 所示，其中提供了完整的色谱。通过操作颜色关联控件可更改颜色，也可以通过在颜色模式的各参数值框中输入值来设定需要的颜色。在设置区中还可以选择不同的颜色模式，模型设置区默认使用 CMYK 模式，如图 5-75 所示。

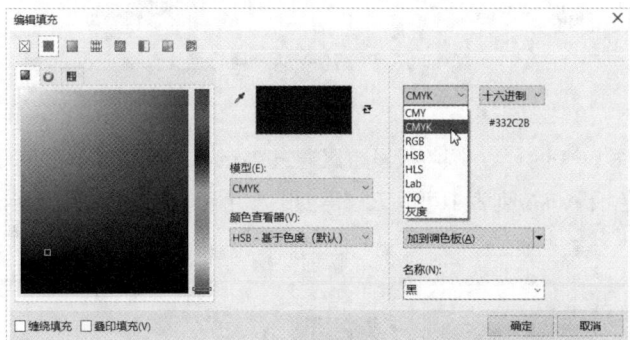

图 5-74

图 5-75

调配好需要的颜色后，单击"确定"按钮，可以将需要的颜色填充到图形对象中。

> **技巧**　　　如果有经常需要使用的颜色，调配好需要的颜色后，单击"加到调色板"按钮就可以将颜色添加到调色板中。在下一次需要使用时就不需要再次调配了，直接在调色板中调用即可。

2. 混合器

混合器设置区如图 5-76 所示，混合器设置区通过组合颜色的方式来生成新颜色，通过转动色环或从"色度"下拉列表中选择各种形状，可以设置需要的颜色。从"变化"下拉列表中选择各种选项可以调整颜色的明度。调整"大小"选项中的滑块可以使选择的颜色更丰富。

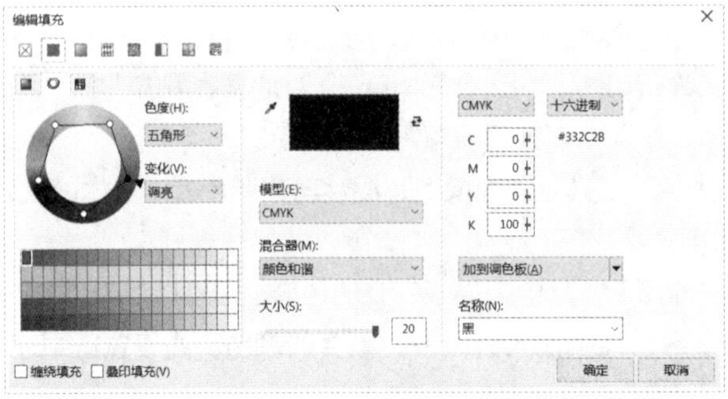

图 5-76

可以通过在颜色模式的各参数值框中输入值来设定需要的颜色。在设置区中还可以选择不同的颜色模式，混合器设置区默认使用 CMYK 模式，如图 5-77 所示。

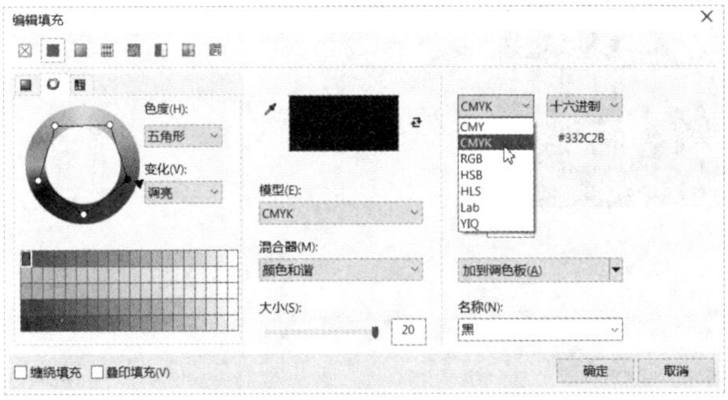

图 5-77

3. 调色板

调色板设置区如图 5-78 所示，调色板设置区通过 CorelDRAW X7 中已有颜色库中的颜色来填充图形对象，在"调色板"下拉列表中可以选择需要的颜色库，如图 5-79 所示。

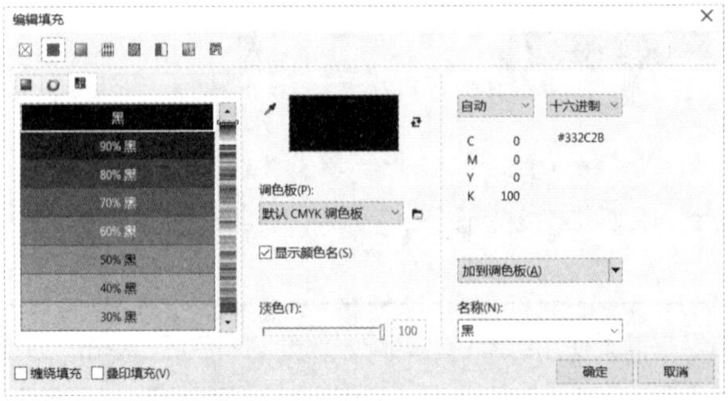

图 5-78

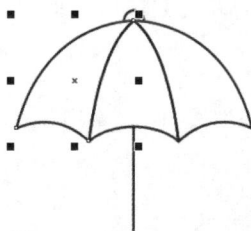

图 5-79

在色板中的颜色上单击就可以将其选中，调整"淡色"选项中的滑块可以使选择的颜色变淡。调配好需要的颜色后，单击"确定"按钮就可以将颜色填充到图形对象中。

5.1.8　使用"颜色泊坞窗"填充颜色

"颜色泊坞窗"是为图形对象填充颜色的辅助工具，特别适合在实际工作中使用。

单击工具箱下方的"快速自定义"按钮⊕，添加"彩色"工具，然后单击"彩色"工具按钮，弹出"颜色泊坞窗"，如图 5-80 所示。

绘制一个雨伞，如图 5-81 所示。在"颜色泊坞窗"中调配颜色，如图 5-82 所示。

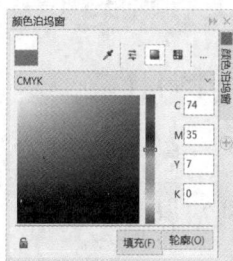

图 5-80　　　　　　　　　图 5-81　　　　　　　　　图 5-82

调配好颜色后单击"填充"按钮，如图 5-83 所示。颜色填充到雨伞的内部，效果如图 5-84 所示。也可在调配好颜色后单击"轮廓"按钮，如图 5-85 所示。颜色填充到雨伞的轮廓线上，效果如图 5-86 所示。

图 5-83　　　　　　　图 5-84　　　　　　　图 5-85　　　　　　　图 5-86

"颜色泊坞窗"右上角的 3 个按钮 ⚏ ▦ ▤ 分别是"显示颜色滑块""显示颜色查看器""显示调色板"。

分别单击这 3 个按钮可以选择不同的调配颜色的方式，如图 5-87 所示。

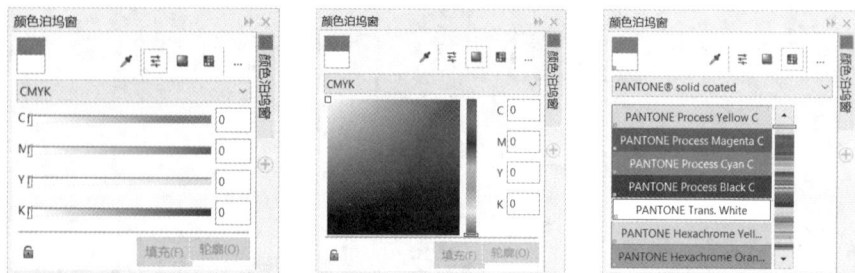

图 5-87

5.2　渐变填充和图样填充

　　渐变填充和图样填充都是非常实用的功能，在设计制作中经常被使用。在 CorelDRAW X7 中，渐变填充提供了线性渐变填充、椭圆形渐变填充、圆锥形渐变填充和矩形渐变填充这 4 种渐变形式，可以绘制出多种渐变效果。图样填充将预设图案以平铺的方式填充到图形中。下面将介绍使用渐变填充和图样填充的方法和技巧。

5.2.1　课堂案例——绘制卡通小狐狸

案例学习目标

　　学习使用图形绘制工具、"渐变填充"按钮和"造型"泊坞窗绘制卡通小狐狸。

案例知识要点

　　使用"椭圆形"工具、"贝塞尔"工具、"合并"按钮绘制耳朵，使用"椭圆形"工具、"矩形"工具、"星形"工具和"移除前面对象"按钮绘制脸部，使用"矩形"工具、"转角半径"选项、"造型"泊坞窗和"渐变填充"按钮绘制尾巴。卡通小狐狸效果如图 5-88 所示。

效果所在位置

　　云盘\Ch05\效果\绘制卡通小狐狸.cdr。

图 5-88

微课视频

扫码观看
本案例视频

（1）按 Ctrl+N 组合键，弹出"创建新文档"对话框，新建一个 A4 大小的绘图页面。双击"矩形"工具🔲，绘制一个与绘图页面大小相等的矩形。设置填充颜色的 CMYK 值为 70、71、75、37，填充矩形，并去除矩形的轮廓线，效果如图 5-89 所示。

（2）选择"椭圆形"工具⭕，在绘图页面外绘制一个椭圆形，如图 5-90 所示。选择"贝塞尔"工具✒，在适当的位置绘制一个不规则图形，如图 5-91 所示。

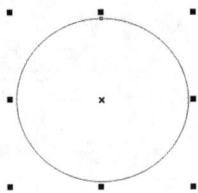
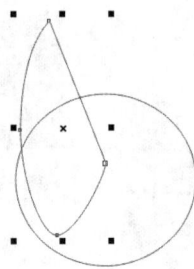

图 5-89　　　　　　　　图 5-90　　　　　　　　图 5-91

（3）选择"选择"工具▶，按数字键盘上的+键复制不规则图形。单击属性栏中的"水平镜像"按钮◨水平翻转复制的不规则图形，如图 5-92 所示。按住 Ctrl 键的同时水平向右拖曳翻转图形到适当的位置，效果如图 5-93 所示。

（4）选择"选择"工具▶，用圈选的方法将所绘制的图形同时选取，如图 5-94 所示，单击属性栏中的"合并"按钮◻，合并图形，效果如图 5-95 所示。

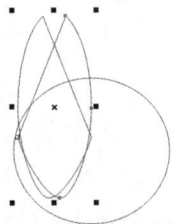
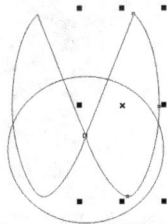
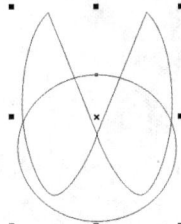
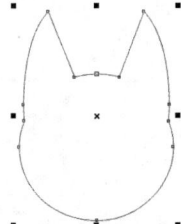

图 5-92　　　　　　图 5-93　　　　　　图 5-94　　　　　　图 5-95

（5）按 F11 键，弹出"编辑填充"对话框，单击"渐变填充"按钮▣，将起点颜色的 CMYK 值设置为 0、61、99、0，终点颜色的 CMYK 值设置为 13、69、100、0，其他选项的设置如图 5-96 所示；单击"确定"按钮填充图形，并去除图形的轮廓线，效果如图 5-97 所示。

图 5-96　　　　　　　　　　　　　　　　图 5-97

（6）选择"贝塞尔"工具 ，在适当的位置绘制一个不规则图形，如图 5-98 所示。按 F11 键，弹出"编辑填充"对话框，单击"渐变填充"按钮 ，将起点颜色的 CMYK 值设置为 12、82、100、0，终点颜色的 CMYK 值设置为 0、61、100、0，其他选项的设置如图 5-99 所示；单击"确定"按钮填充不规则图形，并去除不规则图形的轮廓线，效果如图 5-100 所示。

图 5-98   图 5-99   图 5-100

（7）选择"选择"工具 ，按数字键盘上的+键复制不规则图形。单击属性栏中的"水平镜像"按钮 水平翻转不规则图形，如图 5-101 所示。按住 Ctrl 键的同时水平向右拖曳翻转图形到适当的位置，效果如图 5-102 所示。

图 5-101   图 5-102

（8）选择"椭圆形"工具 ，在适当的位置绘制一个椭圆形，如图 5-103 所示。按 F11 键，弹出"编辑填充"对话框，单击"渐变填充"按钮 ，将起点颜色的 CMYK 值设置为 12、82、100、0，终点颜色的 CMYK 值设置为 11、62、93、0，其他选项的设置如图 5-104 所示；单击"确定"按钮填充椭圆形，并去除椭圆形的轮廓线，效果如图 5-105 所示。

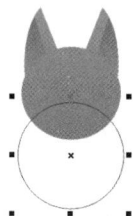

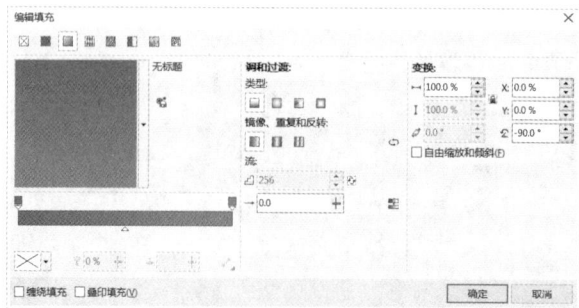

图 5-103   图 5-104   图 5-105

（9）选择"椭圆形"工具 ，在适当的位置绘制一个椭圆形，如图 5-106 所示。选择"矩形"

工具█，在适当的位置绘制一个矩形，如图 5-107 所示。

（10）选择"选择"工具█，按住 Shift 键的同时单击椭圆形将其同时选取，如图 5-108 所示，单击属性栏中的"移除前面对象"按钮█，将两个图形剪切为一个图形，效果如图 5-109 所示。

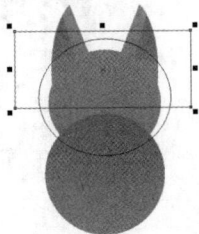 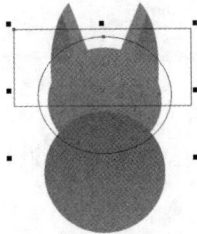 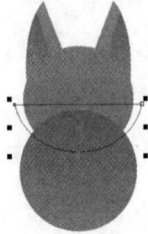

图 5-106　　　　　　图 5-107　　　　　　图 5-108　　　　　　图 5-109

（11）按 F11 键，弹出"编辑填充"对话框，单击"渐变填充"按钮█，将起点颜色的 CMYK 值设置为 0、0、0、20，终点颜色的 CMYK 值设置为 0、0、0、0，其他选项的设置如图 5-110 所示；单击"确定"按钮填充图形，并去除图形的轮廓线，效果如图 5-111 所示。

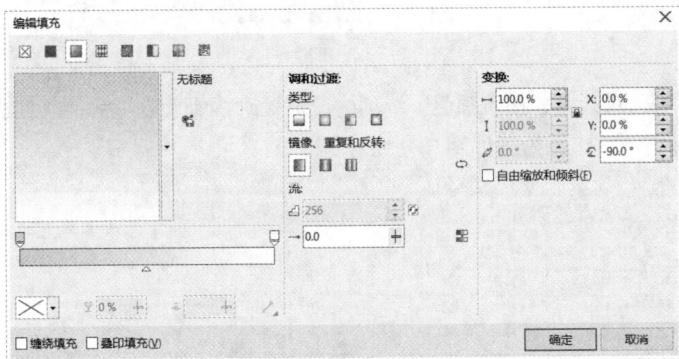

图 5-110　　　　　　　　　　　　　　　　　　　　图 5-111

（12）选择"椭圆形"工具█，按住 Ctrl 键的同时在适当的位置绘制一个圆形，填充圆形为黑色，并去除圆形的轮廓线，效果如图 5-112 所示。按数字键盘上的+键复制圆形。选择"选择"工具█，按住 Ctrl 键的同时水平向右拖曳复制的圆形到适当的位置，效果如图 5-113 所示。

图 5-112　　　　　　　　　　图 5-113

（13）选择"星形"工具█，属性栏中的设置如图 5-114 所示；在适当的位置绘制一个三角形，如图 5-115 所示。

图 5-114

图 5-115

（14）选择"星形"工具 ，属性栏中的设置如图 5-116 所示；在适当的位置绘制一个多角星形，如图 5-117 所示。

图 5-116

图 5-117

（15）按 F12 键，弹出"轮廓笔"对话框，在"颜色"选项中设置轮廓线颜色为黑色，其他选项的设置如图 5-118 所示；单击"确定"按钮，效果如图 5-119 所示。

图 5-118

图 5-119

（16）选择"矩形"工具 ，在适当的位置绘制一个矩形，如图 5-120 所示。在属性栏中将"转角半径"设置为 50.0 mm 和 0.0 mm，如图 5-121 所示，按 Enter 键，效果如图 5-122 所示。按 Ctrl+C 组合键复制图形（此图形作为备用）。

图 5-120

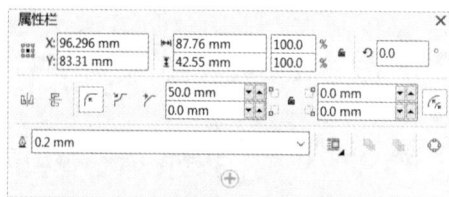

图 5-121

图 5-122

（17）单击属性栏中的"转换为曲线"按钮 ⊙，将图形转换为曲线，如图 5-123 所示；选择"形状"工具 ↖，用圈选的方法选取图形右侧的节点，如图 5-124 所示，向左拖曳选中的节点到适当的位置，效果如图 5-125 所示。

图 5-123 　　　　　　图 5-124　　　　　　图 5-125

（18）按 F11 键，弹出"编辑填充"对话框，单击"渐变填充"按钮 ▦，将起点颜色的 CMYK 值设置为 0、0、0、20，终点颜色的 CMYK 值设置为 0、0、0、0，其他选项的设置如图 5-126 所示；单击"确定"按钮填充图形，并去除图形的轮廓线，效果如图 5-127 所示。

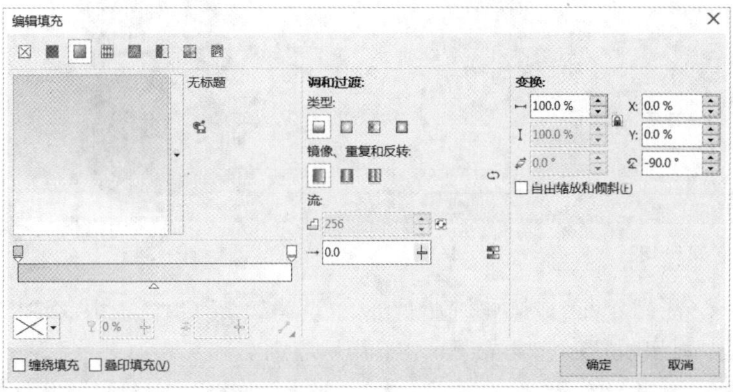

图 5-126 　　　　　　　　　　　　　　　　图 5-127

（19）按 Ctrl+V 组合键粘贴备用图形，如图 5-128 所示。选择"选择"工具 ↖，选取下方的渐变椭圆形，按数字键盘上的+键复制渐变椭圆形，如图 5-129 所示。

图 5-128 　　　　　　　　　　图 5-129

（20）选择"窗口 > 泊坞窗 > 造型"命令，在弹出的"造型"泊坞窗中选择"相交"选项，如图 5-130 所示。单击"相交对象"按钮，将鼠标指针放置到备用图形上，如图 5-131 所示，然后单击，效果如图 5-132 所示。

图 5-130　　　　　　　　　　　图 5-131　　　　　　　　　　图 5-132

（21）按 F11 键，弹出"编辑填充"对话框，单击"渐变填充"按钮 ，将起点颜色的 CMYK 值设置为 0、61、100、0，终点颜色的 CMYK 值设置为 16、71、100、0，其他选项的设置如图 5-133 所示；单击"确定"按钮填充图形，并去除图形的轮廓线，效果如图 5-134 所示。

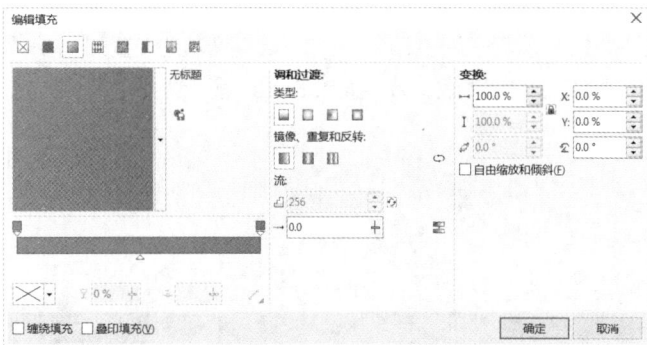

图 5-133　　　　　　　　　　　　　　　　　　　　　图 5-134

（22）选择"选择"工具 ，用圈选的方法将所绘制的图形全部选取，按 Ctrl+G 组合键将其群组，拖曳群组图形到绘图页面中适当的位置，效果如图 5-135 所示。

（23）选择"文本"工具 ，在适当的位置输入需要的文字。选择"选择"工具 ，在属性栏中选取适当的字体并设置字体大小，填充文字为白色，效果如图 5-136 所示。卡通小狐狸绘制完成。

图 5-135　　　　　　　　　　　　图 5-136

5.2.2　使用属性栏进行填充

绘制一个图形，如图 5-137 所示。选择"交互式填充"工具 ，在属性栏中单击"渐变填充"按钮 ，如图 5-138 所示，效果如图 5-139 所示。

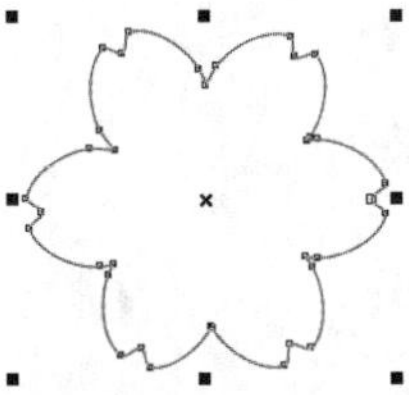

图 5-137 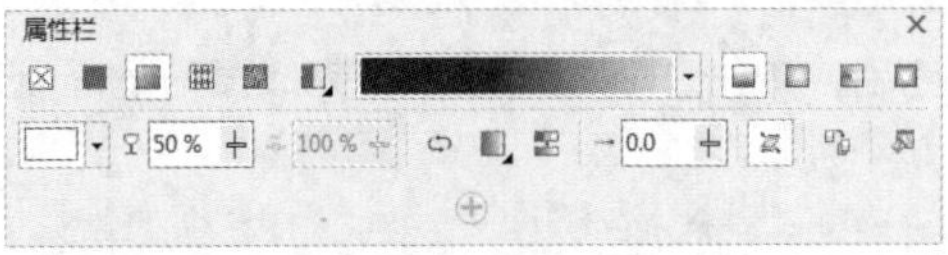   图 5-138 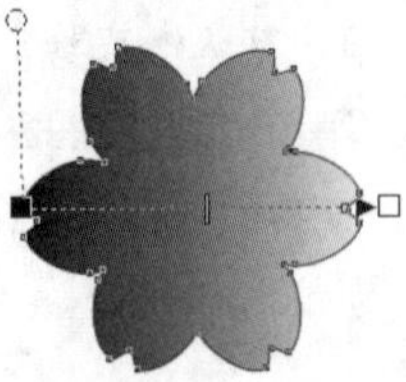   图 5-139

单击属性栏中的 按钮可以选择渐变的类型，椭圆形、圆锥形和矩形的渐变填充效果如图 5-140 所示。

属性栏中的"节点颜色" 用于指定渐变节点的颜色，"节点透明度" 用于设置选定渐变节点的透明度，"加速" 用于设置渐变从一个颜色到另外一个颜色的速度。

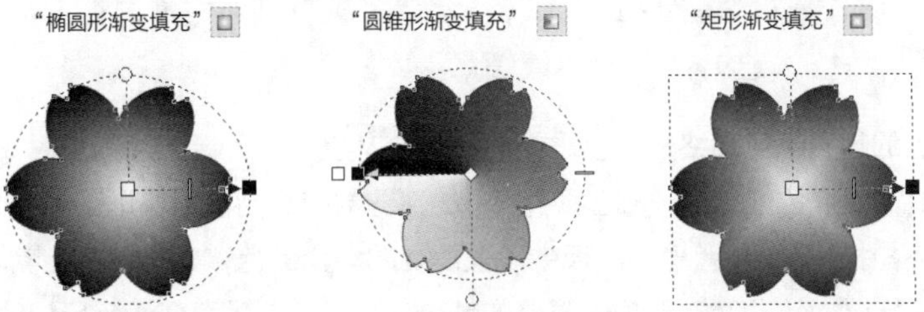

"椭圆形渐变填充"   "圆锥形渐变填充"   "矩形渐变填充"

图 5-140

5.2.3　使用工具进行填充

绘制一个图形，如图 5-141 所示。选择"交互式填充"工具，在起点颜色的位置按住鼠标左键拖曳到适当的位置，松开鼠标左键，图形被填充了预设的颜色，效果如图 5-142 所示。在拖曳的过程中可以控制渐变的角度、渐变的边缘宽度等渐变属性。

拖曳起点颜色和终点颜色的色块可以改变渐变的角度和边缘宽度。拖曳中间点可以调整渐变颜色的分布。拖曳渐变虚线可以控制渐变颜色与图形的相对位置。拖曳渐变上方的圆圈图标可以调整渐变倾斜角度。

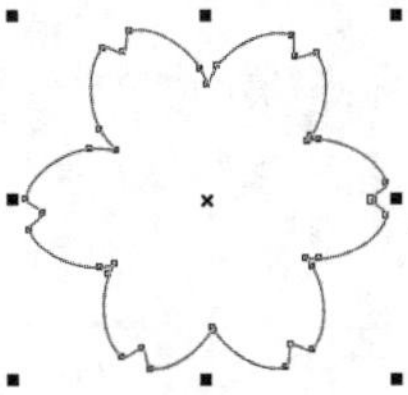

图 5-141 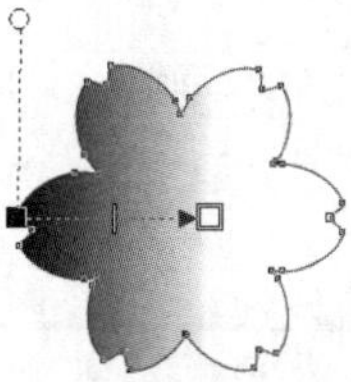   图 5-142

5.2.4　使用"渐变填充"界面进行填充

单击"编辑填充"工具按钮，在弹出的"编辑填充"对话框中单击"渐变填充"按钮，打开对应界面。在"镜像、重复和反转"设置区中可选择渐变填充的 3 种类型，即默认渐变填充、重复和镜像、重复。

1. 默认渐变填充

单击"默认渐变填充"按钮■，如图 5-143 所示。

在界面中设置好渐变颜色后，单击"确定"按钮，完成图形的渐变填充。

图 5-143

在预览色带上的起点颜色和终点颜色之间双击，会产生一个色标■，即新增一个渐变颜色标记，如图 5-144 所示。"节点位置" 30 % 选项中显示的百分数就是当前新增渐变颜色标记的位置。单击"节点颜色"■下拉按钮，在弹出的面板中设置需要的渐变颜色，预览色带上新增渐变颜色标记的颜色将随之改变。"节点颜色"■选项中显示的颜色就是当前新增渐变颜色标记的颜色。

图 5-144

2. 重复和镜像

单击"重复和镜像"按钮■，如图 5-145 所示，然后单击调色板中的颜色，可改变自定义渐变填充终点的颜色。

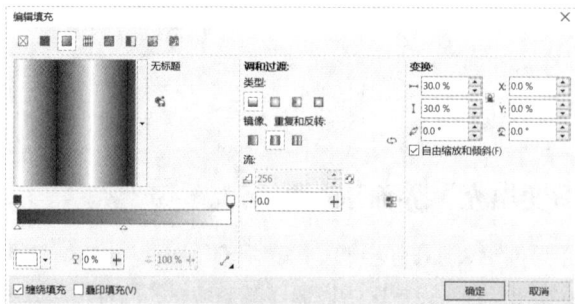

图 5-145

3. 重复

单击"重复"按钮，如图 5-146 所示。在界面中设置好渐变颜色后，单击"确定"按钮，完成图形的渐变填充。

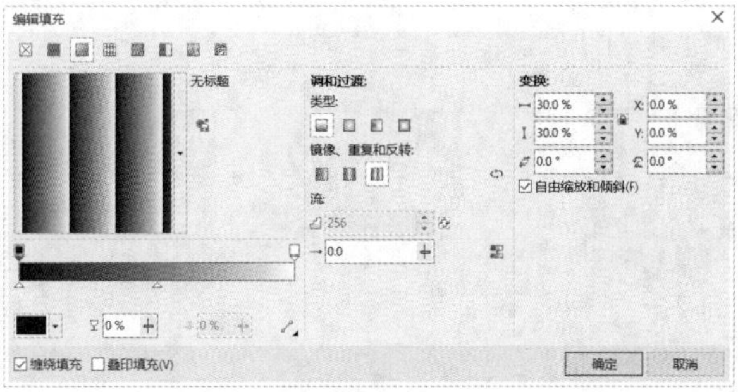

图 5-146

5.2.5　渐变效果

绘制一个图形，如图 5-147 所示。"渐变填充"界面中的"填充挑选器"选项中包含 CorelDRAW X7 预设的一些渐变效果，如图 5-148 所示。

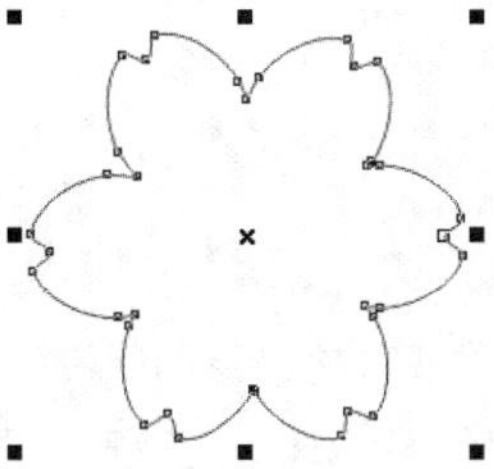

图 5-147 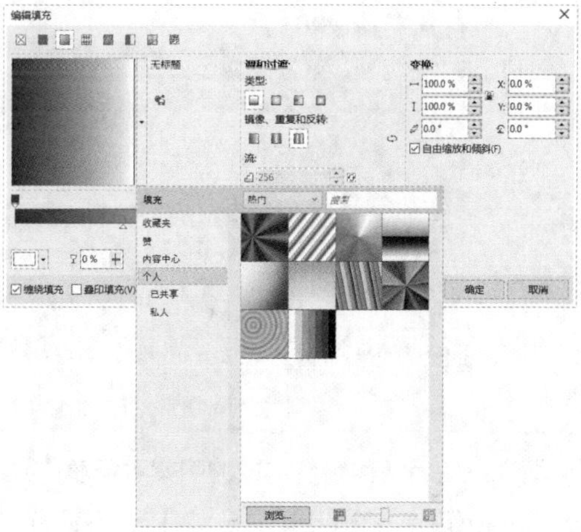　　　　　　　　　　　　　　　图 5-148

选择一个预设的渐变效果，单击"确定"按钮，完成渐变填充。部分预设的渐变效果的应用如图 5-149 所示。

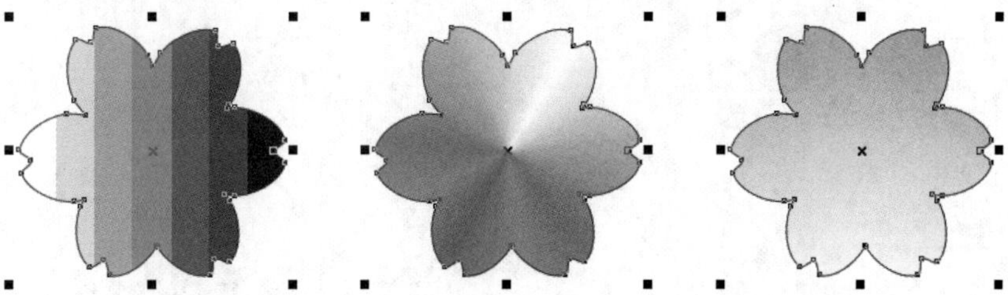

图 5-149

5.2.6　图样填充

向量图样填充使用矢量图形和线描式图像进行填充。单击"编辑填充"工具按钮 ▧，在弹出的"编辑填充"对话框中单击"向量图样填充"按钮 ▦，如图 5-150 所示。

图 5-150

位图图样填充是使用位图进行填充。单击"编辑填充"工具按钮 ▧，在弹出的"编辑填充"对话框中单击"位图图样填充"按钮 ▨，如图 5-151 所示。

图 5-151

双色图样填充是使用两种颜色构成的图案进行填充，也就是通过设置前景色和背景色来填充。单击"编辑填充"工具按钮 ▧，在弹出的"编辑填充"对话框中单击"双色图样填充"按钮 ▥，如图 5-152 所示。

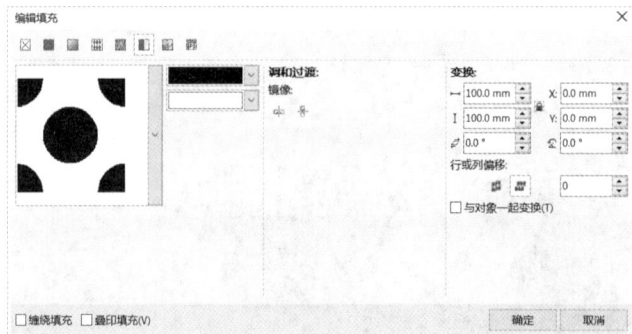

图 5-152

5.3 其他填充

除均匀填充、渐变填充和图样填充外，常用的填充还包括底纹填充、网状填充等，这些填充可以使图形更加自然、多变。下面具体介绍这些填充的使用方法和技巧。

5.3.1 课堂案例——绘制手机设置图标

案例学习目标

学习使用图形绘制工具和填充工具绘制手机设置图标。

案例知识要点

使用"矩形"工具、"渐变填充"按钮、"网状填充"工具、"颜色泊坞窗"绘制手机设置图标，使用"阴影"工具为图标添加阴影效果，使用"椭圆形"工具、"轮廓笔"工具绘制圆环。手机设置图标效果如图 5-153 所示。

效果所在位置

云盘\Ch05\效果\绘制手机设置图标.cdr。

图 5-153

微课视频

扫码观看
本案例视频

（1）按 Ctrl+N 组合键，弹出"创建新文档"对话框，新建一个 A4 大小的绘图页面。单击属性栏中的"横向"按钮，绘图页面显示为横向。按 Ctrl+I 组合键，弹出"导入"对话框，选择云盘中的"Ch05 \ 素材 \ 绘制手机设置图标 \ 01"文件，单击"导入"按钮，在绘图页面中单击，导入图形，如图 5-154 所示。按 P 键，图形在绘图页面中居中对齐，效果如图 5-155 所示。

图 5-154

图 5-155

（2）选择"矩形"工具，在适当的位置绘制一个矩形，填充矩形为白色，并去除矩形的轮廓线，效果如图 5-156 所示。在属性栏中将"转角半径"均设置为 30 mm，按 Enter 键，圆角矩形的效果如图 5-157 所示。

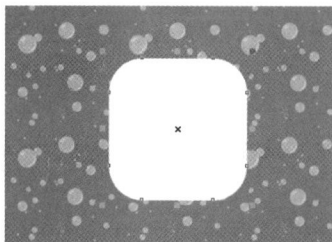

图 5-156　　　　　　　　　　　　　　图 5-157

（3）选择"阴影"工具 🔲，在圆角矩形中由上至下拖曳，为其添加阴影效果。属性栏中的设置如图 5-158 所示，按 Enter 键，效果如图 5-159 所示。

图 5-158　　　　　　　　　　　　　　图 5-159

（4）选择"选择"工具 🔲，选取圆角矩形，按数字键盘上的+键复制圆角矩形。选择"网状填充"工具 🔲，编辑状态如图 5-160 所示，在适当的位置双击添加网格，如图 5-161 所示。

（5）选中网格中添加的节点，选择"窗口 > 泊坞窗 > 彩色"命令，弹出"颜色泊坞窗"，设置如图 5-162 所示，单击"填充"按钮，效果如图 5-163 所示。

图 5-160　　　　　　图 5-161　　　　　　图 5-162　　　　　　图 5-163

（6）放大视图，在适当的位置再次双击添加网格，如图 5-164 所示。选中网格中添加的节点，在"颜色泊坞窗"中进行设置，如图 5-165 所示，单击"填充"按钮，效果如图 5-166 所示。

（7）选中网格底部的节点，如图 5-167 所示，在"颜色泊坞窗"中进行设置，如图 5-168 所示，单击"填充"按钮，效果如图 5-169 所示。

图 5-164 图 5-165 图 5-166

图 5-167 图 5-168 图 5-169

（8）选择"椭圆形"工具，按住 Shift+Ctrl 组合键，以圆角矩形中心为圆心绘制一个圆形，如图 5-170 所示。按 F11 键，弹出"编辑填充"对话框，单击"渐变填充"按钮，添加 1 个色标，在"节点位置"框中添加 51%这三个位置点，分别设置起点、51%位置点、终点的 3 个色标颜色的 CMYK 值为 68、52、5、0，34、0、15、0，11、0、4、0，其他选项的设置如图 5-171 所示，单击"确定"按钮填充圆形，并去除圆形的轮廓线，效果如图 5-172 所示。

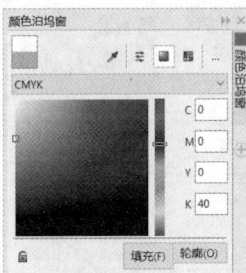

图 5-170 图 5-171 图 5-172

（9）按数字键盘上的+键复制一个圆形。选择"选择"工具，按住 Shift 键的同时向内拖曳复制的圆形右上角的控制手柄到适当的位置。按 F11 键，弹出"编辑填充"对话框，单击"渐变填充"按钮，将起点颜色的 CMYK 值设置为 100、100、57、20，终点颜色的 CMYK 值设置为 82、21、62、0，在"类型"下方单击"椭圆形渐变填充"按钮，其他选项的设置如图 5-173 所示，单击"确定"按钮，填充复制的圆形，效果如图 5-174 所示。用相同的方法制作其他渐变圆形，效果如图 5-175 所示。

（10）选择"椭圆形"工具，按住 Ctrl 键的同时在适当的位置绘制一个圆形，如图 5-176 所示。按 F12 键，弹出"轮廓笔"对话框，在"颜色"选项中设置轮廓线颜色的 CMYK 值为 56、0、16、0，其他选项的设置如图 5-177 所示；单击"确定"按钮，效果如图 5-178 所示。

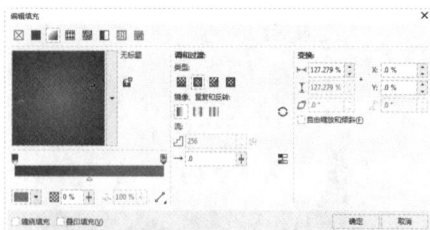

图 5-173　　　　　　　　　　图 5-174　　　　　　　　　　图 5-175

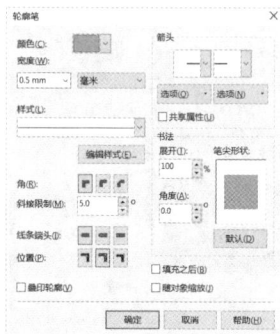

图 5-176　　　　　　　　　　图 5-177　　　　　　　　　　图 5-178

（11）选择"选择"工具，按数字键盘上的+键复制圆形；按住 Ctrl 键的同时水平向右拖曳复制的圆形到适当的位置；在"无填充"按钮上单击鼠标右键，去除复制的圆形的轮廓线；设置填充颜色的 CMYK 值为 56、0、16、0，填充复制的圆形，效果如图 5-179 所示。

（12）选择"矩形"工具，在适当的位置绘制一个矩形，如图 5-180 所示。在属性栏中将"转角半径"均设置为 10 mm，按 Enter 键，圆角矩形的效果如图 5-181 所示。

图 5-179　　　　　　　　　　图 5-180　　　　　　　　　　图 5-181

（13）保持圆角矩形的选取状态。设置填充颜色的 CMYK 值为 79、67、13、0，填充圆角矩形，并去除圆角矩形的轮廓线，效果如图 5-182 所示。手机设置图标绘制完成，效果如图 5-183 所示。

图 5-182

图 5-183

5.3.2　底纹填充

单击"编辑填充"工具按钮⑤，弹出"编辑填充"对话框，单击"底纹填充"按钮▥切换到对应的界面，如图 5-184 所示。CorelDRAW X7 的底纹库提供了多个样本组和几百种预设的底纹。

在界面中的"底纹库"下拉列表中可以选择不同的样本组。CorelDRAW X7 底纹库提供了 7 个样本组。选择样本组后，预览框中显示出底纹的效果，单击预览框右侧的下拉按钮▾，在弹出的面板中可以选择需要的底纹。

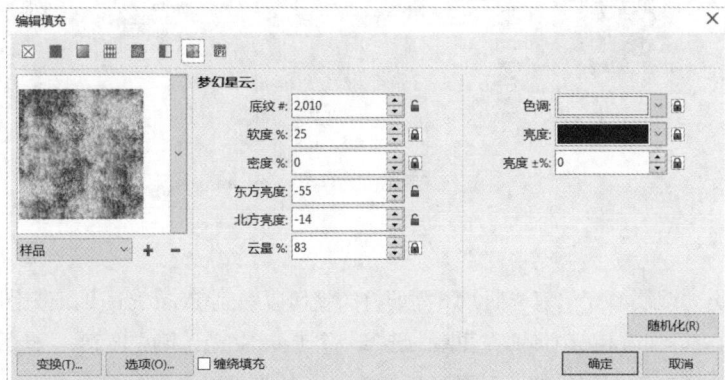

图 5-184

绘制一个图形，在"底纹库"下拉列表中选择需要的样本组后，单击预览框右侧的下拉按钮▾，在弹出的面板中选择需要的底纹，单击"确定"按钮，可以将底纹填充到图形对象中。填充不同底纹的图形效果如图 5-185 所示。

图 5-185

选择"交互式填充"工具▨，在属性栏中单击"底纹填充"按钮，然后单击"填充挑选器"▨▾选项右侧的下拉按钮▾，在弹出的下拉列表中可以选择底纹的样式。

> **技巧**　底纹填充会增加文件的大小，并使操作的时间增加，在对大型的图形对象使用底纹填充功能前要慎重。

5.3.3　PostScript 填充

PostScript 填充是利用 PostScript 语言的图形处理功能实现的一种特殊的图案填充。PostScript 填充图案是一种特殊的图案。只有在"增强"视图模式下，PostScript 填充图案才能显示出来。下面介绍 PostScript 填充的使用方法和技巧。

单击"编辑填充"工具按钮，弹出"编辑填充"对话框，单击"PostScript 填充"按钮，切换到相应的界面，如图 5-186 所示，CorelDRAW X7 提供了多个 PostScript 填充图案。

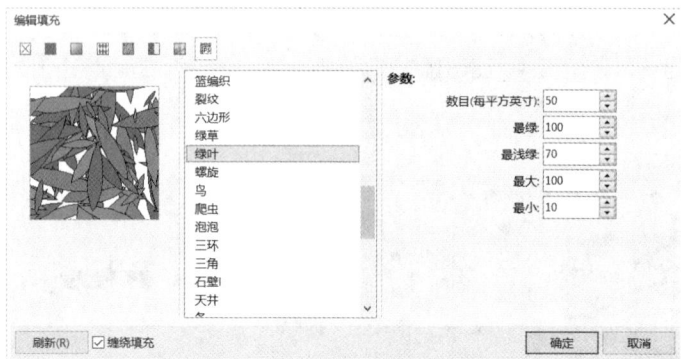

图 5-186

在界面中勾选"缠绕填充"复选框，不需要打印就可以看到 PostScript 填充图案的效果。中间的列表框中提供了多个 PostScript 填充图案，选择一个 PostScript 填充图案，"参数"设置区中会出现所选 PostScript 填充图案的参数。不同的 PostScript 填充图案会有各自对应的参数。

在"参数"设置区的各个框中输入值，可以改变选择的 PostScript 填充图案，产生新的 PostScript 填充图案，如图 5-187 所示。

选择"交互式填充"工具，在属性栏中单击"PostScript 填充"按钮，然后打开"PostScript 填充底纹" DNA 下拉列表，可以在其中选择多种 PostScript 填充图案对图形对象进行填充，如图 5-188 所示。

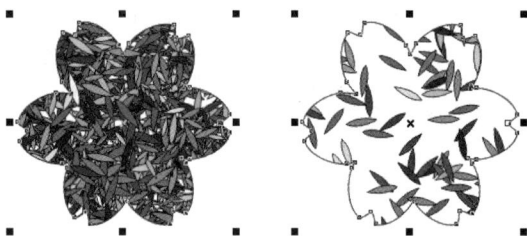

图 5-187

图 5-188

> **技巧**
>
> CorelDRAW X7 在屏幕上显示 PostScript 填充时用字母"PS"表示。PostScript 填充的使用限制非常多，由于 PostScript 填充图案非常复杂，所以在打印和更新屏幕显示时处理时间较长。PostScript 填充非常占用系统资源，使用时一定要慎重。

5.3.4 网状填充

绘制一个要进行网状填充的图形，如图 5-189 所示。选择"交互式填充"工具展开式工具栏中的"网状填充"工具，在属性栏中将网格的行数和列数均设置为 3，按 Enter 键，图形的网状填充效果如图 5-190 所示。

选中网格中需要填充的节点，如图 5-191 所示。在调色板中需要的颜色上单击，可以为选中的
节点填充颜色，效果如图 5-192 所示。

图 5-189　　　　　　图 5-190　　　　　　图 5-191　　　　　　图 5-192

选中其他需要填充的节点并进行颜色填充，效果如图 5-193 所示。选中节点后，拖曳节点的控
制点可以改变颜色填充的方向，效果如图 5-194 所示。网状填充的效果如图 5-195 所示。

图 5-193　　　　　　　　图 5-194　　　　　　　　图 5-195

5.3.5　滴管工具

使用"属性滴管"工具可以提取并复制图形对象的属性，进而将其应用到其他图形对象上。使用
"颜色滴管"工具只能将从图形对象上提取的颜色应用到其他图形对象上。

1．"颜色滴管"工具

绘制两个图形，如图 5-196 所示。选择"颜色滴管"工具 ，属性栏如图 5-197 所示。将鼠标
指针放置在左侧图形上，单击提取图形的颜色，如图 5-198 所示。鼠标指针变为 图标，将鼠标指针
移动到另一个图形上，如图 5-199 所示。单击，应用提取的颜色，效果如图 5-200 所示。

图 5-196　　　　　　　　　　　　　　　　　　　图 5-197

图 5-198　　　　　　　图 5-199　　　　　　　图 5-200

2. "属性滴管"工具

绘制两个图形，如图5-201所示。选择"属性滴管"工具 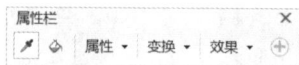，属性栏如图5-202所示。将鼠标指针放置在左侧图形上，单击提取图形的属性，如图5-203所示。鼠标指针变为 ◇ 图标，将鼠标指针移动到另一个图形上，如图5-204所示。单击应用提取的所有属性，效果如图5-205所示。

图 5-201

属性栏

属性 ▾ | 变换 ▾ | 效果 ▾ ⊕

图 5-202

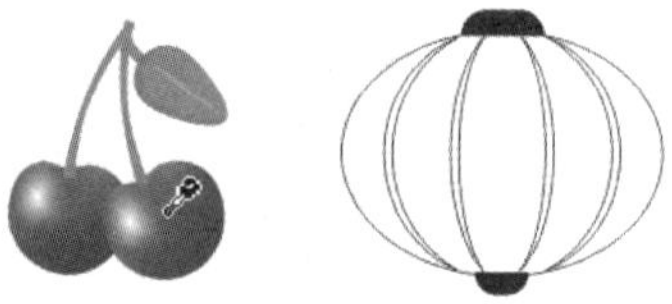

图 5-203

图 5-204

图 5-205

在"属性吸管"工具属性栏的"属性"下拉列表中可以设置提取对象的轮廓属性、填充属性和文本属性。在"变换"下拉列表中可以设置提取并复制对象的大小、旋转角度和位置等属性。在"效果"下拉列表中可以设置提取对象的透视点、封套、混合、立体化、轮廓图、透镜、图框精确剪裁、阴影和变形等属性。

课堂练习——绘制折纸标志

🔗 练习知识要点

使用"贝塞尔"工具、"椭圆形"工具和"渐变填充"按钮绘制折纸标志，效果如图5-206所示。

◎ 效果所在位置

云盘\Ch05\效果\绘制折纸标志.cdr。

图 5-206

微课视频

扫码观看
本案例视频

课后习题——绘制饺子插画

习题知识要点

使用"矩形"工具和"双色图样填充"按钮绘制背景,使用"贝塞尔"工具、"3 点椭圆形"工具、"渐变填充"按钮绘制瓷碗,使用"导入"命令导入素材,使用"贝塞尔"工具、"矩形"工具、"置于图文框内部"命令绘制筷子,效果如图 5-207 所示。

效果所在位置

云盘\Ch05\效果\绘制饺子插画.cdr。

图 5-207

微课视频

扫码观看
本案例视频

06

第6章
排列和组合对象

本章介绍

　　CorelDRAW X7 提供了多个命令和工具来排列和组合图形对象。本章主要介绍排列和组合对象的功能以及相关的技巧。通过学习本章的内容，读者可以自如地排列和组合图形对象，轻松完成制作任务。

学习目标

- ✔ 掌握"对齐与分布"命令的使用方法。
- ✔ 掌握网格和辅助线的使用方法。
- ✔ 掌握标尺的使用方法。
- ✔ 掌握标注线的绘制方法。
- ✔ 掌握对象的排序方法。
- ✔ 掌握"群组"命令和"合并"命令的使用方法。

技能目标

- ✔ 掌握"中秋节海报"的制作方法。
- ✔ 掌握"风筝插画"的绘制方法。

素养目标

- ✔ 培养合理组织和整合不同元素的能力。
- ✔ 通过对图形的组合和排列，提高视觉识别能力和构图能力。
- ✔ 培养对信息进行加工处理并合理使用的能力。

6.1 对齐和分布

CorelDRAW X7 提供了对齐和分布功能来设置对象的对齐和分布方式。下面介绍对齐和分布功能的使用方法和技巧。

6.1.1 课堂案例——制作中秋节海报

案例学习目标

学习使用"导入"命令、"对齐与分布"命令制作中秋节海报。

案例知识要点

使用"导入"命令导入素材图片，使用"对齐与分布"命令对齐对象，使用"文本"工具、"形状"工具添加并编辑主题文字。中秋节海报效果如图 6-1 所示。

效果所在位置

云盘\Ch06\效果\制作中秋节海报.cdr。

图 6-1

微课视频

扫码观看
本案例视频

（1）按 Ctrl+N 组合键，弹出"创建新文档"对话框新建一个 A4 大小的绘图页面。按 Ctrl+I 组合键，弹出"导入"对话框，选择云盘中的"Ch06 \ 素材 \ 制作中秋节海报 \ 01"文件，单击"导入"按钮，在绘图页面中单击，导入图片，如图 6-2 所示。按 P 键，图片在绘图页面中居中对齐，效果如图 6-3 所示。

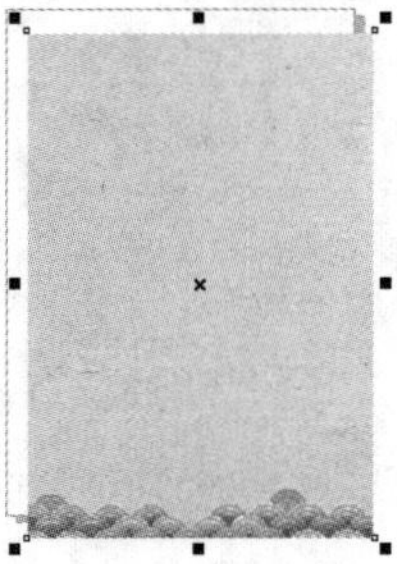

图 6-2

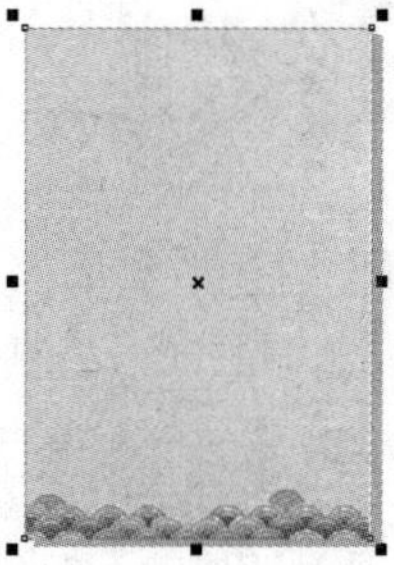

图 6-3

（2）按 Ctrl+I 组合键，弹出"导入"对话框，选择云盘中的"Ch06 \ 素材 \ 制作中秋节海报 \ 02"文件，单击"导入"按钮，在绘图页面中单击，导入图片，如图 6-4 所示。选择"选择"工具，按住 Shift 键的同时单击下方的图片将其同时选取，如图 6-5 所示。

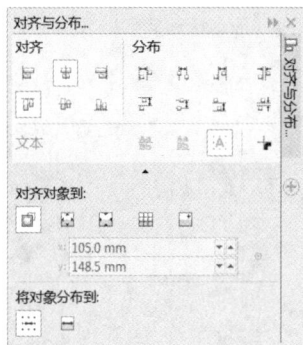

图 6-4   图 6-5

（3）选择"对象 > 对齐和分布 > 对齐与分布"命令，弹出"对齐与分布"泊坞窗，单击"水平居中对齐"按钮和"顶端对齐"按钮，如图 6-6 所示，图片对齐效果如图 6-7 所示。

图 6-6   图 6-7

（4）选择"文本"工具，在适当的位置分别输入需要的文字。选择"选择"工具，在属性栏中分别选取适当的字体并设置字体大小，效果如图 6-8 所示。选取文字"中"，按 Ctrl+Q 组合键将文字转换为曲线，如图 6-9 所示。

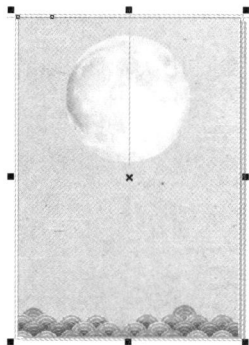

图 6-8   图 6-9

（5）选择"形状"工具，用圈选的方法将文字"中"需要调整的节点同时选取，如图 6-10 所示，向下拖曳选中的节点到适当的位置，如图 6-11 所示。

图 6-10   图 6-11

（6）选择"选择"工具，选取文字"佳节"，选择"文本 > 文本属性"命令，在弹出的泊坞窗中进行设置，如图 6-12 所示；按 Enter 键，效果如图 6-13 所示。设置填充颜色的 CMYK 值为 0、100、100、60，填充文字，效果如图 6-14 所示。

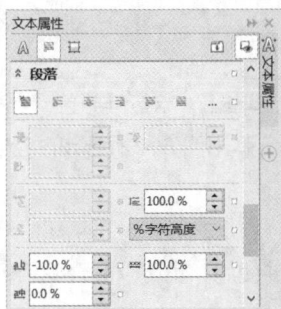

图 6-12   图 6-13   图 6-14

（7）选择"文本"工具，在适当的位置输入需要的文字。选择"选择"工具，在属性栏中选取适当的字体并设置字体大小，效果如图 6-15 所示。设置填充颜色的 CMYK 值为 0、100、100、60，填充文字，效果如图 6-16 所示。

（8）选择"选择"工具，按住 Shift 键的同时单击文字"佳节"将其同时选取，选择"对象 > 对齐和分布 > 右对齐"命令，文字的右对齐效果如图 6-17 所示。

图 6-15   图 6-16   图 6-17

（9）按 Ctrl+I 组合键，弹出"导入"对话框，选择云盘中的"Ch06 \ 素材 \ 制作中秋节海报 \ 03"文件，单击"导入"按钮，在绘图页面中单击，导入图片。选择"选择"工具，拖曳图片到适当的位置，效果如图 6-18 所示。

（10）按 Ctrl+U 组合键取消群组。选择"选择"工具，按住 Shift 键的同时选取需要的图片，如图 6-19 所示。在"对齐与分布"泊坞窗中单击"水平居中对齐"按钮，如图 6-20 所示，图片对齐效果如图 6-21 所示。中秋节海报制作完成。

图 6-18 　　　　　　图 6-19 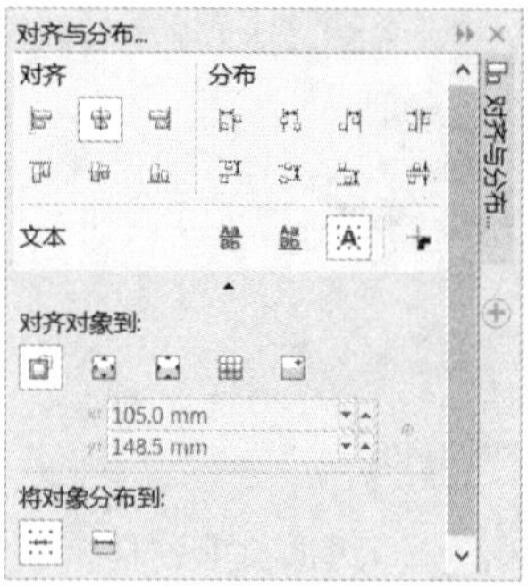　　　　　　　　图 6-20 　　　　　　　　图 6-21

6.1.2　对象的对齐和分布

1. 对象的对齐

使用"选择"工具 选中多个要对齐的对象，选择"窗口 ＞ 泊坞窗 ＞ 对齐与分布"命令，或按 Ctrl+Shift+A 组合键，或单击属性栏中的"对齐与分布"按钮 ，弹出图 6-22 所示的"对齐与分布"泊坞窗。

"对齐与分布"泊坞窗的"对齐"设置区中有两组对齐方式，分别是左对齐、水平居中对齐、右对齐、顶端对齐、垂直居中对齐、底端对齐。两组对齐方式可以单独使用，也可以配合使用，如对齐右底端、左顶端等设置就需要配合使用两组对齐方式。

"对齐对象到"设置区中的按钮只有在单击了"对齐"或"分布"设置区中的按钮时才可以使用。其中的"页面边缘"按钮 和"页面中心"按钮 用于设置图形对象以绘图页面的什么位置为基准进行对齐。

选择"选择"工具 ，按住 Shift 键单击要对齐的图形对象将它们同时选取，如图 6-23 所示，注意最后选中目标对象，因为其他图形对象将以目标对象为基准进行对齐，本例中以右下角的帽子图形为目标对象，所以最后一个选中它。

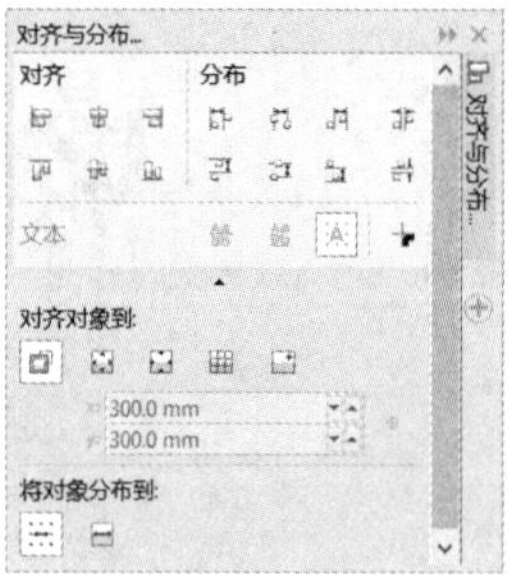

图 6-22 　　　　　　　　　　　　　　　图 6-23

选择"对象 ＞ 对齐和分布 ＞ 对齐与分布"命令，弹出"对齐与分布"泊坞窗，在泊坞窗中单击"右对齐"按钮 ，如图 6-24 所示，几个图形对象以最后选取的帽子图形的右边缘为基准进行对齐，效果如图 6-25 所示。

在"对齐与分布"泊坞窗中单击"垂直居中对齐"按钮 ，然后单击"对齐对象到"设置区中的"页面中心"按钮 ，如图 6-26 所示，几个图形对象以绘图页面中心为基准进行垂直居中对齐，效果如图 6-27 所示。

图 6-24

图 6-25

图 6-26

图 6-27

在"对齐与分布"泊坞窗中还可以进行多种图形对齐方式的设置，读者只要多练习就可以很快掌握。

2. 对象的分布

使用"选择"工具，选择多个要分布的图形对象，如图 6-28 所示。选择"窗口 > 泊坞窗 > 对齐与分布"命令，弹出"对齐与分布"泊坞窗，"分布"设置区中显示的是分布排列的按钮，如图 6-29 所示。

图 6-28

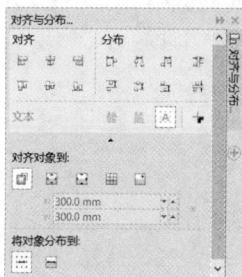

图 6-29

"分布"设置区中有两种分布形式，分别是沿垂直方向分布和沿水平方向分布。可以选择不同的基准点来分布对象。

"将对象分布到"设置区中有"选定的范围"按钮 和"页面范围"按钮 ，单击"选定的范围"

按钮，如图6-30所示，几个图形对象的分布效果如图6-31所示。

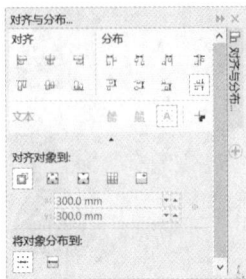

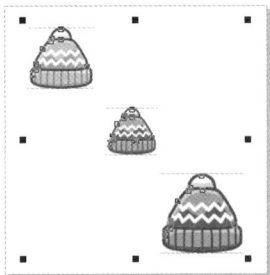

图6-30   图6-31

6.1.3 网格和辅助线的设置和使用

1. 设置网格

选择"视图 > 网格 > 文档网格"命令，在绘图页面中生成网格，效果如图6-32所示。如果想消除网格，再次选择"视图 > 网格 > 文档网格"命令即可。

在绘图页面中单击鼠标右键，弹出快捷菜单，选择"视图 > 文档网格"命令，如图6-33所示，也可以在绘图页面中生成网格。

图6-32   图6-33

在标尺上单击鼠标右键，弹出快捷菜单，在快捷菜单中选择"栅格设置"命令，如图6-34所示，弹出"选项"对话框，如图6-35所示。在"文档网格"设置区中可以设置网格的密度和网格点的间距。在"基线网格"设置区中可以设置从顶部开始的距离和基线的间距。若要查看像素网格的设置效果，必须切换到"像素"视图。

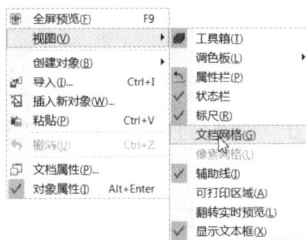

图6-34   图6-35

2. **设置辅助线**

将鼠标指针移动到水平标尺或垂直标尺上，按住鼠标左键向下或向右拖曳，可以绘制一条辅助线，在适当的位置松开鼠标左键，辅助线效果如图 6-36 所示。

要想移动辅助线，必须先选中辅助线，将鼠标指针放在辅助线上并单击，辅助线被选中并呈红色，拖曳辅助线到适当的位置即可，如图 6-37 所示。在拖曳的过程中单击鼠标右键可以在当前位置复制出一条辅助线。选中辅助线后，按 Delete 键可以将辅助线删除。

图 6-36

图 6-37

辅助线被选中变成红色后，再次单击辅助线，将切换到辅助线的旋转模式，如图 6-38 所示，可以通过拖曳辅助线两端的旋转控制点来旋转辅助线，如图 6-39 所示。

图 6-38

图 6-39

> **技巧**
> 选择"窗口 > 泊坞窗 > 辅助线"命令，或在标尺上单击鼠标右键，弹出快捷菜单，选择"辅助线设置"命令，弹出"辅助线"泊坞窗，可以在其中设置辅助线。

在辅助线上单击鼠标右键，在弹出的快捷菜单中选择"锁定对象"命令可以将辅助线锁定，在弹出的快捷菜单中选择"解锁对象"命令可以将辅助线解锁。

3. 对齐网格、辅助线和对象

选择"视图 > 贴齐 > 文档网格"命令，如图 6-40 所示，或单击"标准"工具栏中的"贴齐"按钮，在弹出的下拉列表中勾选"文档网格"复选框，或按 Ctrl+Y 组合键。然后选择"视图 > 网格 > 文档网格"命令，在绘图页面中设置好网格，在移动图形对象的过程中，图形对象会自动对齐到网格、辅助线或其他图形对象上，如图 6-41 所示。

在"对齐与分布"泊坞窗中选取需要的对齐或分布方式，单击选择"对齐对象到"设置区中的"网格"按钮，如图 6-42 所示。图形对象的中心点会对齐到最近的网格点，在移动图形对象时，图形对象会自动对齐到最近的网格点。

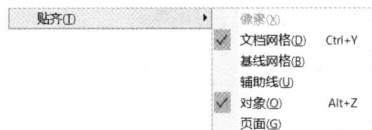

| 图 6-40 | 图 6-41 | 图 6-42 |

选择"视图 > 贴齐 > 辅助线"命令，或单击"标准"工具栏中的"贴齐"按钮，在弹出的下拉列表中勾选"辅助线"复选框，可使图形对象自动对齐辅助线。

选择"视图 > 贴齐 > 对象"命令，或单击"标准"工具栏中的"贴齐"按钮，在弹出的下拉列表中勾选"对象"复选框，或按 Alt+Z 组合键，使两个对象的中心点对齐重合。

> **技巧**
> 在曲线图形对象之间，用"选择"工具或"形状"工具选择并移动图形对象上的节点时，贴齐对象功能可以用来方便、准确地进行节点间的捕捉和对齐。

6.1.4 标尺的设置和使用

标尺可以帮助用户了解图形对象的当前位置，以便设计作品时确定作品的精确尺寸。下面介绍标尺的设置和使用方法。

选择"视图 > 标尺"命令可以显示或隐藏标尺。显示标尺的效果如图 6-43 所示。

将鼠标指针放在水平标尺和垂直标尺相交处的图标上，按住鼠标左键拖曳，出现十字虚线的标尺定位线，如图 6-44 所示。在适当的位置松开鼠标左键，可以设定新的标尺坐标原点。双击图标可以还原标尺坐标原点。

将鼠标指针放在图标上，按住 Ctrl 键，同时按住鼠标左键拖曳，可以将标尺移动到新位置，如图 6-45 所示。使用相同的方法拖曳图标，可以还原标尺的位置。

图 6-43   图 6-44   图 6-45

6.1.5　标注线的绘制

"平行度量"工具 ，展开式工具栏中有 5 种标注工具，从上到下依次是"平行度量"工具、"水平或垂直度量"工具、"角度量"工具、"线段度量"工具、"3 点标注"工具。"平行度量"工具图标的属性栏如图 6-46 所示。

图 6-46

绘制一个图形对象，如图 6-47 所示。选择"平行度量"工具 ，将鼠标指针移动到图形对象的左侧顶部，按住鼠标左键向下拖曳，在图形对象的底部松开鼠标左键，然后将鼠标指针移动到线段的中间，如图 6-48 所示，单击完成标注，效果如图 6-49 所示。使用相同的方法，可以用其他标注工具对图形对象进行标注，标注完成后的图形效果如图 6-50 所示。

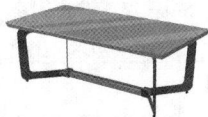

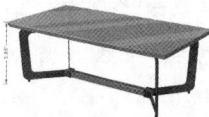

图 6-47   图 6-48   图 6-49   图 6-50

6.1.6　对象的排序

在 CorelDRAW X7 中，绘制的图形对象存在重叠的关系。如果在绘图页面中的同一位置先后绘制两个图形对象，后绘制的图形对象将位于先绘制的图形对象的上方。

使用 CorelDRAW X7 的排序功能可以安排多个图形对象的前后顺序，也可以使用图层来管理图形对象。

在绘图页面中先后绘制几个不同的图形对象，效果如图 6-51 所示。使用"选择"工具 选择要进行排序的图形对象，如图 6-52 所示。

选择"对象 > 顺序"子菜单中的各个命令，如图 6-53 所示，可对已选择的图形对象进行排序。

选择"到图层前面"命令可以将选择的图形从当前层移动到绘图页面中其他图形对象的前面，效果如图 6-54 所示。按 Shift+PageUp 组合键也可以完成这个操作。

选择"到图层后面"命令可以将选择的图形从当前层移动到绘图页面中其他图形对象的后面，如图 6-55 所示。按 Shift+PageDown 组合键也可以完成这个操作。

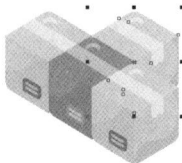

图 6-51　　　　　　　　　图 6-52　　　　　　　　　　　　　　图 6-53

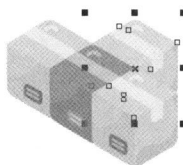
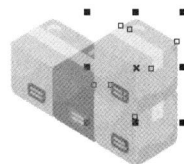

图 6-54　　　　　　　　　　　　图 6-55

选择"向前一层"命令可以将选择的图形向前移动一个图层，如图 6-56 所示。按 Ctrl+PageUp 组合键也可以完成这个操作。

当图形未位于图层最底层时，选择"向后一层"命令可以将选择的图形向后移动一个图层，如图 6-57 所示。按 Ctrl+PageDown 组合键也可以完成这个操作。

选择"置于此对象前"命令可以将选择的图形放置到指定图形对象的前面。选择"置于此对象前"命令后，鼠标指针变为黑色箭头，如图 6-58 所示，单击指定的图形对象，图形被放置到指定的图形对象的前面，效果如图 6-59 所示。

图 6-56　　　　　　　　　图 6-57　　　　　　　　　图 6-58　　　　　　　　　图 6-59

选择"置于此对象后"命令可以将选择的图形放置到指定图形对象的后面。选择"置于此对象后"命令后，鼠标指针变为黑色箭头，如图 6-60 所示，单击指定的图形对象，图形被放置到指定的图形对象的后面，效果如图 6-61 所示。

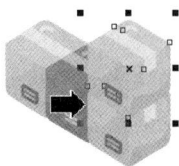
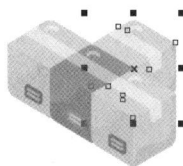

图 6-60　　　　　　　　　　　　图 6-61

6.2　群组和合并

　　CorelDRAW X7 提供了群组和合并功能。群组可以将多个不同的图形对象组合在一起，方便进行整体操作；合并可以将多个图形对象合并在一起，创建出一个新的对象。下面介绍群组和合并功能的使用方法和技巧。

6.2.1　课堂案例——绘制风筝插画

案例学习目标

　　学习使用绘图工具、"合并"按钮和"群组"命令绘制风筝插画。

案例知识要点

　　使用"多边形"工具、"旋转角度"选项、"椭圆形"工具、"贝塞尔"工具、"变换"泊坞窗、"形状"工具、"尖突节点"按钮、"合并"按钮、"群组"命令、"轮廓笔"工具、"水平镜像"按钮和"造型"泊坞窗绘制风筝。风筝插画效果如图 6-62 所示。

效果所在位置

　　云盘\Ch06\效果\绘制风筝插画.cdr。

图 6-62

微课视频

扫码观看
本案例视频

　　（1）按 Ctrl+N 组合键，弹出"创建新文档"对话框，设置文档的宽度为 200 mm，高度为 200 mm，取向为横向，颜色模式为 CMYK，渲染分辨率为 300 dpi，单击"确定"按钮，新建一个文档。

　　（2）双击"矩形"工具 ，绘制一个与绘图页面大小相等的矩形，如图 6-63 所示，在"CMYK调色板"中的"朦胧绿"色块上单击，填充矩形，并去除矩形的轮廓线，效果如图 6-64 所示。

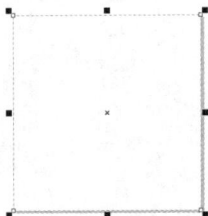

图 6-63

图 6-64

（3）选择"多边形"工具，属性栏中的设置如图 6-65 所示；按住 Ctrl 键的同时在适当的位置绘制一个多边形，效果如图 6-66 所示。设置填充颜色的 CMYK 值为 0、40、60、0，填充多边形，效果如图 6-67 所示。

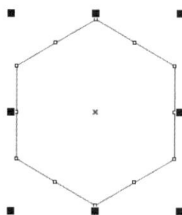

图 6-65   图 6-66   图 6-67

（4）按数字键盘上的+键复制多边形。在属性栏中的"旋转角度"框中输入 90.0，如图 6-68 所示；按 Enter 键，效果如图 6-69 所示。按 Ctrl+PageDown 组合键将复制的多边形向后移一层，效果如图 6-70 所示。

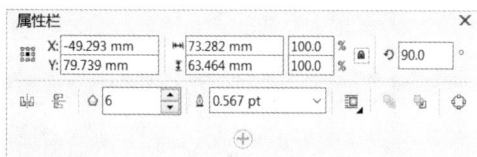

图 6-68   图 6-69   图 6-70

（5）选择"椭圆形"工具，按住 Ctrl 键的同时在适当的位置绘制一个圆形，设置填充颜色的 CMYK 值为 0、40、60、0，填充圆形，效果如图 6-71 所示。选择"选择"工具，按数字键盘上的+键复制圆形，按住 Ctrl 键的同时竖直向下拖曳复制的圆形到适当的位置，效果如图 6-72 所示。

图 6-71   图 6-72

（6）用圈选的方法将所绘制的圆形同时选取，如图 6-73 所示。按数字键盘上的+键复制圆形。在属性栏中的"旋转角度"框中输入 90.0，如图 6-74 所示；按 Enter 键，效果如图 6-75 所示。

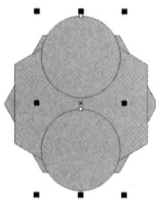 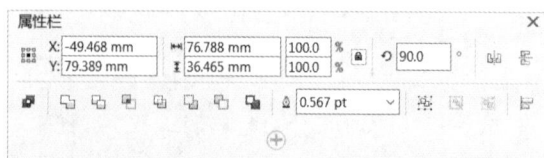 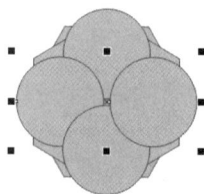

图 6-73   图 6-74   图 6-75

（7）选择"选择"工具 ，按住 Shift 键的同时单击另外两个圆形将它们同时选取，如图 6-76 所示。选择"窗口 > 泊坞窗 > 变换"命令，弹出"变换"泊坞窗，单击"大小"按钮 ，选项的设置如图 6-77 所示，单击"应用"按钮，效果如图 6-78 所示。

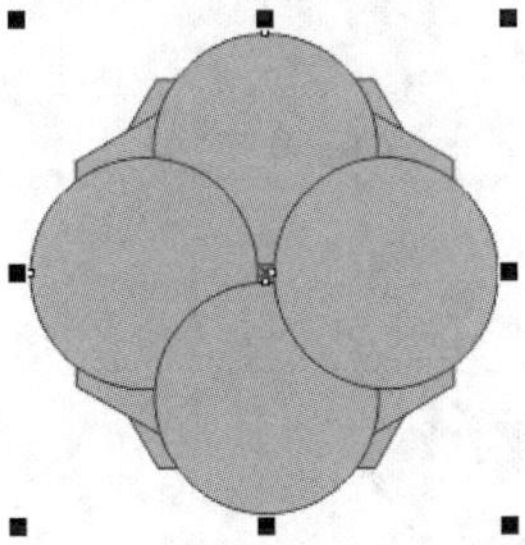

图 6-76 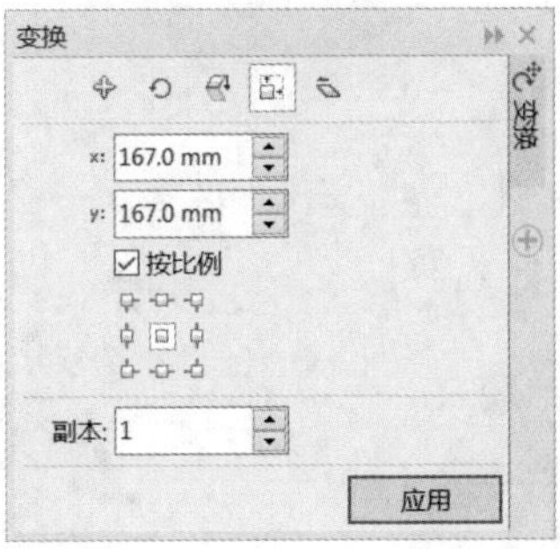   图 6-77 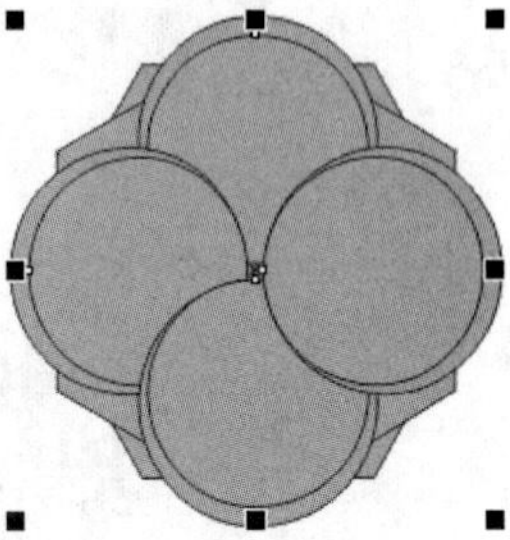   图 6-78

（8）选取上方的圆形，如图 6-79 所示，单击属性栏中的"转换为曲线"按钮 ，将圆形转换为曲线，如图 6-80 所示。

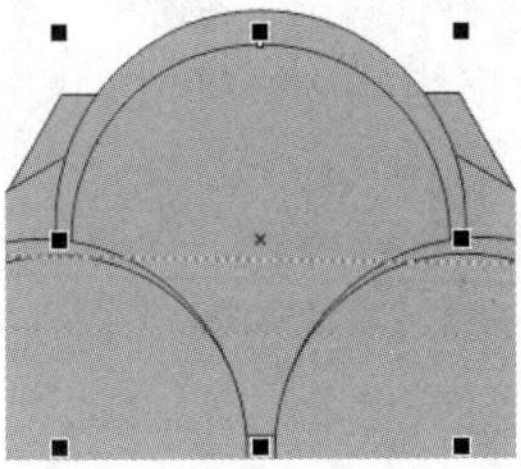

图 6-79 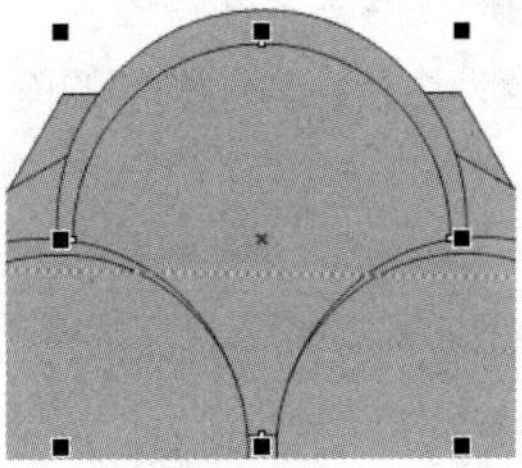   图 6-80

（9）选择"形状"工具 ，在适当的位置双击添加节点，效果如图 6-81 所示。选中并拖曳中间的节点到适当的位置，如图 6-82 所示。单击属性栏中的"尖突节点"按钮 ，分别拖曳节点的控制点到适当的位置，调整其弧度，效果如图 6-83 所示。

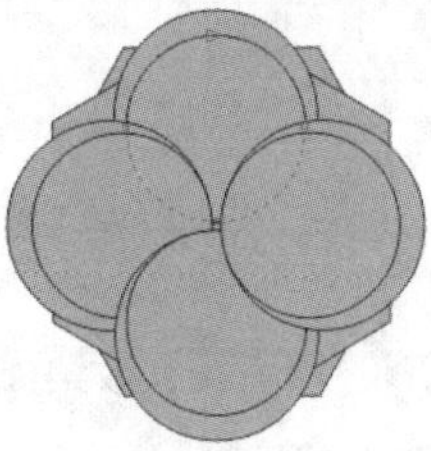

图 6-81    图 6-82 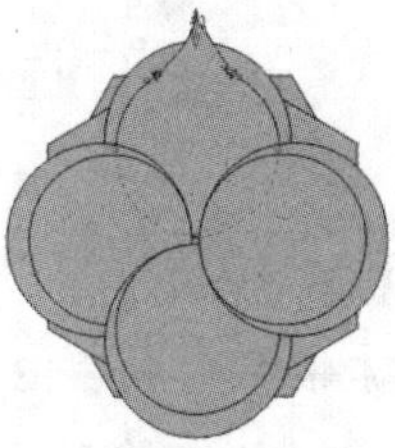   图 6-83

（10）用相同的方法分别调整其他圆形的节点，效果如图 6-84 所示。选择"选择"工具 ，按住 Shift 键的同时依次单击调整节点后的图形将其同时选取，如图 6-85 所示。在属性栏中的"旋转角度"框中输入 45.0；按 Enter 键，效果如图 6-86 所示。

（11）用圈选的方法将所绘制的图形同时选取，如图 6-87 所示，单击属性栏中的"合并"按钮 ，合并图形，效果如图 6-88 所示。

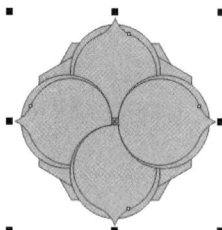

图 6-84　　　　　　　　图 6-85　　　　　　　　图 6-86

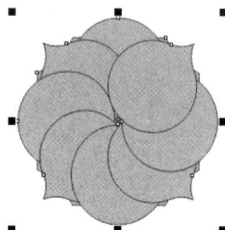

图 6-87　　　　　　　　　　　图 6-88

（12）拖曳合并图形到绘图页面中适当的位置，按 F12 键，弹出"轮廓笔"对话框，在"颜色"选项中设置轮廓线颜色为白色，其他选项的设置如图 6-89 所示；单击"确定"按钮，效果如图 6-90所示。

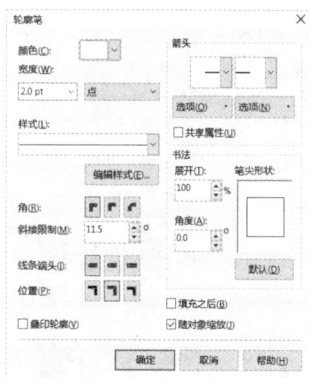

图 6-89　　　　　　　　　　　图 6-90

（13）选择"贝塞尔"工具 ，在适当的位置绘制一个不规则图形，如图 6-91 所示。设置填充颜色的 CMYK 值为 11、13、11、0，填充不规则图形，并去除不规则图形的轮廓线，效果如图 6-92所示。用相同的方法绘制其他不规则图形，并填充相应的颜色，效果如图 6-93 所示。

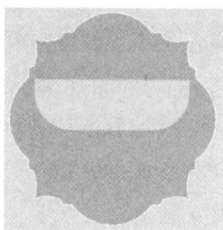

图 6-91　　　　　　　　图 6-92　　　　　　　　图 6-93

（14）选择"椭圆形"工具 ⊙，按住 Ctrl 键的同时在适当的位置绘制一个圆形，设置填充颜色的 CMYK 值为 9、75、67、0，填充圆形，效果如图 6-94 所示。按 F12 键，弹出"轮廓笔"对话框，在"颜色"选项中设置轮廓线颜色为黑色，其他选项的设置如图 6-95 所示；单击"确定"按钮，效果如图 6-96 所示。用相同的方法绘制其他圆形，并填充相应的颜色，效果如图 6-97 所示。

图 6-94 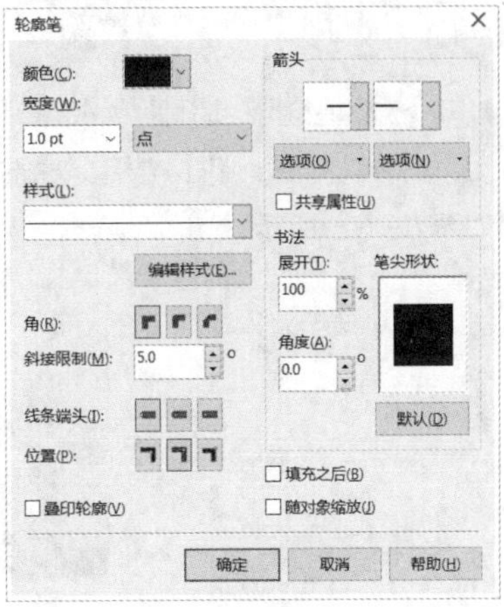　　　　　　　　　　　　　　　图 6-95

图 6-96 　　　　　　　　　　　　　　　图 6-97

（15）选择"选择"工具 ▸，用圈选的方法将所绘制的图形同时选取，按 Ctrl+G 组合键将其群组，如图 6-98 所示。按数字键盘上的+键复制群组图形。单击属性栏中的"水平镜像"按钮 ◰，水平翻转复制的群组图形，效果如图 6-99 所示。按住 Ctrl 键的同时水平向右拖曳复制的群组图形到适当的位置，效果如图 6-100 所示。

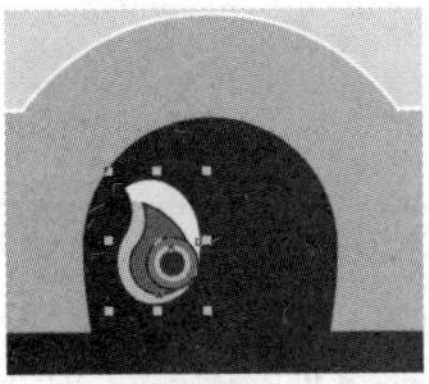

图 6-98 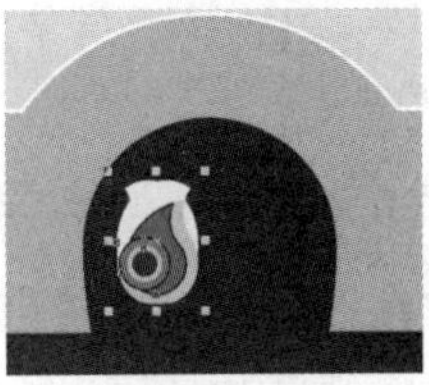　　　　　　　　　图 6-99 　　　　　　　　　图 6-100

（16）选择"椭圆形"工具 ⊙，在适当的位置绘制两个椭圆形（为了方便读者观看，椭圆形以白色轮廓显示），如图 6-101 所示。选择"选择"工具 ▸，用圈选的方法将所绘制的椭圆形同时选取，单击属性栏中的"合并"按钮 ◳，将两个椭圆形合并为一个图形，效果如图 6-102 所示。按住 Shift 键的同时单击下方黑色不规则图形将其同时选取，如图 6-103 所示。

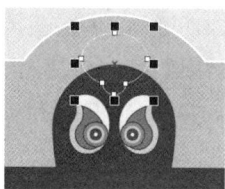
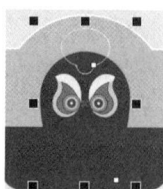

图 6-101　　　　　　　　图 6-102　　　　　　　　图 6-103

（17）选择"窗口 > 泊坞窗 > 造型"命令，弹出"造型"泊坞窗，在下拉列表中选择"相交"选项，其他设置如图 6-104 所示，单击"相交对象"按钮，鼠标指针变为 （见图 6-105）时，在图形上单击，效果如图 6-106 所示。

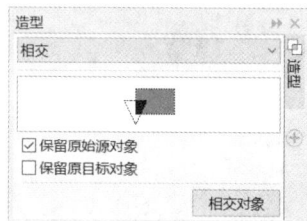

图 6-104　　　　　　　　图 6-105　　　　　　　　图 6-106

（18）保持相交图形的选取状态。设置填充颜色的 CMYK 值为 80、10、45、0，填充相交图形，并去除相交图形的轮廓线，效果如图 6-107 所示。用相同的方法绘制其他图形，并填充相应的颜色，效果如图 6-108 所示。

（19）按 Ctrl+I 组合键，弹出"导入"对话框，选择云盘中的"Ch06 \ 素材 \ 绘制风筝插画 \ 01"文件，单击"导入"按钮，在绘图页面中单击，导入图形，拖曳图形到适当的位置，效果如图 6-109 所示。风筝插画绘制完成。

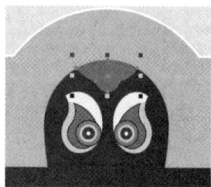

图 6-107　　　　　　　　图 6-108　　　　　　　　图 6-100

6.2.2　群组

绘制几个图形对象，使用"选择"工具 选中要进行群组的图形对象，如图 6-110 所示。选择"对象 > 组合"命令，或按 Ctrl+G 组合键，或单击属性栏中的"组合对象"按钮 ，都可以将多个图形对象群组，效果如图 6-111 所示。选择"选择"工具 ，按住 Ctrl 键，单击需要选取的子对象，松开 Ctrl 键，子对象被选取，效果如图 6-112 所示。

群组后的图形对象变成一个整体，移动一个对象，其他的对象将会随之移动，填充一个对象，其他的对象也将随之被填充。

选择"对象 > 取消组合对象"命令，或按 Ctrl+U 组合键，或单击属性栏中的"取消组合对象"

按钮图，可以取消对象的群组状态。选择"对象 > 取消组合所有对象"命令，或单击属性栏中的"取消组合所有对象"按钮图，可以取消所有对象的群组状态。

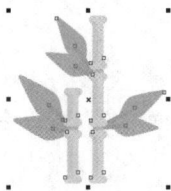  

图 6-110   图 6-111   图 6-112

> **技巧**
>
> 在群组中，子对象可以是单个对象，也可以是多个对象组成的群组，称为群组的嵌套。使用群组的嵌套可以管理多个对象之间的关系。

6.2.3 合并

绘制几个图形对象，如图 6-113 所示。使用"选择"工具 选中要进行合并的图形对象，如图 6-114 所示。

图 6-113   图 6-114

选择"对象 > 合并"命令，或按 Ctrl+L 组合键，可以将多个图形对象合并，效果如图 6-115 所示。

使用"形状"工具 选中合并后的图形对象，可以对图形对象的节点进行调整，如图 6-116 所示，改变图形对象的形状，效果如图 6-117 所示。

图 6-115   图 6-116   图 6-117

选择"对象 > 拆分曲线"命令，或按 Ctrl+K 组合键，可以取消图形对象的合并状态，原来合并的图形对象将变为多个单独的图形对象。

> **技巧**
>
> 如果对象合并前有填充颜色，那么合并后将显示最后选取的对象的颜色。如果使用圈选的方法选取对象，将显示圈选框中最下方对象的颜色。

课堂练习——绘制假日游轮插画

🔗 练习知识要点

使用"贝塞尔"工具、"水平镜像"按钮、"矩形"工具、"移除前面对象"按钮绘制游轮，使用"导入"命令、"对齐与分布"泊坞窗导入并对齐素材图片，使用"贝塞尔"工具、"轮廓笔"工具绘制波浪，使用"文本"工具添加标题文字，效果如图 6-118 所示。

◉ 效果所在位置

云盘\Ch06\效果\绘制假日游轮插画.cdr。

图 6-118

微课视频

扫码观看
本案例视频

课后习题——绘制舞狮贴纸

🔗 习题知识要点

使用"椭圆形"工具、"贝塞尔"工具、"水平翻转"按钮、"星形"工具、"群组"命令绘制舞狮五官，效果如图 6-119 所示。

◉ 效果所在位置

云盘\Ch06\效果\绘制舞狮贴纸.cdr。

图 6-119

微课视频

扫码观看
本案例视频

07

第 7 章
编辑文本

本章介绍

  CorelDRAW X7 具有强大的文本输入、编辑和处理功能。在 CorelDRAW X7 中，除了可以进行常规的文本输入和编辑，还可以进行复杂的特效文本处理。通过学习本章的内容，读者可以了解、掌握并应用 CorelDRAW X7 编辑文本的方法和技巧。

学习目标

- ✔ 掌握创建文本的操作。
- ✔ 掌握设置字体的操作。
- ✔ 掌握制作文本效果的方法。

技能目标

- ✔ 掌握"咖啡招贴"的制作方法。
- ✔ 掌握"台历"的制作方法。
- ✔ 掌握"美食杂志内页"的制作方法。
- ✔ 掌握"女装 Banner 广告"的制作方法。

素养目标

- ✔ 通过文本排版，培养表达能力和情感传递能力。
- ✔ 通过字体选择和排版决策，培养创造性思维和审美意识。
- ✔ 培养良好的组织和排版能力。

7.1 文本的基本操作

在 CorelDRAW X7 中，文本是具有特殊属性的图形对象。下面介绍在 CorelDRAW X7 中处理文本的一些基本操作。

7.1.1 课堂案例——制作咖啡招贴

案例学习目标

学习使用绘图工具和"文本"工具制作咖啡招贴。

案例知识要点

使用"导入"命令和"置于图文框内部"命令制作背景，使用"矩形"工具和"复制"命令绘制装饰图形，使用"文本"工具和"文本属性"泊坞窗添加宣传文字。咖啡招贴效果如图 7-1 所示。

效果所在位置

云盘\Ch07\效果\制作咖啡招贴.cdr。

图 7-1

微课视频

扫码观看
本案例视频

（1）按 Ctrl+N 组合键，弹出"创建新文档"对话框，新建一个文档。在属性栏的"页面度量"选项中将"宽度"设置为 210 mm，"高度"设置为 285 mm，按 Enter 键，绘图页面显示为设置的大小。双击"矩形"工具，绘制一个与绘图页面大小相等的矩形，如图 7-2 所示。

（2）按 Ctrl+I 组合键，弹出"导入"对话框，选择云盘中的"Ch07 \ 素材 \ 制作咖啡招贴 \ 01"文件，单击"导入"按钮，在绘图页面中单击，导入图片，将其拖曳到适当的位置并调整其大小，效果如图 7-3 所示。

（3）选择"选择"工具，选取导入的图片，按 Ctrl+PageDown 组合键后移图片。选择"对象 > 图框精确剪裁 > 置于图文框内部"命令，鼠标指针变为黑色箭头，在矩形上单击，将图片置入矩形中，并去除矩形的轮廓线，效果如图 7-4 所示。

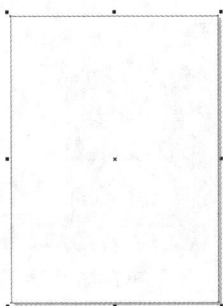
图 7-2

图 7-3

图 7-4

（4）选择"矩形"工具，在适当的位置绘制矩形，设置填充颜色的 CMYK 值为 4、76、83、0，填充矩形，并去除矩形的轮廓线，效果如图 7-5 所示。选择"选择"工具，按住 Ctrl 键的同时将矩形竖直向下拖曳到适当的位置并单击鼠标右键，复制矩形，如图 7-6 所示。

（5）保持复制的矩形的选取状态，在属性栏中的"转角半径"框中输入值，如图 7-7 所示，按 Enter 键，效果如图 7-8 所示。

图 7-5

图 7-6

属性栏

图 7-7

图 7-8

（6）保持复制的矩形的选取状态，设置填充颜色的 CMYK 值为 40、85、100、5，填充复制的矩形，效果如图 7-9 所示。按 Ctrl+PageDown 组合键后移复制的矩形，效果如图 7-10 所示。选择"选择"工具，用圈选的方法将两个矩形同时选取，按住 Ctrl 键的同时将其水平向右拖曳到适当的位置并单击鼠标右键，复制这两个矩形，效果如图 7-11 所示。

图 7-9

图 7-10

图 7-11

（7）选择"选择"工具，选取需要的图形，设置填充颜色的 CMYK 值为 3、9、23、0，填充图形，效果如图 7-12 所示。再次选取需要的图形，设置填充颜色的 CMYK 值为 39、39、48、0，填充图形，效果如图 7-13 所示。

（8）选择"选择"工具，用圈选的方法将需要的图形同时选取，如图 7-14 所示。按住 Ctrl

键的同时将其水平向右拖曳到适当的位置并单击鼠标右键，复制图形，效果如图 7-15 所示。

图 7-12 图 7-13 图 7-14 图 7-15

（9）连续按 Ctrl+D 组合键复制多个图形，效果如图 7-16 所示。选择"矩形"工具，在适当的位置绘制矩形，设置填充颜色的 CMYK 值为 4、76、83、0，填充矩形，并去除矩形的轮廓线，效果如图 7-17 所示。再次绘制矩形，设置填充颜色的 CMYK 值为 40、85、100、5，填充矩形，并去除矩形的轮廓线，效果如图 7-18 所示。

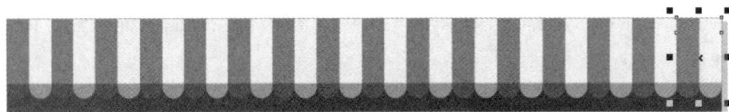

图 7-16

图 7-17

图 7-18

（10）选择"文本"工具，在绘图页面中分别输入需要的文字。选择"选择"工具，在属性栏中分别选取适当的字体并设置字体大小，设置填充颜色的 CMYK 值为 0、0、100、0，填充文字，效果如图 7-19 所示。

（11）选取文字"来杯"，按 Ctrl+T 组合键，弹出"文本属性"泊坞窗，单击"段落"按钮，切换到相应的界面，选项的设置如图 7-20 所示，按 Enter 键，文字效果如图 7-21 所示。

图 7-19 图 7-20 图 7-21

（12）选取文字"下午茶吧"，"文本属性"泊坞窗中的设置如图 7-22 所示，按 Enter 键，文字效果如图 7-23 所示。

（13）选取文字"TEA TIME"，"文本属性"泊坞窗中的设置如图 7-24 所示，按 Enter 键，文字效果如图 7-25 所示。

图 7-22　　　　　　图 7-23　　　　　　图 7-24　　　　　　图 7-25

（14）选择"文本"工具，在绘图页面中分别输入需要的文字。选择"选择"工具，在属性栏中分别选取适当的字体并设置字体大小，效果如图 7-26 所示。按住 Shift 键，将需要的文字同时选取，设置填充颜色的 CMYK 值为 20、0、20、0，填充文字，效果如图 7-27 所示。选取需要的文字，设置填充颜色的 CMYK 值为 0、0、100、0，填充文字，效果如图 7-28 所示。

图 7-26　　　　　　　　　图 7-27　　　　　　　　　图 7-28

（15）保持文字的选取状态。在"文本属性"泊坞窗中的设置如图 7-29 所示，按 Enter 键，文字效果如图 7-30 所示。单击选取的文字，使其处于旋转状态，向右拖曳上方中间的控制手柄到适当的位置，效果如图 7-31 所示。

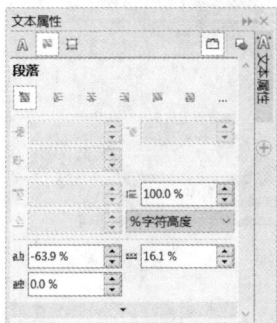

图 7-29　　　　　　　　　图 7-30　　　　　　　　　图 7-31

（16）按住 Shift 键，将需要的文字同时选取，在"文本属性"泊坞窗中的设置如图 7-32 所示，按 Enter 键，文字效果如图 7-33 所示。

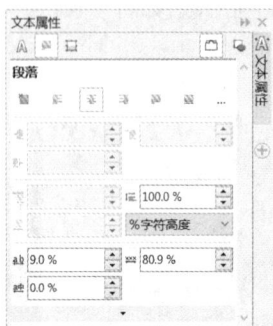

图 7-32

图 7-33

（17）选择"文本"工具，在绘图页面中分别输入需要的文字。选择"选择"工具，在属性栏中分别选取适当的字体并设置字体大小，填充适当的颜色，效果如图 7-34 所示。选取需要的文字，在"文本属性"泊坞窗中的设置如图 7-35 所示，按 Enter 键，文字效果如图 7-36 所示。

图 7-34

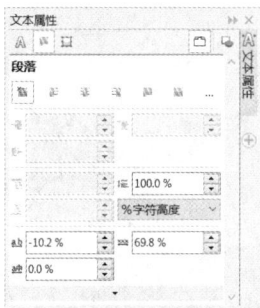

图 7-35

图 7-36

（18）选择"选择"工具，用圈选的方法将需要的文字同时选取，在属性栏中的"旋转角度"框中输入 351.9，按 Enter 键，效果如图 7-37 所示。选择"文本"工具，在绘图页面中输入需要的文字。选择"选择"工具，在属性栏中分别选取适当的字体并设置字体大小，效果如图 7-38 所示。

图 7-37

图 7-38

（19）保持文字的选取状态，在"文本属性"泊坞窗中的设置如图 7-39 所示，按 Enter 键，文字效果如图 7-40 所示。咖啡招贴制作完成，效果如图 7-41 所示。

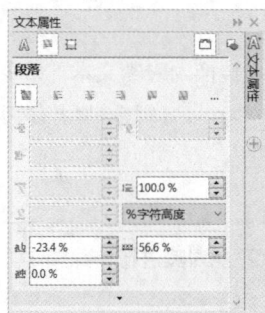

图 7-39　　　　　　　　　　　　图 7-40　　　　　　　　　　　　图 7-41

7.1.2　创建文本

CorelDRAW X7 中的文本有两种类型，分别是美术字文本和段落文本。它们在使用方法、应用编辑格式、应用特殊效果等方面有很大的区别。

1．输入美术字文本

选择"文本"工具 ，在绘图页面中单击，出现"I"形插入文本光标，这时属性栏显示为"文本"工具属性栏，选择字体，设置字体大小和字符属性，如图 7-42 所示。设置好后，直接输入美术字文本，效果如图 7-43 所示。

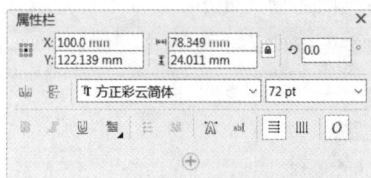

图 7-42　　　　　　　　　　　　　　　　　图 7-43

2．输入段落文本

选择"文本"工具 ，在绘图页面中按住鼠标左键沿对角线拖曳，出现一个矩形文本框，松开鼠标左键，文本框如图 7-44 所示。在属性栏中选择字体，设置字体大小和字符属性，如图 7-45 所示。设置好后，直接在文本框中输入段落文本，效果如图 7-46 所示。

图 7-44　　　　　　　　　　　图 7-45　　　　　　　　　　　图 7-46

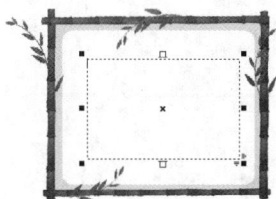

利用剪切、复制和粘贴等命令可以将其他文本处理软件（如 WPS 文字）中的文本复制到 CorelDRAW X7 的文本框中。

3. 转换文本模式

使用"选择"工具 选中美术字文本，如图 7-47 所示。选择"文本 > 转换为段落文本"命令，或按 Ctrl+F8 组合键，可以将其转换为段落文本，如图 7-48 所示。再次按 Ctrl+F8 组合键可以将其转换回美术字文本，如图 7-49 所示。

> **技巧**　将美术字文本转换为段落文本后，它就不是图形对象了，也就不能对其进行特殊操作。当段落文本转换为美术字文本后，它会失去段落文本的格式。

图 7-47　　　　　　　　　　图 7-48　　　　　　　　　　图 7-49

7.1.3　改变文本的属性

1. 在属性栏中改变文本的属性

选择"文本"工具 ，属性栏如图 7-50 所示。各选项的含义如下。

字体列表 ：可以在下拉列表中选取需要的字体。

字体大小 ：可以在下拉列表中选取需要的字号。

：分别将文本设定为粗体、斜体或添加下画线。

"文本对齐"按钮 ：可以在其下拉列表中选择文本的对齐方式。

"文本属性"按钮 ：打开"文本属性"泊坞窗。

"编辑文本"按钮 ：打开"编辑文本"对话框，可以编辑文本的各种属性。

：设置文本的排列方式为水平或垂直。

2. 利用"文本属性"泊坞窗改变文本的属性

单击属性栏中的"文本属性"按钮 ，打开"文本属性"泊坞窗，如图 7-51 所示，可以设置文本的字体及字体大小等属性。

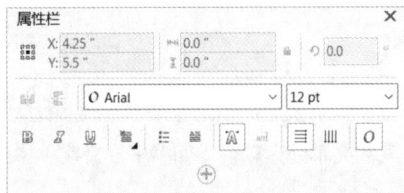

图 7-50　　　　　　　　　　　　　　　图 7-51

7.1.4　文本编辑

选择"文本"工具，在绘图页面中的文本上单击插入光标，按住鼠标左键拖曳，可以选中需要的文本，松开鼠标左键，效果如图 7-52 所示。

在"文本"工具属性栏中重新选择字体，如图 7-53 所示。设置好后，选中文本的字体被改变，效果如图 7-54 所示。在"文本"工具属性栏中还可以设置文本的其他属性。

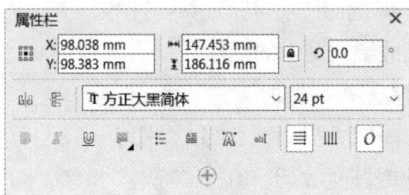

| 图 7-52 | 图 7-53 | 图 7-54 |

选中需要填充颜色的文本，如图 7-55 所示，在调色板中需要的颜色上单击，可以为选中的文本填充颜色。在绘图页面上的任意位置单击，可以取消对文本的选取，效果如图 7-56 所示。

按住 Alt 键并拖曳文本框，如图 7-57 所示，可以使段落文本的字号随文本框大小改变，效果如图 7-58 所示。

图 7-55　　　　　　　图 7-56　　　　　　　图 7-57　　　　　　　图 7-58

选中需要复制的文本，如图 7-59 所示，按 Ctrl+C 组合键，将选中的文本复制到 Windows 的剪贴板中。在文本中的其他位置单击插入光标，然后按 Ctrl+V 组合键，可以粘贴复制的文本，效果如图 7-60 所示。

在文本中的任意位置插入光标，如图 7-61 所示，然后按 Ctrl+A 组合键，可以将整个文本选中，效果如图 7-62 所示。

| 图 7-59 | 图 7-60 | 图 7-61 | 图 7-62 |

选择"选择"工具 ，选中需要编辑的文本，单击属性栏中的"编辑文本"按钮 ，或选择"文本 > 编辑文本"命令，或按 Ctrl+Shift+T 组合键，弹出"编辑文本"对话框，如图 7-63 所示。

在 " 编 辑 文 本 " 对 话 框 中 ， 顶 部 的 选 项 用于设置文本的属性，中间的文本框用于输入文本。

单击底部的"选项"按钮，弹出图 7-64 所示的下拉列表，在其中选择需要的选项来完成编辑文本的操作。

单击底部的"导入"按钮，弹出图 7-65 所示的"导入"对话框，可以将需要的文本导入"编辑文本"对话框的文本框中。

图 7-63

在"编辑文本"对话框中编辑好文本后，单击"确定"按钮，编辑好的文本内容就会出现在绘图页面中。

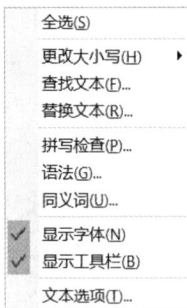

图 7-64

图 7-65

7.1.5 文本导入

在杂志、报纸的制作过程中，经常会将已编辑好的文本插入页面中，这些文本都是用其他的文字处理软件编辑的。使用 CorelDRAW X7 的导入功能可以方便、快捷地完成文本的导入。

1. 使用剪贴板导入文本

CorelDRAW X7 可以借助剪贴板在两个运行的软件之间剪贴文本。一般可以使用的文字处理软件有 Microsoft Office Word、WPS 文字等。

在 Microsoft Office Word、WPS 文字等软件的文件中选中需要的文本，按 Ctrl+C 组合键将文本复制到剪贴板中。

在 CorelDRAW X7 中选择"文本"工具 ，在绘图页面中需要插入文本的位置单击，出现"I"形插入文本光标。按 Ctrl+V 组合键将剪贴板中的文本粘贴到插入文本光标的位置，完成美术字文本的导入。

在 CorelDRAW X7 中选择"文本"工具 ，在绘图页面中按住鼠标左键拖曳，绘制出一个文本框。按 Ctrl+V 组合键，将剪贴板中的文本粘贴到文本框中，完成段落文本的导入。

选择"编辑 > 选择性粘贴"命令，弹出"选择性粘贴"对话框，如图 7-66 所示。在对话框中，可以根据需要将文本以图片（图元文件）、Microsoft Word 文档、文本等格式导入。

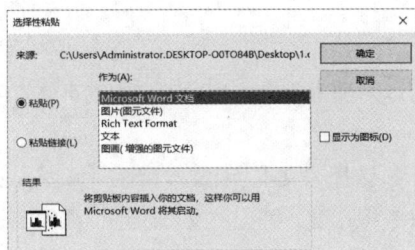

图 7-66

2. 使用菜单命令导入文本

选择"文件 > 导入"命令，或按 Ctrl+I 组合键，弹出"导入"对话框，选择需要导入的文本文件，如图 7-67 所示，单击"导入"按钮。

在绘图页面上会出现"导入/粘贴文本"对话框，如图 7-68 所示，转换过程正在进行，如果单击"取消"按钮，可以取消文本的导入。选择需要的导入方式，单击"确定"按钮。

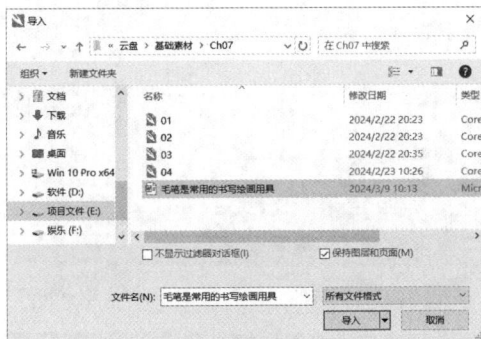

图 7-67

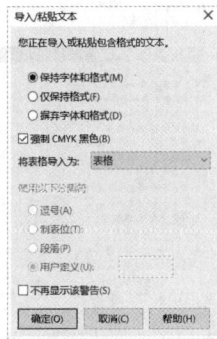

图 7-68

转换过程完成后，绘图页面中会出现一个标题图标，如图 7-69 所示，按住鼠标左键拖曳，绘制出一个文本框，效果如图 7-70 所示；松开鼠标左键，导入的文本出现在文本框中，效果如图 7-71 所示。如果文本框的大小不合适，可以拖曳文本框边框的控制手柄调整文本框的大小，效果如图 7-72 所示。

技巧 当导入的文本文字太多时，绘制的文本框可能容纳不下这些文字，这时，CorelDRAW X7 会自动增加绘图页面，并建立相同的文本框，将其余容纳不下的文字导入进去，直到全部导入完成为止。

图 7-69

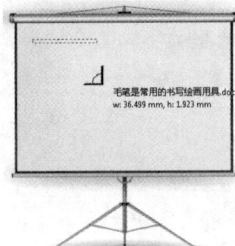

图 7-70

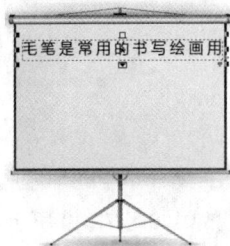

图 7-71

图 7-72

7.1.6　字体设置

通过"文本"工具属性栏可以对美术字文本和段落文本的字体、字体大小、字体样式和段落等属性进行简单的设置，效果如图 7-73 所示。

选中文本，如图 7-74 所示。选择"文本 > 文本属性"命令，或单击"文本"工具属性栏中的"文本属性"按钮，或按 Ctrl+T 组合键，弹出"文本属性"泊坞窗，如图 7-75 所示。

图 7-73　　　　　　　　　　图 7-74　　　　　　　　　　图 7-75

在"文本属性"泊坞窗中可以设置文本的字体、字体大小等属性，在"字距调整范围"选项中可以设置字距。在"字符"设置区中可以设置字符的填充颜色、轮廓宽度、位移和倾斜角度。

7.1.7　字体属性

修改字体属性的方法很简单，下面介绍使用"形状"工具修改字体属性的方法和技巧。

用美术字模式在绘图页面中输入文本，效果如图 7-76 所示。选择"形状"工具，每个文字的左下角都将出现一个空心节点 □ ，效果如图 7-77 所示。

使用"形状"工具单击第一个字的空心节点 □ ，使空心节点 □ 变为黑色节点 ■ ，效果如图 7-78 所示。

图 7-76　　　　　　　　　　图 7-77　　　　　　　　　　图 7-78

在属性栏中选择新的字体，第一个字的字体属性被改变，效果如图 7-79 所示。使用相同的方法将第 5 个字的字体属性改变，效果如图 7-80 所示。

按住 Shift 键单击后两个字的空心节点 □ ，使其同时变为黑色 ■ ，在属性栏中选择新的字体，后两个字的字体属性同时被改变，效果如图 7-81 所示。

图 7-79

图 7-80

图 7-81

7.1.8 复制文本属性

使用复制文本属性的功能可以快速地将不同文本的属性设置成相同的。下面介绍具体的复制方法。

在绘图页面中输入两个文本属性不同的词语，如图 7-82 所示。选中文本"春暖花开"，如图 7-83 所示，按住鼠标右键将其拖曳到文本"放风筝"上，鼠标指针变为 $A_{}$ 图标，如图 7-84 所示。

图 7-82

图 7-83

图 7-84

松开鼠标右键，弹出快捷菜单，选择"复制所有属性"命令，如图 7-85 所示，将文本"春暖花开"的属性复制给文本"放风筝"，效果如图 7-86 所示。

图 7-85

图 7-86

7.1.9 课堂案例——制作台历

案例学习目标

学习使用"文本"工具、"文本属性"泊坞窗和"制表位"命令制作台历。

案例知识要点

使用"矩形"工具和"复制"命令制作挂环，使用"文本"工具、"制表位"命令和"文本属性"泊坞窗制作台历日期，使用"文本"工具和"文本属性"泊坞窗制作台历月份，使用"2 点线"工具绘制虚线。台历效果如图 7-87 所示。

效果所在位置

云盘\Ch07\效果\制作台历.cdr。

图 7-87

扫码观看
本案例视频

（1）按 Ctrl+N 组合键，弹出"创建新文档"对话框，新建一个 A4 大小的绘图页面。选择"矩形"工具 ，在绘图页面中绘制一个矩形，按 F11 键，弹出"编辑填充"对话框，单击"渐变填充"按钮 ，将起点颜色的 CMYK 值设置为 0、0、0、10，终点颜色的 CMYK 值设置为 0、0、0、40，其他选项的设置如图 7-88 所示。单击"确定"按钮填充矩形，并去除矩形的轮廓线，效果如图 7-89 所示。

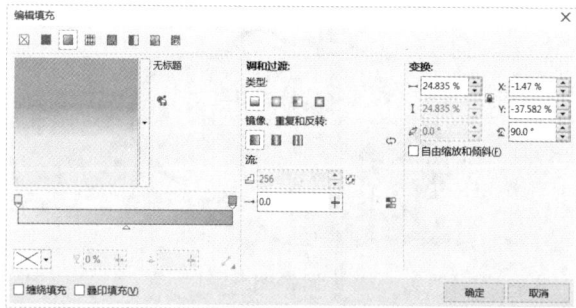

图 7-88

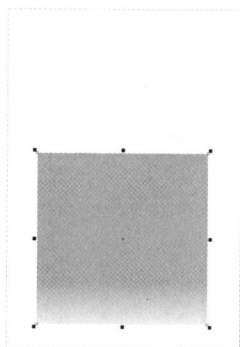

图 7-89

（2）选择"矩形"工具 ，在适当的位置绘制一个矩形，在"CMYK 调色板"中的"50%黑"色块上单击，填充矩形，并去除矩形的轮廓线，效果如图 7-90 所示。

（3）按数字键盘上的+键复制矩形。选择"选择"工具 ，按住 Ctrl 键的同时竖直向上拖曳复制的矩形到适当的位置；在"CMYK 调色板"中的"10%黑"色块上单击，填充复制的矩形，效果如图 7-91 所示。

（4）按 Ctrl+I 组合键，弹出"导入"对话框，选择云盘中的"Ch07 \ 素材 \ 制作台历 \ 01"文件，单击"导入"按钮，在绘图页面中单击，导入图片。选择"选择"工具 ，拖曳图片到适当的位置并调整其大小，效果如图 7-92 所示。

图 7-90   图 7-91

（5）选择"对象 > 图框精确剪裁 > 置于图文框内部"命令，鼠标指针变为黑色箭头，如图 7-93 所示，在矩形上单击，将图片置入矩形中，效果如图 7-94 所示。

图 7-92   图 7-93   图 7-94

（6）选择"矩形"工具 ，在适当的位置绘制矩形，填充矩形为黑色，并去除矩形的轮廓线，效果如图 7-95 所示。再绘制一个矩形，设置填充颜色的 CMYK 值为 0、0、0、30，填充矩形，并去除矩形的轮廓线，效果如图 7-96 所示。

（7）选择"选择"工具 ，选取矩形，将其拖曳到适当的位置并单击鼠标右键，复制矩形，效果如图 7-97 所示。用圈选的方法将需要的图形同时选取，按 Ctrl+G 组合键进行群组，效果如图 7-98 所示。将群组图形拖曳到适当的位置并单击鼠标右键，复制群组图形，效果如图 7-99 所示。连续按 Ctrl+D 组合键，复制多个群组图形，效果如图 7-100 所示。

图 7-95   图 7-96   图 7-97   图 7-98

图 7-99   图 7-100

（8）选择"文本"工具 ，在绘图页面空白处按住鼠标左键拖曳，绘制文本框，如图 7-101 所示。选择"文本 > 制表位"命令，弹出"制表位设置"对话框，如图 7-102 所示。

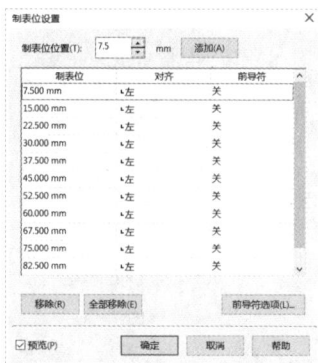

图 7-101 图 7-102

（9）单击对话框左下角的"全部移除"按钮，清空所有的制表位位置点，如图 7-103 所示。在对话框中的"制表位位置"选项中输入 15.0，连续单击 8 次对话框顶部的"添加"按钮，添加 8 个位置点，如图 7-104 所示。

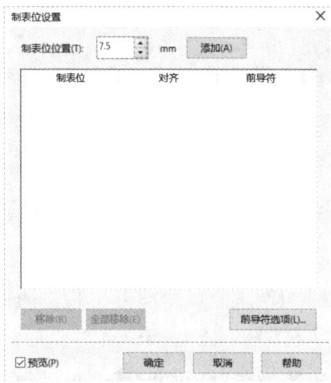
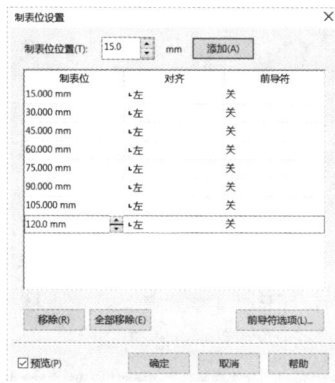

图 7-103 图 7-104

（10）单击"对齐"下的下拉按钮▾，在弹出的下拉列表中选择"中"对齐，如图 7-105 所示。8 个位置点全部选择"中"对齐，如图 7-106 所示，单击"确定"按钮。

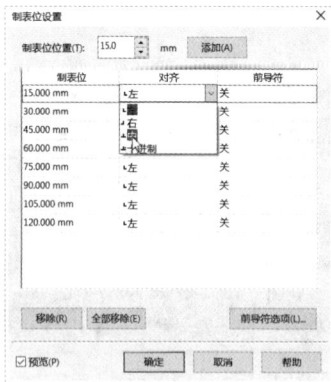

图 7-105 图 7-106

（11）将光标置于段落文本框中，按 Tab 键，输入文字"日"，效果如图 7-107 所示。再次按

Tab 键，光标跳到下一个制表位处，输入文字"一"，如图 7-108 所示。

图 7-107 图 7-108

（12）依次输入其他需要的文字，如图 7-109 所示。按 Enter 键，将光标移动到下一行，按 5 次 Tab 键，然后输入需要的文字，如图 7-110 所示。用相同的方法依次输入需要的文字，效果如图 7-111 所示。选取文本框，在属性栏中选择合适的字体并设置字体大小，效果如图 7-112 所示。

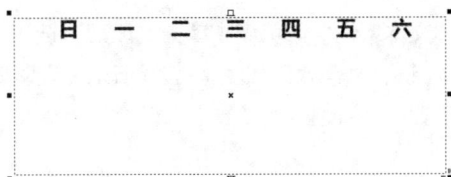
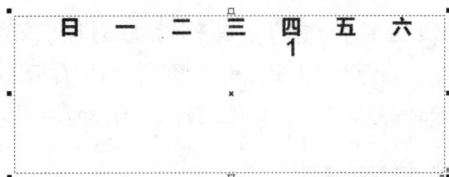

图 7-109 图 7-110

图 7-111 图 7-112

（13）按 Ctrl+T 组合键，弹出"文本属性"泊坞窗，单击"段落"按钮，切换到相应的界面进行设置，如图 7-113 所示，按 Enter 键，文字效果如图 7-114 所示。

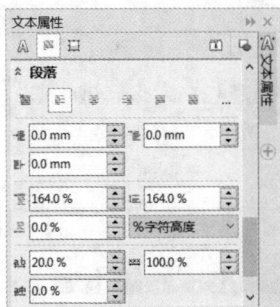

图 7-113 图 7-114

（14）选择"文本"工具，分别选取需要的文字，设置填充颜色的 CMYK 值为 0、100、100、10，填充文字，效果如图 7-115 所示。选择"选择"工具，向上拖曳文本框底部中间的控制手柄到适当的位置，效果如图 7-116 所示。

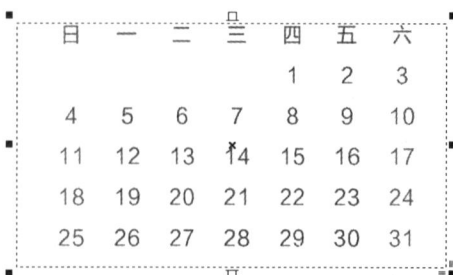

图 7-115　　　　　　　　　　　　　图 7-116

（15）选择"选择"工具，将文本框拖曳到适当的位置，效果如图 7-117 所示。选择"文本"工具，在绘图页面中分别输入需要的文字。选择"选择"工具，在属性栏中分别选取适当的字体并设置字体大小，效果如图 7-118 所示。

（16）选择"选择"工具，选取需要的文字。在"文本属性"泊坞窗中单击"段落"按钮，切换到相应的界面进行设置，如图 7-119 所示，按 Enter 键，文字效果如图 7-120 所示。设置填充颜色的 CMYK 值为 0、100、100、20，填充文字，效果如图 7-121 所示。

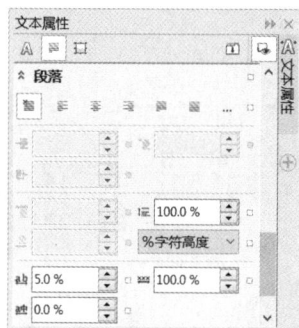

图 7-117　　　　　　　　　　　图 7-118　　　　　　　　　　　图 7-119

（17）选择"文本"工具，在绘图页面中输入需要的文字。选择"选择"工具，在属性栏中选取适当的字体并设置字体大小，效果如图 7-122 所示。

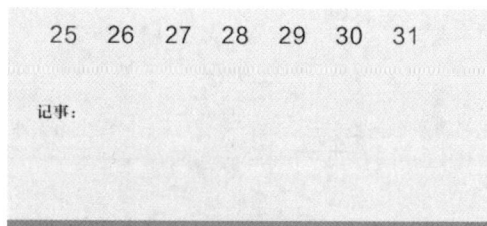

图 7-120　　　　　　　　　图 7-121　　　　　　　　　图 7-122

（18）选择"2 点线"工具，按住 Shift 键的同时绘制一条直线，效果如图 7-123 所示。在属性栏中的"线条样式"下拉列表中选择需要的样式，如图 7-124 所示，效果如图 7-125 所示。

（19）选择"选择"工具，将虚线拖曳到适当的位置并单击鼠标右键，复制虚线，效果如图 7-126 所示。向左拖曳复制的虚线左侧中间的控制手柄，调整虚线长度，效果如图 7-127 所示。

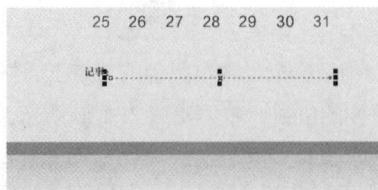

| 图 7-123 | 图 7-124 | 图 7-125 |

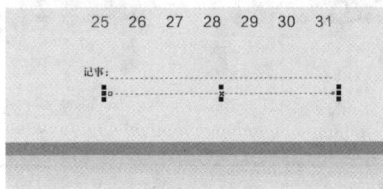

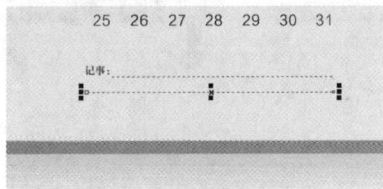

图 7-126　　　　　　　　　　　　图 7-127

（20）选择"选择"工具，将复制的虚线拖曳到适当的位置并单击鼠标右键，复制虚线，效果如图 7-128 所示。台历制作完成，效果如图 7-129 所示。

图 7-128　　　　　　　　　　　　图 7-129

7.1.10　设置间距

输入美术字文本或段落文本，效果如图 7-130 所示。使用"形状"工具选中文本，文本处于编辑状态，如图 7-131 所示。

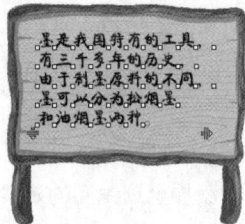

图 7-130　　　　　　　　　　　　图 7-131

拖曳图标‖可以调整文本中字符的间距，拖曳图标≡可以调整文本中行的间距，如图 7-132 所示。按键盘上的方向键可以对文本进行微调。按住 Shift 键，将段落文本中第 2 行文字左下角的节点全部选中，如图 7-133 所示。

将鼠标指针放在黑色的节点上，按住鼠标左键拖曳，如图 7-134 所示，可以将第 2 行文字移动到需要的位置，效果如图 7-135 所示。使用相同的方法可以对单个文字进行移动。

图 7-132　　　　　　图 7-133　　　　　　图 7-134　　　　　　图 7-135

> **技巧**　单击"文本"工具属性栏中的"文本属性"按钮，弹出"文本属性"泊坞窗，在"字距调整范围"选项中可以设置字符的间距。选择"文本 > 文本属性"命令，弹出"文本属性"泊坞窗，在"段落"设置区的"行间距"选项中可以设置行的间距，从而控制段落文本中行与行之间的距离。

7.1.11　设置文本嵌线和上下标

1. 设置文本嵌线

选中需要处理的文本，如图 7-136 所示。单击"文本"工具属性栏中的"文本属性"按钮，弹出"文本属性"泊坞窗，如图 7-137 所示。

单击"下划线"按钮，在弹出的下拉列表中选择线型，如图 7-138 所示，文本添加下划线后的效果如图 7-139 所示。

  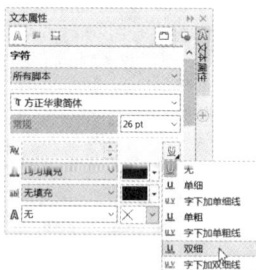 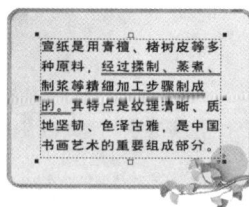

图 7-136　　　　　　图 7-137　　　　　　图 7-138　　　　　　图 7-139

选中需要处理的文本，如图 7-140 所示。单击"文本属性"泊坞窗中的按钮，弹出更多选项，在"字符删除线"下拉列表中选择线型，如图 7-141 所示，文本添加删除线后的效果如图 7-142 所示。

选中需要处理的文本，如图 7-143 所示。在"字符上划线"下拉列表中选择线型，如图 7-144 所示，文本添加上划线后的效果如图 7-145 所示。

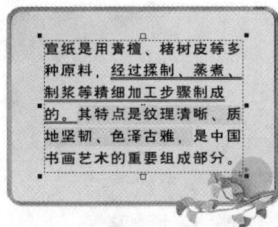

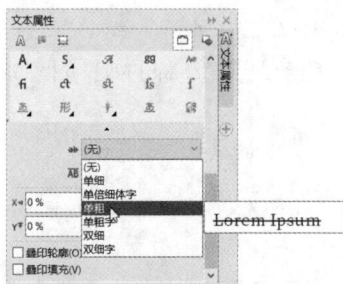

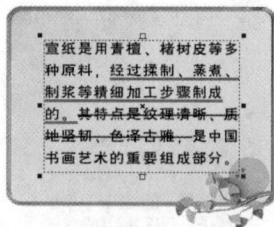

图 7-140   图 7-141   图 7-142

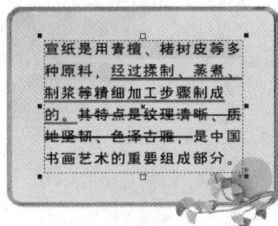

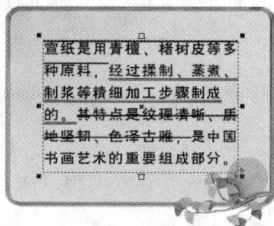

图 7-143   图 7-144   图 7-145

2. 设置文本上下标

选中需要制作上标的文本，如图 7-146 所示。单击"文本"工具属性栏中的"文本属性"按钮，弹出"文本属性"泊坞窗，如图 7-147 所示。

图 7-146   图 7-147

单击"位置"按钮，在弹出的下拉列表中选择"上标（自动）"选项，如图 7-148 所示，设置上标的效果如图 7-149 所示。

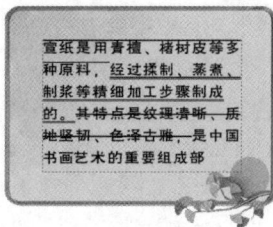

图 7-148   图 7-149

选中需要制作下标的文本，如图 7-150 所示。单击"位置"按钮，在弹出的下拉列表中选择"下标（自动）"选项，如图 7-151 所示，设置下标的效果如图 7-152 所示。

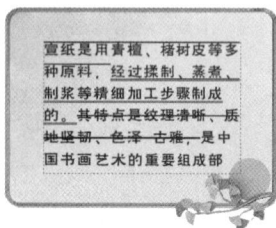

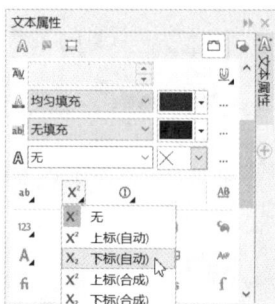

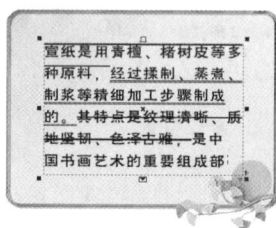

图 7-150   图 7-151   图 7-152

3. 设置文本的排列方向

选中文本框，如图 7-153 所示。在"文本"工具属性栏中单击"将文本更改为水平方向"按钮，或"将文本更改为垂直方向"按钮，可以水平或垂直排列文本。垂直排列文本的效果如图 7-154 所示。

选择"文本 > 文本属性"命令，弹出"文本属性"泊坞窗，在"图文框"设置区中可以设置文本的排列方向，如图 7-155 所示。

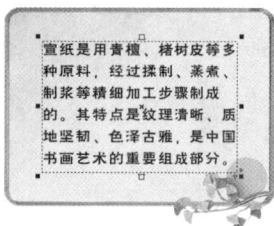

图 7-153   图 7-154   图 7-155

7.1.12 设置制表位和制表符

1. 设置制表位

选择"文本"工具，在绘图页面中绘制一个文本框，标尺上出现多个制表符，如图 7-156 所示。选择"文本 > 制表位"命令，弹出"制表位设置"对话框，在对话框中可以进行制表位的设置，如图 7-157 所示。

在数值框中输入数值或调整数值，如图 7-158 所示，可以设置制表位的位置。

在"制表位设置"对话框中单击"对齐"下的下拉按钮，出现制表位对齐方式下拉列表，可以设置字符出现在制表位上的位置，如图 7-159 所示。

在"制表位设置"对话框中选中一个制表位，单击"移除"或"全部移除"按钮，可以删除制表位；单击"添加"按钮，可以增加制表位；单击"确定"按钮，可以完成制表位的设置。

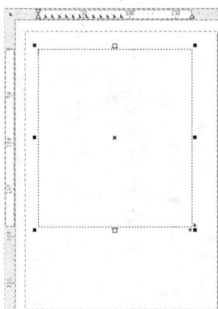

图 7-156

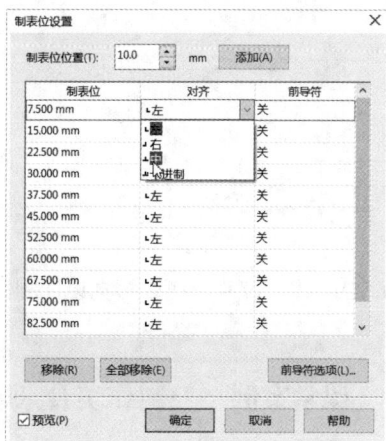

图 7-157

> **技巧**
>
> 在绘图页面的文本框中插入光标，每按一次 Tab 键，插入的光标都会按新设置的制表位移动。

图 7-158　　　　　　　　　　　　　　　　图 7-159

2. 设置制表符

选择"文本"工具，在绘图页面中绘制一个文本框，如图 7-160 所示。

标尺上出现多个"L"形滑块，它们就是制表符，如图 7-161 所示。在任意一个制表符上单击鼠标右键，弹出快捷菜单，在快捷菜单中可以选择该制表符的对齐方式，也可以对网格、标尺和辅助线进行设置，如图 7-162 所示。

在上方的标尺上拖曳"L"形滑块，可以将制表符移动到需要的位置，如图 7-163 所示。在标尺上的任意位置单击，可以添加制表符，如图 7-164 所示。将制表符拖曳到标尺外，就可以删除该制表符。

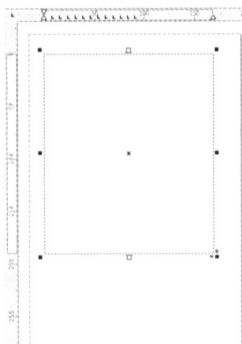

图 7-160　　　　　　　图 7-161　　　　　　　图 7-162

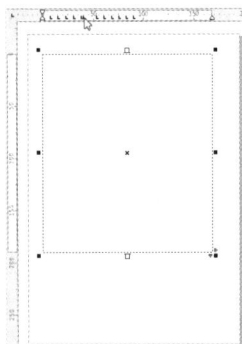　　　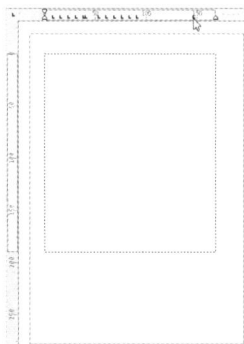

图 7-163　　　　　　　　　图 7-164

7.2　文本效果

在 CorelDRAW X7 中，可以根据设计制作任务的需要制作多种文本效果。下面具体讲解文本效果的制作。

7.2.1　课堂案例——制作美食杂志内页

案例学习目标

学习使用"文本"工具、"栏"命令和"插入字符"命令制作美食杂志内页。

案例知识要点

使用"导入"命令导入素材图片，使用"文本"工具、"文本属性"泊坞窗添加内页文字，使用"栏"命令制作文字分栏效果，使用"插入字符"命令添加字符。美食杂志内页效果如图 7-165 所示。

效果所在位置

云盘\Ch07\效果\制作美食杂志内页.cdr。

图 7-165

（1）按 Ctrl+N 组合键，弹出"创建新文档"对话框，设置文档的宽度为 420 mm，高度为 285 mm，取向为横向，颜色模式为 CMYK，渲染分辨率为 300 dpi，单击"确定"按钮，创建一个文档。

（2）选择"布局 > 页面设置"命令，弹出"选项"对话框，选择"页面尺寸"选项，在"出血"框中输入 3.0，勾选"显示出血区域"复选框，如图 7-166 所示，单击"确定"按钮，绘图页面效果如图 7-167 所示。

图 7-166   图 7-167

（3）选择"视图 > 标尺"命令，在视图中显示标尺。选择"选择"工具，在左侧标尺上按住鼠标左键拖曳出一条垂直辅助线，在属性栏中将"X"设置为 210 mm；按 Enter 键，如图 7-168 所示。

（4）选择"矩形"工具，在绘图页面中绘制一个矩形，设置填充颜色的 CMYK 值为 15、0、5、0，填充矩形，并去除矩形的轮廓线，效果如图 7-169 所示。

图 7-168

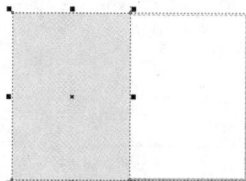

图 7-169

（5）按 Ctrl+I 组合键，弹出"导入"对话框，选择云盘中的"Ch07 \ 素材 \ 制作美食杂志内页 \ 01、02"文件，单击"导入"按钮，在绘图页面中分别单击，导入图片。选择"选择"工具 ，分别拖曳图片到适当的位置并调整其大小，效果如图 7-170 所示。

（6）选择"文本"工具 ，在绘图页面中输入需要的文字。选择"选择"工具 ，在属性栏中选取适当的字体并设置字体大小，效果如图 7-171 所示。设置填充颜色的 CMYK 值为 60、0、20、20，填充文字，效果如图 7-172 所示。

图 7-170　　　　　　　　　图 7-171　　　　　　　　　图 7-172

（7）选择"文本"工具 ，在适当的位置绘制一个文本框，如图 7-173 所示。在文本框中输入需要的文字，选择"选择"工具 ，在属性栏中选取适当的字体并设置字体大小，效果如图 7-174 所示。

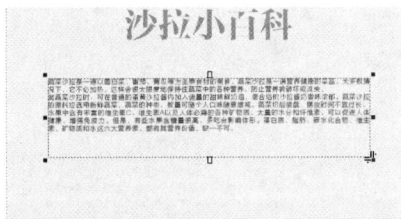

图 7-173　　　　　　　　　　　　　　　　　　　图 7-174

（8）按 Ctrl+T 组合键，弹出"文本属性"泊坞窗，单击"两端对齐"按钮 ，其他选项的设置如图 7-175 所示；按 Enter 键，效果如图 7-176 所示。

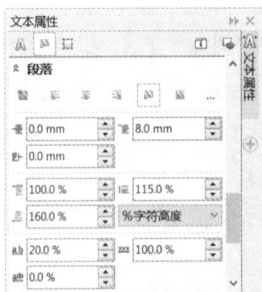
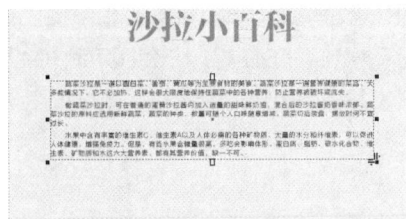

图 7-175　　　　　　　　　　　　　　　　　图 7-176

（9）选择"文本 > 栏"命令，弹出"栏设置"对话框，各选项的设置如图 7-177 所示；单击"确定"按钮，效果如图 7-178 所示。

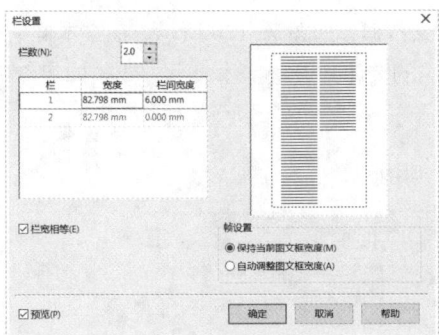

图 7-177   图 7-178

（10）按 Ctrl+I 组合键，弹出"导入"对话框，选择云盘中的"Ch07 \ 素材 \ 制作美食杂志内页 \ 03"文件，单击"导入"按钮，在绘图页面中单击，导入图片。选择"选择"工具 ，拖曳图片到适当的位置，效果如图 7-179 所示。

（11）选择"矩形"工具 ，在绘图页面中绘制一个矩形，如图 7-180 所示。在属性栏中单击"倒棱角"按钮 ，将"转角半径"设置为 2.0 mm 和 0.0 mm，如图 7-181 所示；按 Enter 键，效果如图 7-182 所示。

图 7-179   图 7-180

图 7-181   图 7-182

（12）保持图形的选取状态。设置填充颜色的 CMYK 值为 15、0、5、0，填充图形，并去除图形的轮廓线，效果如图 7-183 所示。

（13）选择"文本"工具 ，在适当的位置输入需要的文字。选择"选择"工具 ，在属性栏中选取适当的字体并设置字体大小，效果如图 7-184 所示。

图 7-183   图 7-184

（14）选择"文本"工具 ，在适当的位置绘制一个文本框，如图 7-185 所示。在文本框中输入需要的文字，选择"选择"工具 ，在属性栏中选取适当的字体并设置字体大小，效果如图 7-186 所示。

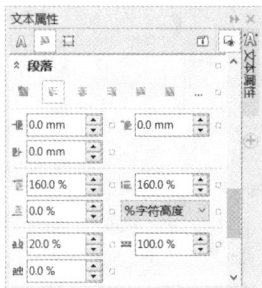

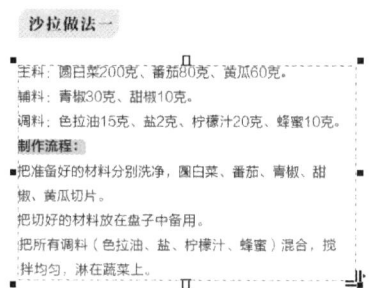

图 7-185　　　　　　　　　　　　　　　图 7-186

（15）在"文本属性"泊坞窗中单击"左对齐"按钮 ，其他选项的设置如图 7-187 所示；按 Enter 键，效果如图 7-188 所示。选择"文本"工具 ，选取文字"制作流程："，在属性栏中选取适当的字体，效果如图 7-189 所示。

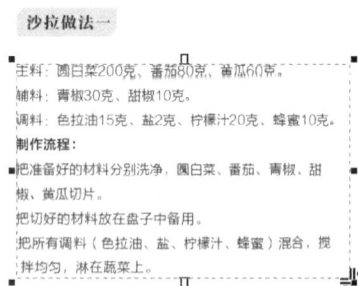

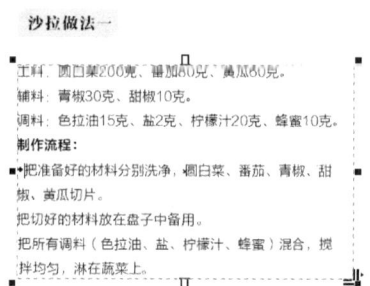

图 7-187　　　　　　　　　　图 7-188　　　　　　　　　　图 7-189

（16）选择"文本"工具 ，在文字"把"左侧单击插入光标，如图 7-190 所示。选择"文本 > 插入字符"命令，弹出"插入字符"泊坞窗，在泊坞窗中按需要进行设置并选择需要的字符，如图 7-191 所示，双击选取的字符将其插入，效果如图 7-192 所示。

图 7-190　　　　　　　　　　图 7-191　　　　　　　　　　图 7-192

（17）将光标放置在插入的字符后面，连续按两次空格键插入空格，效果如图 7-193 所示。用相同的方法在下方的段落中插入相同的字符和空格，效果如图 7-194 所示。

沙拉做法一

主料：圆白菜200克、番茄80克、黄瓜60克。

辅料：青椒30克、甜椒10克。

调料：色拉油15克、盐2克、柠檬汁20克、蜂蜜10克。

制作流程：

◆ 把准备好的材料分别洗净✗圆白菜、番茄、青椒、甜椒、黄瓜切片。

把切好的材料放在盘子中备用。

把所有调料（色拉油、盐、柠檬汁、蜂蜜）混合，搅拌均匀，淋在蔬菜上。

图 7-193

沙拉做法一

主料：圆白菜200克、番茄80克、黄瓜60克。

辅料：青椒30克、甜椒10克。

调料：色拉油15克、盐2克、柠檬汁20克、蜂蜜10克。

制作流程：

◆ 把准备好的材料分别洗净，圆白菜、番茄、青椒、甜椒、黄瓜切片。

◆ 把切好的材料放在盘子中备用。

◆ 把所有调料（色拉油、盐、柠檬汁、蜂蜜）混合，搅拌均匀，淋在蔬菜上。

图 7-194

（18）选择"选择"工具，用圈选的方法将图形和文字同时选取，如图 7-195 所示。按数字键盘上的+键复制图形和文字。按住 Ctrl 键的同时竖直向下拖曳复制的图形和文字到适当的位置，效果如图 7-196 所示。选择"文本"工具，选取并重新输入需要的文字，效果如图 7-197 所示。

沙拉做法一

主料：圆白菜200克、番茄80克、黄瓜60克。

辅料：青椒30克、甜椒10克。

调料：色拉油15克、盐2克、柠檬汁20克、蜂蜜10克。

制作流程：

◆ 把准备好的材料分别洗净，圆白菜、番茄、青椒、甜椒、黄瓜切片。

◆ 把切好的材料放在盘子中备用。

◆ 把所有调料（色拉油、盐、柠檬汁、蜂蜜）混合，搅拌均匀，淋在蔬菜上。

图 7-195

沙拉做法一

主料：圆白菜200克、番茄80克、黄瓜60克。

辅料：青椒30克、甜椒10克。

调料：色拉油15克、盐2克、柠檬汁20克、蜂蜜10克。

制作流程：

◆ 把准备好的材料分别洗净，圆白菜、番茄、青椒、甜椒、黄瓜切片。

◆ 把切好的材料放在盘子中备用。

◆ 把所有调料（色拉油、盐、柠檬汁、蜂蜜）混合，搅拌均匀，淋在蔬菜上。

沙拉做法一

图 7-196

沙拉做法一

主料：圆白菜200克、番茄80克、黄瓜60克。

辅料：青椒30克、甜椒10克。

调料：色拉油15克、盐2克、柠檬汁20克、蜂蜜10克。

制作流程：

◆ 把准备好的材料分别洗净，圆白菜、番茄、青椒、甜椒、黄瓜切片。

◆ 把切好的材料放在盘子中备用。

◆ 把所有调料（色拉油、盐、柠檬汁、蜂蜜）混合，搅拌均匀，淋在蔬菜上。

沙拉做法二

图 7-197

（19）用相同的方法制作其他文字，效果如图 7-198 所示。美食杂志内页制作完成，效果如图 7-199 所示。

沙拉做法二

主料：菠菜1000克、大葱50克。

辅料：蒜50克、鲜薄荷叶4片。

调料：酸牛奶100克、柠檬汁10克、黑胡椒粉适量，精盐适量。

制作流程：

◆ 菠菜洗净后放入沸水中烫熟，捞出挤干水分，切成末。

◆ 大葱洗净，切成末。

◆ 蒜去皮洗净后用刀拍碎，切成末。

◆ 鲜薄荷叶洗净切丝，切好的主料全部放在一个碗中。

◆ 将柠檬汁、葱末、精盐和黑胡椒粉放入碗中，拌匀，再加酸牛奶和蒜，撒上薄荷丝即可。

沙拉做法三

主料：罗马生菜20克、苦苣15克、紫叶生菜20克、玉兰菜30克、紫菊20克。

辅料：核桃、苹果丝适量。

调料：橄榄油5克、龙蒿醋5克，精盐适量。

制作流程：

◆ 各种蔬菜撕碎，与苹果丝、核桃混合。

◆ 将适量的橄榄油、龙蒿醋和盐调成蘸汁。

◆ 用紫苛装饰装盘即可。

图 7-198

图 7-199

7.2.2 设置首字下沉和项目符号

1. 设置首字下沉

在绘图页面中导入文本，效果如图 7-200 所示。选择"文本 > 首字下沉"命令，弹出"首字下沉"对话框，勾选"使用首字下沉"复选框，如图 7-201 所示。

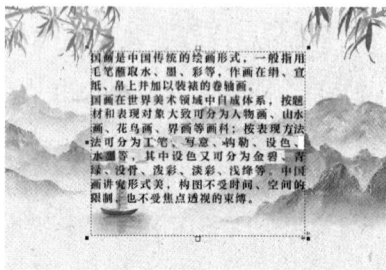

图 7-200   图 7-201

单击"确定"按钮，各段落首字下沉效果如图 7-202 所示，勾选"首字下沉使用悬挂式缩进"复选框，单击"确定"按钮，悬挂式缩进首字下沉效果如图 7-203 所示。

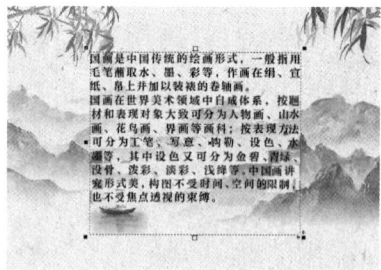

图 7-202   图 7-203

2. 设置项目符号

在绘图页面中导入文本，效果如图 7-204 所示。选择"文本 > 项目符号"命令，出现"项目符号"对话框，勾选"使用项目符号"复选框，如图 7-205 所示。

图 7-204   图 7-205

对话框"外观"设置区中的"字体"选项可以用于设置字体的类型，"符号"选项可以用于设置项目符号样式，"大小"选项可以用于设置项目符号的大小，"基线位移"选项可以用于设置基线的距离；在"间距"设置区中可以调节文本和项目符号的距离。

根据需要在对话框中进行设置，如图 7-206 所示，单击"确定"按钮，段落文本中添加了新的项目符号，效果如图 7-207 所示。在段落文本中需要另起一段的位置插入光标，按 Enter 键，项目符号会自动添加在新段落的前面，效果如图 7-208 所示。

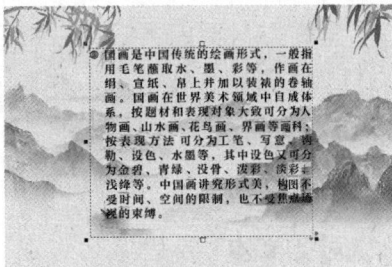

图 7-206   图 7-207

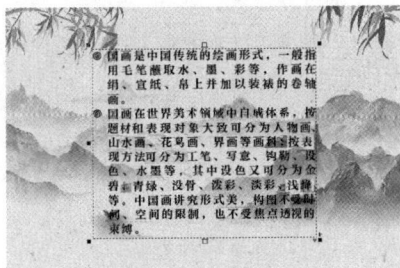

图 7-208

7.2.3　文本绕路径

选择"文本"工具 ，在绘图页面中输入美术字文本，使用"椭圆形"工具 绘制一个椭圆形路径，选中美术字文本，效果如图 7-209 所示。

选择"文本 > 使文本适合路径"命令，将鼠标指针放在椭圆形路径上，文本自动绕路径排列，如图 7-210 所示，单击确定，效果如图 7-211 所示。

图 7-209   图 7-210   图 7-211

选中绕路径排列的文本，属性栏如图 7-212 所示。

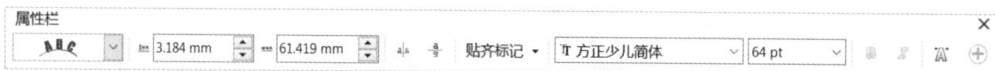

图 7-212

在属性栏中可以设置"文本方向""与路径的距离""偏移"，通过设置可以产生多种文本绕路径的效果，如图 7-213 所示。

图 7-213

7.2.4 对齐文本

选择"文本"工具 ，在绘图页面中输入段落文本，单击"文本"工具属性栏中的"文本对齐"按钮 ，弹出其下拉列表，其中有 6 种对齐方式，如图 7-214 所示。

选择"文本 > 文本属性"命令，弹出"文本属性"泊坞窗，单击"段落"按钮 ，切换到"段落"界面，单击"调整间距设置"按钮 ，弹出"间距设置"对话框，在对话框中可以选择文本的对齐方式，如图 7-215 所示。

无：CorelDRAW X7 默认的对齐方式。选择它不会对文本产生影响，文本可以自由地变换，但无对齐方式的文本的边界会参差不齐。

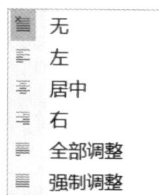

图 7-214

图 7-215

左：段落文本会以文本框的左边界对齐。

中：段落文本的每一行都会在文本框中居中。

右：段落文本会以文本框的右边界对齐。

全部调整：段落文本的每一行都会同时对齐文本框的左右边界。

强制调整：可以对段落文本的所有格式进行调整。

选中移动过的文本，如图 7-216 所示，选择"文本 > 对齐基线"命令，可以将文本重新对齐，效果如图 7-217 所示。

砚台是书写、绘画之时的工具，可以用于研墨、盛放磨好的墨汁、捃笔等。砚台的种类繁多，最负盛名的"四大名砚"有端砚、歙砚、洮砚和澄泥砚。

图 7-216

砚台是书写、绘画之时的工具，可以用于研墨、盛放磨好的墨汁、捃笔等。砚台的种类繁多，最负盛名的"四大名砚"有端砚、歙砚、洮砚和澄泥砚。

图 7-217

7.2.5　内置文本

选择"文本"工具 ，在绘图页面中输入美术字文本，使用"贝塞尔"工具 绘制一个图形，选中美术字文本，效果如图 7-218 所示。

按住鼠标右键，拖曳文本到图形内，当鼠标指针变为十字圆环 时松开鼠标右键，弹出快捷菜单，选择"内置文本"命令，如图 7-219 所示，文本被置入图形内，自动转换为段落文本，效果如图 7-220 所示。选择"文本 > 段落文本框 > 使文本适合框架"命令，文本和图形对象基本适配，效果如图 7-221 所示。

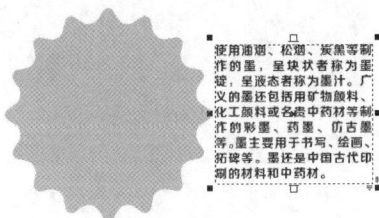

图 7-218

图 7-219

图 7-220

图 7-221

> **技巧**
>
> 选择"对象 > 拆分段落文本"命令，可以将路径内的文本与路径分离。

7.2.6　段落文本的连接

在文本框中经常出现文本被遮住而不能完全显示的问题，如图 7-222 所示。可以通过调整文本框的大小来使文本完全显示，还可以通过多个文本框的连接来使文本完全显示。

选择"文本"工具 ，单击文本框底部的 图标，鼠标指针变为 形状，在绘图页面中按住鼠标左键沿对角线拖曳，绘制一个新的文本框，如图 7-223 所示。松开鼠标左键，新绘制的文本框中显示被遮住的文本，效果如图 7-224 所示。拖曳文本框到适当的位置，如图 7-225 所示。

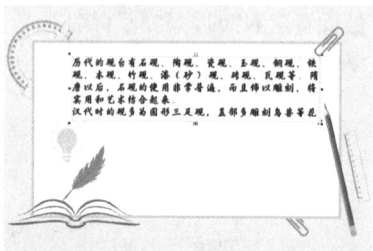

图 7-222

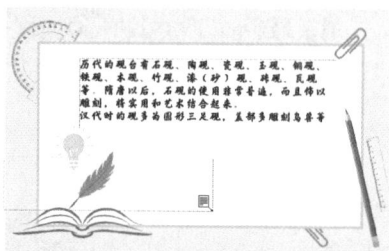

图 7-223

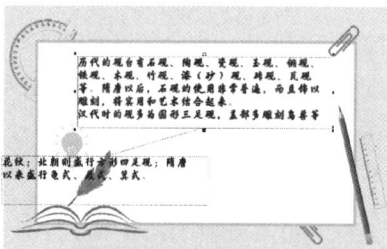

图 7-224

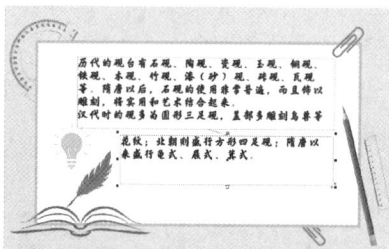

图 7-225

7.2.7　段落分栏

选择一个段落文本，如图 7-226 所示。选择"文本 > 栏"命令，弹出"栏设置"对话框，将"栏数"设置为 2.0，"栏间宽度"设置为 8.000 mm，如图 7-227 所示，设置好后，单击"确定"按钮，段落文本被分为两栏，效果如图 7-228 所示。

图 7-226　　　　　　　　　　　　　　图 7-227　　　　　　　　　　　　　　图 7-228

7.2.8　文本绕图

CorelDRAW X7 提供了多种文本绕图的形式，应用好文本绕图可以使设计制作的杂志更加生动美观。

选择"文件 > 导入"命令，或按 Ctrl+I 组合键，弹出"导入"对话框，在对话框中选择需要的位图，单击"导入"按钮，在绘图页面中单击，导入位图，将其调整到适当的位置，效果如图 7-229所示。

在属性栏中单击"文本换行"按钮，在弹出的下拉列表中选择需要的绕图方式，如图 7-230所示，文本绕图效果如图 7-231 所示。在属性栏中单击"文本换行"按钮，在弹出的下拉列表中可以设置换行样式，在"文本换行偏移"框中可以设置偏移距离，如图 7-232 所示。

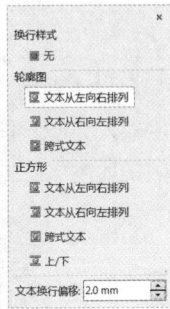

图 7-229　　　　　图 7-230　　　　　　　　图 7-231　　　　　图 7-232

7.2.9　课堂案例——制作女装 Banner 广告

案例学习目标

学习使用"文本"工具、"转换为曲线"命令制作女装 Banner 广告。

案例知识要点

使用"文本"工具、"文本属性"泊坞窗添加标题文字，使用"转换为曲线"命令、"形状"工具、"多边形"工具编辑标题文字。女装 Banner 广告的效果如图 7-233 所示。

效果所在位置

云盘\Ch07\效果\制作女装 Banner 广告.cdr。

图 7-233

（1）按 Ctrl+N 组合键，弹出"创建新文档"对话框，设置文档的宽度为 750 px，高度为 360 px，取向为横向，颜色模式为 RGB，渲染分辨率为 72 dpi，单击"确定"按钮，新建一个文档。

（2）双击"矩形"工具 ▢，绘制一个与绘图页面大小相等的矩形，如图 7-234 所示，设置填充颜色的 RGB 值为 255、132、0，填充矩形，并去除矩形的轮廓线，效果如图 7-235 所示。

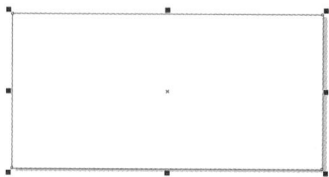

图 7-234   图 7-235

（3）使用"矩形"工具 ▢ 在适当的位置绘制一个矩形，并在属性栏中的"轮廓宽度"框 ▢ 1 px 中输入 2 px；按 Enter 键，如图 7-236 所示。在"RGB 调色板"中的"黄"色块上单击，填充矩形，效果如图 7-237 所示。

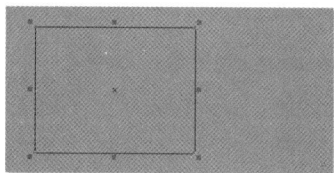
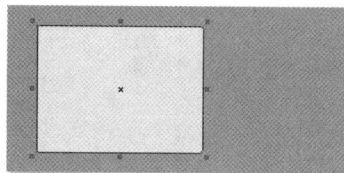

图 7-236   图 7-237

（4）按数字键盘上的+键复制矩形。向右上方微调复制的矩形到适当的位置，效果如图 7-238 所示。用相同的方法再绘制一个矩形，并填充相应的颜色，效果如图 7-239 所示。

图 7-238   图 7-239

（5）按 Ctrl+I 组合键，弹出"导入"对话框，选择云盘中的"Ch07 \ 素材 \ 制作女装 Banner 广告 \ 01、02"文件，单击"导入"按钮，在绘图页面中分别单击，导入图片。选择"选择"工具 ▢，分别拖曳图片到适当的位置并调整其大小，效果如图 7-240 所示。

（6）选择"文本"工具 ▢，在绘图页面中输入需要的文字。选择"选择"工具 ▢，在属性栏中选取适当的字体并设置字体大小，填充文字为白色，效果如图 7-241 所示。

图 7-240   图 7-241

（7）选择"文本 > 文本属性"命令，在弹出的"文本属性"泊坞窗中进行设置，如图 7-242 所示；按 Enter 键，效果如图 7-243 所示。

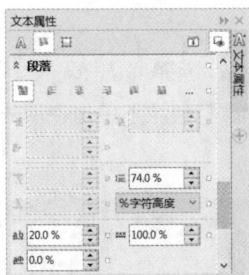

图 7-242   图 7-243

（8）按 Ctrl+Q 组合键，将文本转换为曲线，效果如图 7-244 所示。选择"形状"工具 ，按住 Shift 键，用圈选的方法将需要删除的节点同时选取，如图 7-245 所示。按 Delete 键删除选中的节点，效果如图 7-246 所示。

图 7-244   图 7-245   图 7-246

（9）选择"多边形"工具 ，属性栏中的设置如图 7-247 所示，在适当的位置绘制一个三角形，如图 7-248 所示。

图 7-247   图 7-248

（10）保持三角形的选取状态。设置填充颜色的 RGB 值为 255、132、0，填充三角形，并去除三角形的轮廓线，效果如图 7-249 所示。在属性栏中的"旋转角度"框 中输入 90.0；按 Enter 键，效果如图 7-250 所示。

（11）选择"形状"工具 ，选取文字"流"，编辑状态如图 7-251 所示，在不需要的节点上双击，将其删除，效果如图 7-252 所示。用相同的方法分别调整其他文字，效果如图 7-253 所示。

图 7-249   图 7-250   图 7-251   图 7-252   图 7-253

（12）选择"矩形"工具 ，在适当的位置绘制一个矩形，填充矩形为黑色，并去除矩形的轮廓线，效果如图 7-254 所示。

（13）选择"文本"工具 ，在适当的位置输入需要的文字。选择"选择"工具 ，在属性栏中选取适当的字体并设置字体大小。在"RGB 调色板"中的"黄"色块上单击，填充文字，效果如图 7-255 所示。

图 7-254   图 7-255

（14）按 Ctrl+I 组合键，弹出"导入"对话框，选择云盘中的"Ch07 \ 素材 \ 制作女装 Banner 广告 > 03"文件，单击"导入"按钮，在绘图页面中单击，导入图形和文字。选择"选择"工具 ，拖曳图形和文字到适当的位置，效果如图 7-256 所示。女装 Banner 广告制作完成，效果如图 7-257 所示。

图 7-256   图 7-257

7.2.10　插入字符

选择"文本"工具 ，在文本中需要插入字符的位置单击，插入光标，如图 7-258 所示。选择"文本 > 插入字符"命令，或按 Ctrl+F11 组合键，弹出"插入字符"泊坞窗，在需要插入的字符上双击，如图 7-259 所示，字符插入文本中，效果如图 7-260 所示。

图 7-258

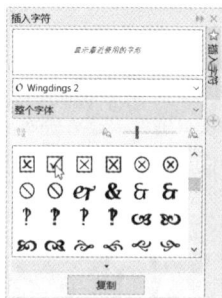
图 7-259

图 7-260

7.2.11　将文字转化为曲线

使用 CorelDRAW X7 编辑好美术字文本后，通常需要把文本转换为曲线。转换后的文本可以任意变形，同时不会丢失其格式，具体操作步骤如下。

使用"选择"工具 选中文本，如图 7-261 所示。选择"对象 > 转换为曲线"命令，或按 Ctrl+Q 组合键，将文本转化为曲线，如图 7-262 所示。可使用"形状"工具 对曲线文本进行编辑，并修改文本的形状。

图 7-261

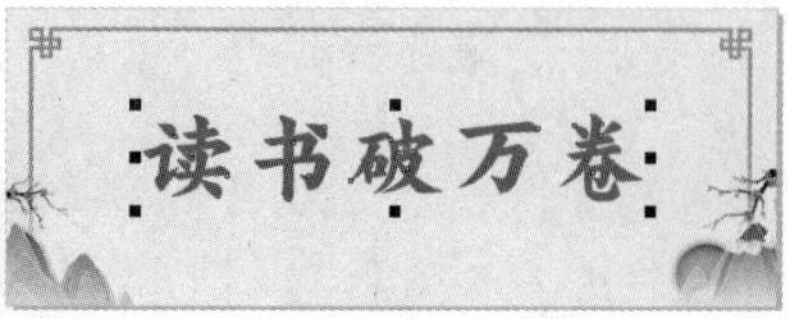

图 7-262

7.2.12 创建文字

使用 CorelDRAW X7 的独特功能可以轻松地创建出其他文字，方法其实很简单，下面介绍具体的创建方法。

使用"文本"工具 输入两个具有所需偏旁的汉字，如图 7-263 所示。使用"选择"工具 选取文字，如图 7-264 所示。按 Ctrl+Q 组合键将文字转换为曲线，效果如图 7-265 所示。

图 7-263

图 7-264

图 7-265

再按 Ctrl+K 组合键，将转换为曲线的文字打散，使用"选择"工具 选取所需偏旁，将其移动到创建文字的位置进行组合，效果如图 7-266 所示。

组合好新文字后，使用"选择"工具 圈选新文字，效果如图 7-267 所示，按 Ctrl+G 组合键将新文字组合，效果如图 7-268 所示，新文字就制作完成了，效果如图 7-269 所示。

图 7-266

图 7-267

图 7-268

图 7-269

课堂练习——制作网站标志

练习知识要点

使用"椭圆形"工具、"轮廓笔"工具绘制圆环，使用"文本"工具、"转换为曲线"命令和"形状"工具添加并编辑文字，使用"插入字符"命令插入需要的字符，效果如图 7-270 所示。

◉ 效果所在位置

云盘\Ch07\效果\制作网站标志.cdr。

图 7-270

微课视频

扫码观看
本案例视频

课后习题——制作女装 App 引导页

✔ 习题知识要点

使用"矩形"工具、"导入"命令和"置于图文框内部"命令制作底图，使用"文本"工具、"文本属性"泊坞窗添加文字信息，效果如图 7-271 所示。

◉ 效果所在位置

云盘\Ch07\效果\制作女装 App 引导页.cdr。

图 7-271

微课视频

扫码观看
本案例视频

08

第 8 章
编辑位图

本章介绍

　　CorelDRAW X7 提供了强大的位图编辑功能。本章介绍编辑和调整位图的颜色、位图滤镜的使用等知识。通过学习本章的内容，读者可以了解并掌握如何使用 CorelDRAW X7 的强大功能来编辑位图。

学习目标

✔ 掌握导入位图的方法。
✔ 掌握调整位图的方法。
✔ 掌握各种滤镜的使用方法。

技能目标

✔ 掌握"家具广告"的制作方法。
✔ 掌握"艺术画"的制作方法。

素养目标

✔ 通过创作和不断调整作品，培养表达能力和情感传递能力。
✔ 通过对不同类型的滤镜效果的匹配和应用，培养创造性思维和审美意识。
✔ 培养灵活的调整和适应能力。

8.1 导入并调整位图

CorelDRAW X7 提供了将矢量图转换为位图的功能，以及对位图的颜色进行调整的功能。下面介绍转换为位图和调整位图颜色的方法。

8.1.1 课堂案例——制作家具广告

案例学习目标

学习使用"导入"命令、"双色调"命令和"色度/饱和度/亮度"命令制作家具广告。

案例知识要点

使用"导入"命令添加素材图片，使用"双色调"命令调整位图模式，使用"矩形"工具、"转换为曲线"按钮、"形状"工具、"透明度"工具制作斜角矩形，使用"色度/饱和度/亮度"命令调整图片色调，使用"多边形"工具、"圆角/扇形角/倒棱角"泊坞窗、"置于图文框内部"命令制作图框精确剪裁效果。家具广告效果如图 8-1 所示。

效果所在位置

云盘\Ch08\效果\制作家具广告.cdr。

图 8-1

微课视频
扫码观看
本案例视频

（1）按 Ctrl+N 组合键，弹出"创建新文档"对话框，设置文档的宽度为 1920 px，高度为 800 px，取向为横向，颜色模式为 RGB，渲染分辨率为 72 dpi，单击"确定"按钮，新建一个文档。

（2）按 Ctrl+I 组合键，弹出"导入"对话框，选择云盘中的"Ch08\素材\制作家具广告\01"文件，单击"导入"按钮，在绘图页面中单击，导入图片。选择"选择"工具 ，拖曳图片到适当的位置并调整其大小，效果如图 8-2 所示。

图 8-2

（3）选择"位图 > 模式 > 双色调"命令，在弹出的对话框中进行设置，如图 8-3 所示；单击"确定"按钮，效果如图 8-4 所示。

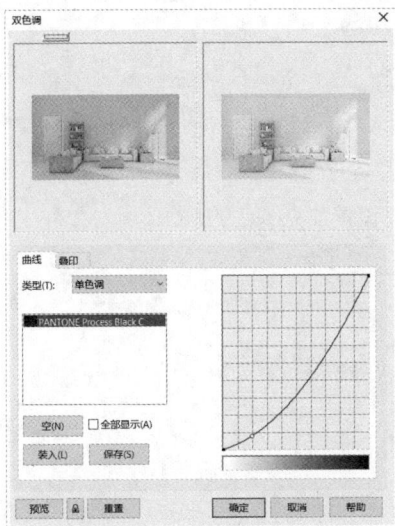

图 8-3

图 8-4

（4）选择"矩形"工具，在适当的位置绘制一个矩形，如图 8-5 所示。单击属性栏中的"转换为曲线"按钮，将矩形转换为曲线，如图 8-6 所示。选择"形状"工具，按住 Shift 键，将矩形右上角的节点竖直向下拖曳到适当的位置，效果如图 8-7 所示。选择"选择"工具，选取图形，按 Ctrl+C 组合键复制图形（此图形作为备用）。

（5）选取下方的图片，如图 8-8 所示，选择"对象 > 图框精确剪裁> 置于图文框内部"命令，鼠标指针变为黑色箭头，在图形上单击，如图 8-9 所示，将图片置入图形中，并去除图形的轮廓线，效果如图 8-10 所示。

图 8-5

图 8-6

图 8-7

图 8-8

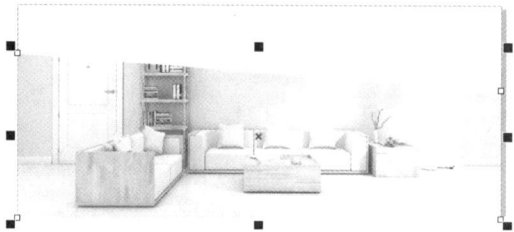

图 8-9　　　　　　　　　　　　　　　　图 8-10

（6）按 Ctrl+V 组合键粘贴备用图形，如图 8-11 所示。设置填充颜色的 RGB 值为 224、193、146，填充备用图形，并去除备用图形的轮廓线，效果如图 8-12 所示。

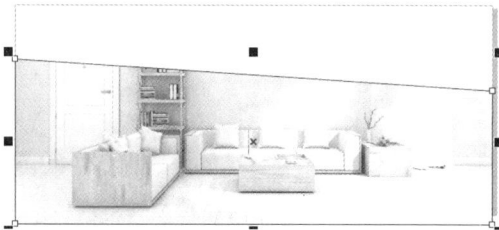

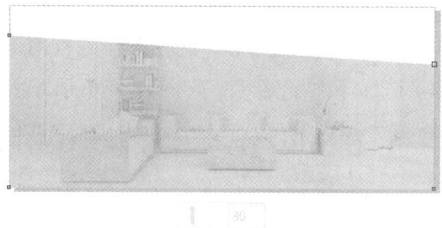

图 8-11　　　　　　　　　　　　　　　　图 8-12

（7）选择"透明度"工具，在属性栏中单击"均匀透明度"按钮，其他选项的设置如图 8-13 所示，按 Enter 键，透明效果如图 8-14 所示。

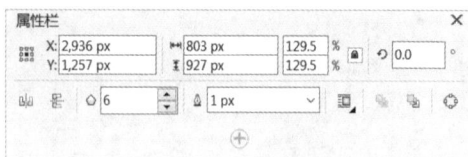

图 8-13　　　　　　　　　　　　　　　　图 8-14

（8）选择"多边形"工具，属性栏中的设置如图 8-15 所示；按住 Ctrl 键的同时在适当的位置绘制一个多边形，如图 8-16 所示。在属性栏中的"旋转角度"框中输入 90，按 Enter 键，效果如图 8-17 所示。

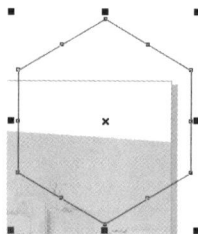

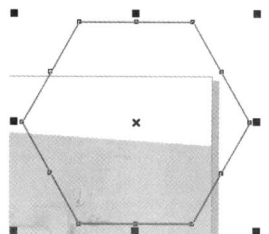

图 8-15　　　　　　　　　图 8-16　　　　　　　　图 8-17

（9）按 F12 键，弹出"轮廓笔"对话框，在"颜色"选项中设置轮廓线颜色的 RGB 值为 204、51、0，其他选项的设置如图 8-18 所示；单击"确定"按钮，效果如图 8-19 所示。在"RGB 调色板"中的"白"色块上单击，填充多边形，效果如图 8-20 所示。

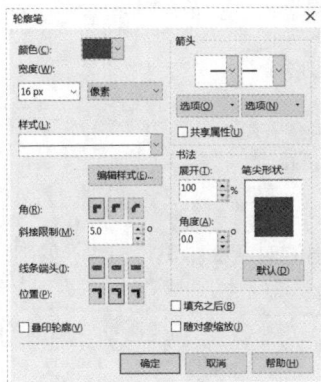
图 8-18

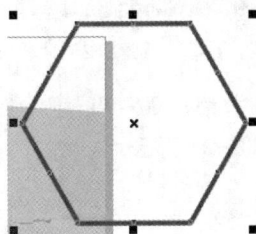
图 8-19

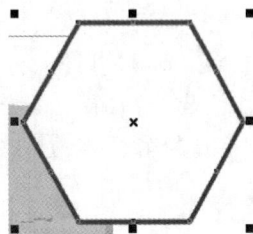
图 8-20

（10）选择"窗口 > 泊坞窗 > 圆角/扇形角/倒棱角"命令，弹出"圆角/扇形角/倒棱角"泊坞窗，选项的设置如图 8-21 所示，单击"应用"按钮，效果如图 8-22 所示。

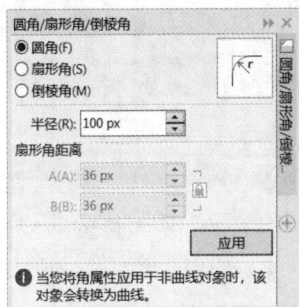
图 8-21

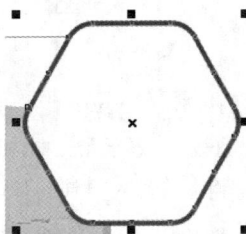
图 8-22

（11）选择"窗口 > 泊坞窗 > 变换"命令，弹出"变换"泊坞窗，单击"大小"按钮，选项的设置如图 8-23 所示，单击"应用"按钮，并去除复制的多边形的轮廓线，效果如图 8-24 所示。

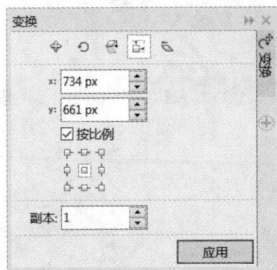
图 8-23

图 8-24

（12）按 Ctrl+I 组合键，弹出"导入"对话框，选择云盘中的"Ch08\素材\制作家具广告\02"文件，单击"导入"按钮，在绘图页面中单击，导入图片。选择"选择"工具，拖曳图片到适当的位置并调整其大小，效果如图 8-25 所示。

图 8-25

（13）选择"效果 ＞ 调整 ＞ 色度/饱和度/亮度"命令，在弹出的对话框中进行设置，如图 8-26 所示；单击"确定"按钮，效果如图 8-27 所示。

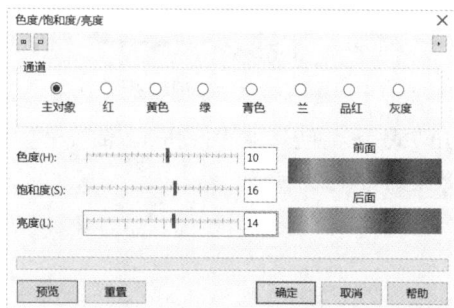

图 8-26

图 8-27

（14）按 Ctrl+PageDown 组合键将图片向后移至适当的位置，效果如图 8-28 所示。选择"对象 ＞ 图框精确剪裁 ＞ 置于图文框内部"命令，鼠标指针变为黑色箭头，如图 8-29 所示。在复制的多边形上单击，将图片置入复制的多边形中，效果如图 8-30 所示。用相同的方法绘制其他多边形，导入图片并设置图文框，效果如图 8-31 所示。

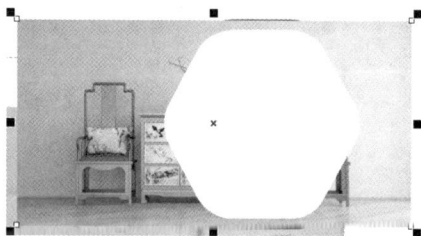

图 8-28

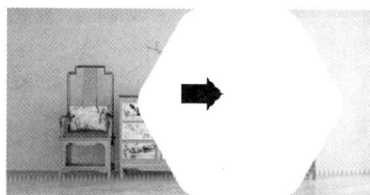

图 8-29

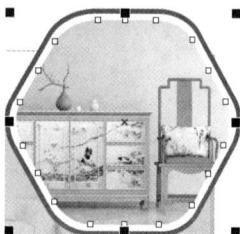

图 8-30

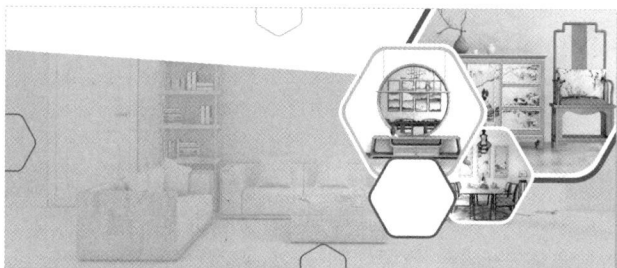

图 8-31

（15）按 Ctrl+I 组合键，弹出"导入"对话框，选择云盘中的"Ch08\素材\制作家具广告\05"文件，单击"导入"按钮，在绘图页面中单击，导入图片。选择"选择"工具，拖曳图片到适当的位置并调整其大小，效果如图 8-32 所示。家具广告制作完成，效果如图 8-33 所示。

图 8-32

图 8-33

8.1.2 导入位图

选择"文件 > 导入"命令，或按 Ctrl+I 组合键，弹出"导入"对话框，在对话框中选择需要的位图，如图 8-34 所示。

选中需要的位图后，单击"导入"按钮，鼠标指针变为，如图 8-35 所示。在绘图页面中单击，位图被导入到绘图页面中，如图 8-36 所示。

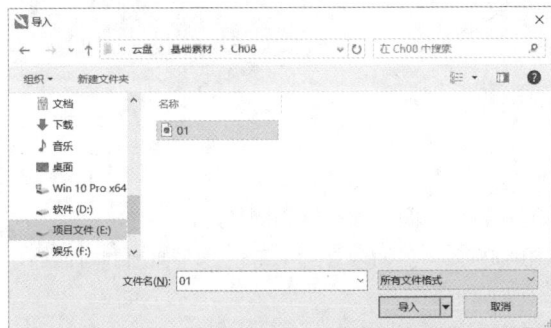

图 8-34

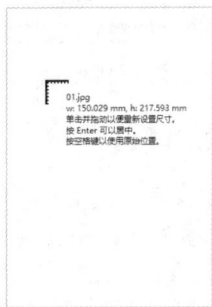

图 8-35

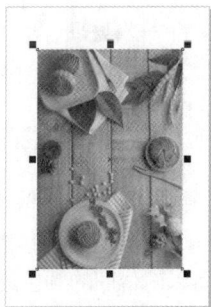

图 8-36

8.1.3 裁切位图

可以使用"形状"工具对导入的位图进行裁切，下面介绍具体的操作方法。

导入一张位图到绘图页面中，效果如图 8-37 所示。选择"形状"工具，单击位图，位图的周围出现 4 个节点，拖曳节点可以裁切位图，效果如图 8-38 所示。裁切后的位图形状可以是不规则的，如图 8-39 所示。

图 8-37

图 8-38

图 8-39

导入一张位图到绘图页面中，选择"形状"工具，单击位图，位图的周围出现 4 个节点，在位图上边缘双击可以增加节点，效果如图 8-40 所示。再单击属性栏中的"转换为曲线"按钮，转换直线为曲线，拖曳节点裁切位图，效果如图 8-41 所示。裁切的位图可以有弧形效果，如图 8-42 所示。

图 8-40

图 8-41

图 8-42

8.1.4 转换为位图

CorelDRAW X7 提供了将矢量图转换为位图的功能，下面介绍具体的操作方法。

打开一个矢量图并使其保持选取状态，选择"位图 > 转换为位图"命令，弹出"转换为位图"对话框，如图 8-43 所示。

分辨率：可以在下拉列表中选择要转换为位图的分辨率。

颜色模式：可以在下拉列表中选择要转换的颜色模式。

光滑处理：可以在转换成位图后消除位图的锯齿。

透明背景：可以在转换成位图后保留原对象的通透性。

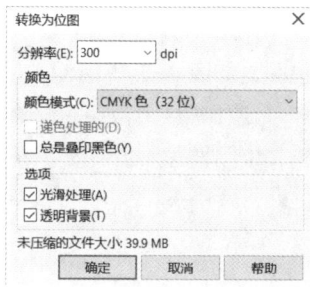

图 8-43

8.1.5 调整位图的颜色

CorelDRAW X7 可以对导入的位图进行颜色的调整，下面介绍具体的操作方法。

选中导入的位图，选择"效果 > 调整"子菜单中的命令，如图 8-44 所示，在弹出的对话框中可以对位图的颜色进行各种方式的调整。

选择"效果 > 变换"子菜单中的命令，如图 8-45 所示，在弹出的对话框中也可以对位图的颜色进行调整。

图 8-44

图 8-45

8.1.6 位图颜色模式

导入位图后，选择"位图 > 模式"子菜单中的各种颜色模式可以转换位图的颜色模式，如

图 8-46 所示。不同的颜色模式会以不同的方式对位图的颜色进行分类和显示。

1. 黑白模式

选中导入的位图，选择"位图 > 模式 > 黑白"命令，弹出"转换为 1 位"对话框，如图 8-47 所示。

在对话框顶部的导入位图预览框上单击，可以放大预览图像；单击鼠标右键，可以缩小预览图像。

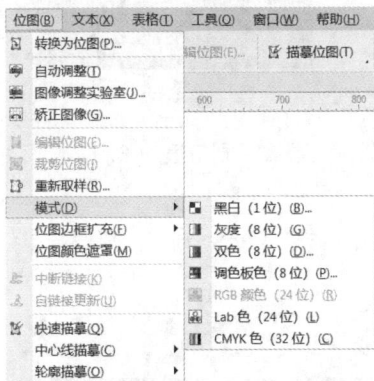

图 8-46

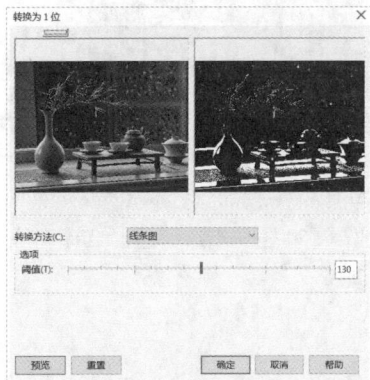

图 8-47

在对话框中打开"转换方法"下拉列表，可以在其中选择其他的转换方法。拖曳"选项"设置区中的"阈值"滑块，可以设置转换的强度。

在对话框中的"转换方法"下拉列表中选择不同的转换方法，可以使黑白位图产生不同的效果，设置完毕后单击"预览"按钮，可以预览设置的效果，单击"确定"按钮，各效果如图 8-48 所示。

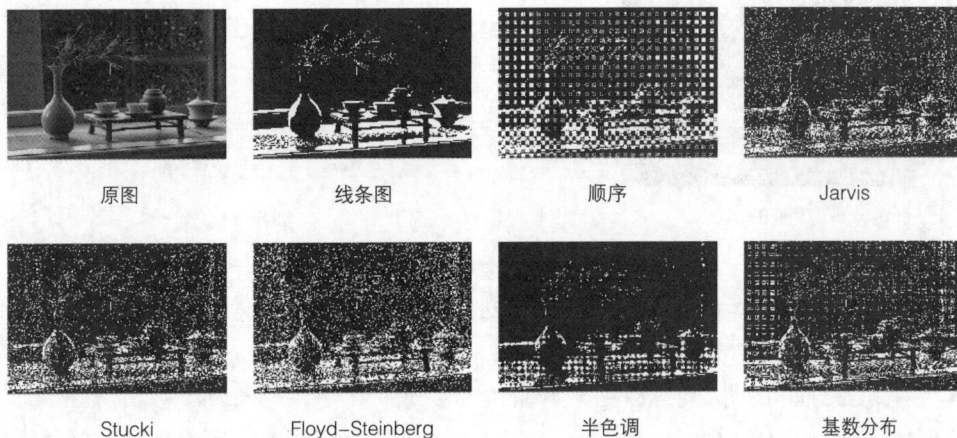

原图	线条图	顺序	Jarvis
Stucki	Floyd-Steinberg	半色调	基数分布

图 8-48

技巧

黑白模式只能用 1 位的位分辨率来记录每一个像素，而且只能显示黑白两色，因此是最简单的位图模式。

2. 灰度模式

导入的位图如图 8-49 所示。选择"位图 > 模式 > 灰度"命令，位图将转换为灰度模式，效果如图 8-50 所示。

图 8-49

图 8-50

位图转换为灰度模式后，效果和黑白照片的效果类似，位图被不同灰度填充并失去了所有颜色。

3. 双色模式

导入的位图如图 8-51 所示。选择"位图 > 模式 > 双色"命令，弹出"双色调"对话框，如图 8-52 所示。

图 8-51

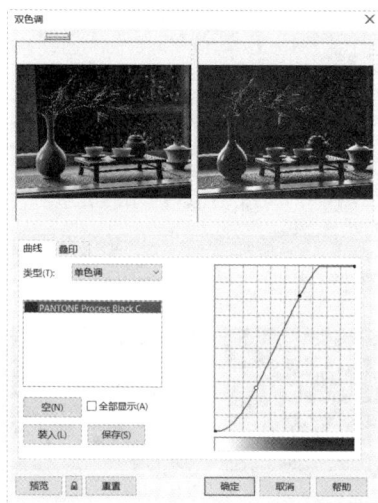

图 8-52

在对话框中打开"类型"下拉列表，可以在其中选择其他的色调模式。

单击"装入"按钮，在弹出的对话框中可以装入原来保存的双色调效果。单击"保存"按钮，在弹出的对话框中可以将设置好的双色调效果保存。

拖曳右侧显示框中的曲线可以设置双色调的色阶变化。

在双色调的色标 □ PANTONE Process Yellow C 上双击，如图 8-53 所示，弹出"选择颜色"对话框，在"选择颜色"对话框中选择要替换的颜色，如图 8-54 所示，单击"确定"按钮，将双色调的颜色替换，如图 8-55 所示。

设置完毕，单击"预览"按钮，可以预览双色调效果，单击"确定"按钮，双色调位图的效果如图 8-56 所示。

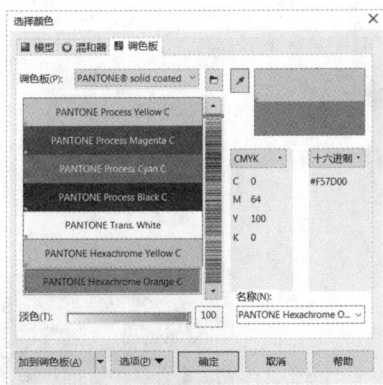
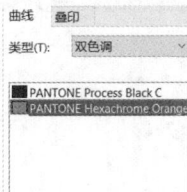

| 图 8-53 | 图 8-54 | 图 8-55 | 图 8-56 |

4. 调色板色模式

选中导入的位图，选择"位图 > 模式 > 调色板色"命令，弹出"转换至调色板色"对话框，如图 8-57 所示。

在对话框中拖曳"平滑"滑块可以设置位图颜色的平滑程度。打开"调色板"下拉列表，可以在其中选择调色板的类型。打开"递色处理的"下拉列表，可以在其中选择底色的类型。拖曳"抵色强度"滑块可以设置位图底色的抖动程度。"颜色"选项可以控制颜色数。打开"预设"下拉列表，可以在其中选择预设的效果。

在"调色板"下拉列表中选择"更多调色板"选项，弹出"调色板管理器"对话框，在对话框中可以选择需要的调色板，如图 8-58 所示，选择完毕后单击"确定"按钮。"转换至调色板色"对话框的设置如图 8-59 所示。

设置完毕后单击"预览"按钮，可以预览调色板色效果，单击"确定"按钮，调色板色位图的效果如图 8-60 所示。

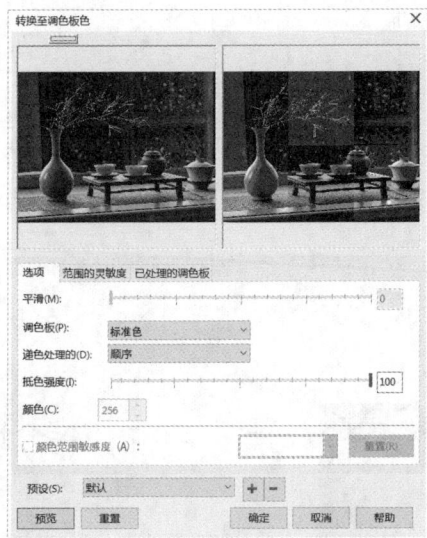

| 图 8-57 | 图 8-58 |

图 8-59

图 8-60

8.2 使用滤镜

CorelDRAW X7 提供了多种滤镜，可以对位图进行各种效果的处理。灵活使用位图的滤镜可以为设计的作品增色。下面具体介绍滤镜的使用方法。

8.2.1 课堂案例——制作艺术画

案例学习目标

学习使用编辑位图命令和"文本"工具制作艺术画。

案例知识要点

使用"导入"命令、"高斯式模糊"命令、"调色刀"命令、"风吹效果"命令和"天气"命令添加和编辑背景图片，使用"矩形"工具和"置于图文框内部"命令制作背景效果，使用"文本"工具添加文字。艺术画效果如图 8-61 所示。

效果所在位置

云盘\Ch08\效果\制作艺术画.cdr。

图 8-61

微课视频
扫码观看
本案例视频

（1）按 Ctrl+N 组合键，弹出"创建新文档"对话框，新建一个绘图页面。在属性栏中的"页面度量"选项中设置宽度为 285 mm，高度为 210 mm，按 Enter 键，绘图页面显示为设置的大小。

（2）按 Ctrl+I 组合键，弹出"导入"对话框，选择云盘中的"Ch08\素材\制作艺术画\01"文件，单击"导入"按钮，在绘图页面外单击，导入图片，如图 8-62 所示。

（3）选择"位图 > 模糊 > 高斯式模糊"命令，在弹出的对话框中进行设置，如图 8-63 所示；单击"确定"按钮，效果如图 8-64 所示。

图 8-62 　　　　　　　　　　　图 8-63 　　　　　　　　　　　图 8-64

（4）选择"位图 > 艺术笔触 > 调色刀"命令，在弹出的对话框中进行设置，如图 8-65 所示；单击"确定"按钮，效果如图 8-66 所示。

图 8-65 　　　　　　　　　　　　　　　　图 8-66

（5）选择"位图 > 扭曲 > 风吹效果"命令，在弹出的对话框中进行设置，如图 8-67 所示；单击"确定"按钮，效果如图 8-68 所示。

图 8-67 　　　　　　　　　　　　　　　　图 8-68

（6）选择"位图 > 创造性 > 天气"命令，在弹出的对话框中进行设置，如图 8-69 所示；单击"确定"按钮，效果如图 8-70 所示。

图 8-69

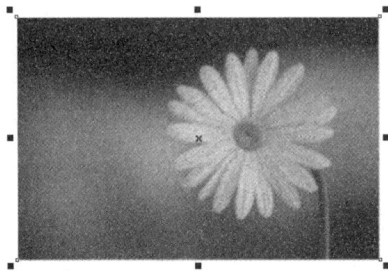

图 8-70

（7）选择"选择"工具，拖曳图片到绘图页面中适当的位置，效果如图 8-71 所示。选择"矩形"工具，在适当的位置绘制一个矩形，如图 8-72 所示。

图 8-71

图 8-72

（8）选择"选择"工具，选取图片，选择"对象 > 图框精确剪裁 > 置于图文框内部"命令，鼠标指针变为黑色箭头，如图 8-73 所示，在矩形上单击，将图片置入矩形中，并去除矩形的轮廓线，效果如图 8-74 所示。

图 8-73

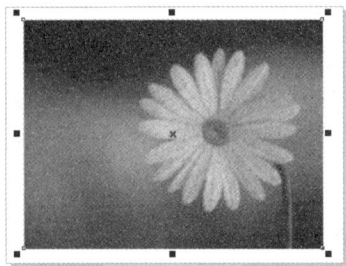

图 8-74

（9）按 Ctrl+I 组合键，弹出"导入"对话框，选择云盘中的"Ch08\素材\制作艺术画\02"文件，单击"导入"按钮，在绘图页面中单击，导入图片。选择"选择"工具，拖曳图片到适当的位置，效果如图 8-75 所示。

（10）选择"文本"工具 ，在适当的位置分别输入需要的文字。选择"选择"工具 ，在属性栏中分别选取适当的字体并设置字体大小；将输入的文字同时选取，填充为白色，效果如图 8-76 所示。在属性栏中的"旋转角度"框 中输入 13.5，按 Enter 键，效果如图 8-77 所示。艺术画制作完成。

| 图 8-75 | 图 8-76 | 图 8-77 |

8.2.2　三维效果

"位图 > 三维效果"子菜单中的命令如图 8-78 所示。CorelDRAW X7 提供了 7 种不同的三维效果，下面介绍几种常用的三维效果。

图 8-78

1．三维旋转

选中导入的位图，选择"位图 > 三维效果 > 三维旋转"命令，弹出"三维旋转"对话框，单击对话框中的 按钮，显示对照预览框，如图 8-79 所示，左侧预览框显示的是位图原始效果，右侧预览框显示的是完成各项设置后的位图效果。

对话框中部分选项和按钮的含义如下。

：拖动立方体图标可以设定位图的旋转角度。

垂直：可以设置位图绕垂直轴旋转的角度。

水平：可以设置位图绕水平轴旋转的角度。

最适合：经过三维旋转后的位图尺寸将接近原来的位图尺寸。

预览：预览设置后的三维旋转效果。

重置：恢复为默认设置。

2．柱面

选中导入的位图，选择"位图 > 三维效果 > 柱面"命令，弹出"柱面"对话框，单击对话框中的 按钮，显示对照预览框，如图 8-80 所示。

对话框中部分选项的含义如下。

柱面模式：可以选择"水平"模式或"垂直的"模式。

百分比：可以设置"水平"模式或"垂直的"模式的百分比。

图 8-79

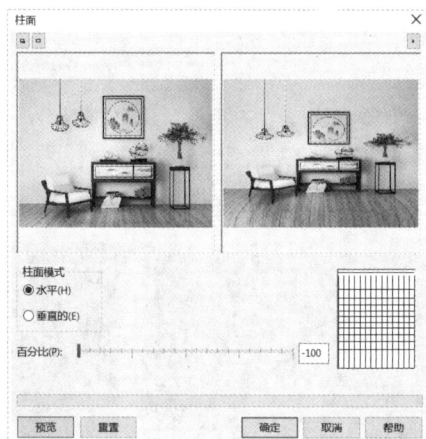

图 8-80

3. 卷页

选中导入的位图，选择"位图 > 三维效果 > 卷页"命令，弹出"卷页"对话框，单击对话框中的▣按钮，显示对照预览框，如图 8-81 所示。

对话框中部分选项和按钮的含义如下。

▦：4 个卷页类型按钮，可以设置位图卷起页角的位置。

定向：包含"垂直的"和"水平"两个单选项，可以设置卷页效果的卷起边缘。

纸张：包含"不透明"和"透明的"两个单选项，可以设置卷页部分是否透明。

卷曲：可以设置卷页颜色。

背景：可以设置卷页后面的背景颜色。

宽度%：可以设置卷页的宽度。

高度%：可以设置卷页的高度。

4. 球面

选中导入的位图，选择"位图 > 三维效果 > 球面"命令，弹出"球面"对话框，单击对话框中的▣按钮，显示对照预览框，如图 8-82 所示。

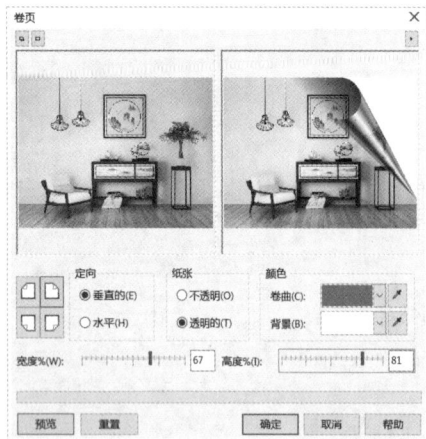

图 8-81

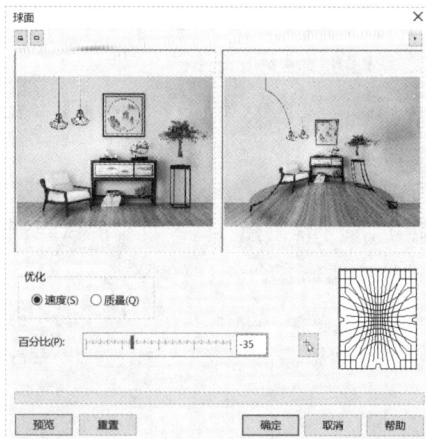

图 8-82

对话框中各选项和按钮的含义如下。

优化：可以选择"速度"或"质量"单选项。

百分比：可以控制位图球面化的程度。

🔧：用来在预览框中设定变形的中心点。

8.2.3　艺术笔触

"位图 > 艺术笔触"子菜单中的命令如图 8-83 所示。CorelDRAW X7 提供了 14 种不同的艺术笔触。下面介绍常用的几种艺术笔触。

图 8-83

1．炭笔画

选中导入的位图，选择"位图 > 艺术笔触 > 炭笔画"命令，弹出"炭笔画"对话框，单击对话框中的🔲按钮，显示对照预览框，如图 8-84 所示。

对话框中各选项的含义如下。

大小：可以设置位图炭笔画的像素大小。

边缘：可以设置位图炭笔画的黑白度。

2．印象派

选中导入的位图，选择"位图 > 艺术笔触 > 印象派"命令，弹出"印象派"对话框，单击对话框中的🔲按钮，显示对照预览框，如图 8-85 所示。

对话框中各选项的含义如下。

样式：选择"笔触"或"色块"单选项会得到不同的印象派效果。

笔触：可以设置印象派效果笔触大小及强度。

着色：可以调整印象派效果的颜色，数值越大，颜色越重。

亮度：可以对印象派效果的亮度进行调节。

图 8-84

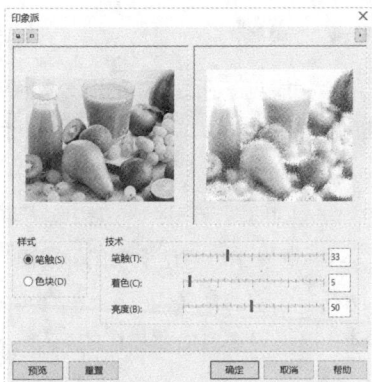

图 8-85

3．调色刀

选中导入的位图，选择"位图 > 艺术笔触 > 调色刀"命令，弹出"调色刀"对话框，单击对话框中的🔲按钮，显示对照预览框，如图 8-86 所示。

对话框中各选项的含义如下。

刀片尺寸：可以设置笔触的锋利程度，数值越小，笔触越锋利，位图的刻画效果越明显。

柔软边缘：可以设置笔触的坚硬程度，数值越大，位图的刻画效果越平滑。

角度：可以设置笔触的角度。

4. 素描

选中导入的位图，选择"位图 > 艺术笔触 > 素描"命令，弹出"素描"对话框，单击对话框中的█按钮，显示对照预览框，如图 8-87 所示。

对话框中各选项的含义如下。

铅笔类型：可选择"碳色"或"颜色"类型，不同的类型可以产生不同的素描效果。

样式：可以设置石墨或彩色素描效果的平滑度。

笔芯：可以设置素描效果的精细和粗糙程度。

轮廓：可以设置素描效果的轮廓线宽度。

图 8-86

图 8-87

8.2.4　模糊

"位图 > 模糊"子菜单中的命令如图 8-88 所示。CorelDRAW X7 提供了 10 种不同的模糊效果。下面介绍其中两种常用的模糊效果。

图 8-88

1. 高斯式模糊

选中导入的位图，选择"位图 > 模糊 > 高斯式模糊"命令，弹出"高斯式模糊"对话框，单击对话框中的█按钮，显示对照预览框，如图 8-89 所示。

对话框中选项的含义如下。

半径：可以设置高斯式模糊的程度。

2. 缩放

选中导入的位图，选择"位图 > 模糊 > 缩放"命令，弹出"缩放"对话框，单击对话框中的█按钮，显示对照预览框，如图 8-90 所示。

对话框中各选项和按钮的含义如下。

█：在左侧预览框中单击，可以确定移动模糊的中心位置。

数量：可以设定位图的模糊程度。

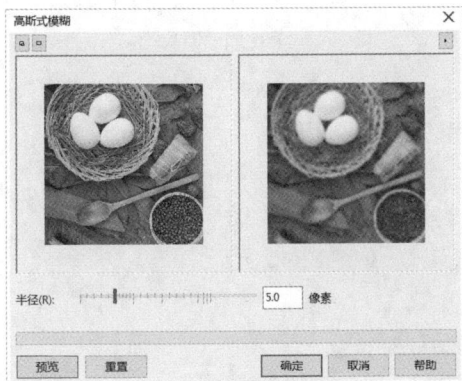

图 8-89

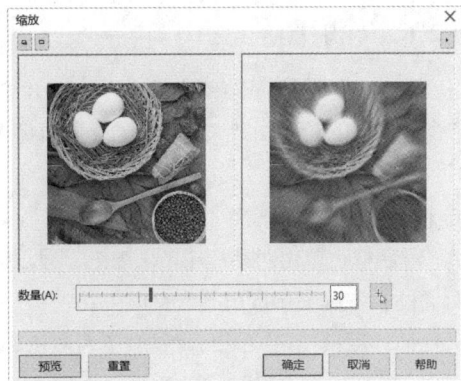

图 8-90

8.2.5 颜色转换

"位图 > 颜色转换"子菜单中的命令如图 8-91 所示。CorelDRAW X7 提供了 4 种不同的颜色转换效果。下面介绍其中两种常用的颜色转换效果。

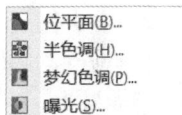

图 8-91

1. 半色调

选中导入的位图，选择"位图 > 颜色转换 > 半色调"命令，弹出"半色调"对话框，单击对话框中的 ▣ 按钮，显示对照预览框，如图 8-92 所示。

对话框中各选项的含义如下。

青、品红、黄、黑：可以设定颜色通道的网角值。

最大点半径：可以设定网点的大小。

2. 曝光

选中导入的位图，选择"位图 > 颜色转换 > 曝光"命令，弹出"曝光"对话框，单击对话框中的 ▣ 按钮，显示对照预览框，如图 8-93 所示。

对话框中选项的含义如下。

层次：可以设定曝光的强度，数值大时曝光过度，数值小则曝光不足。

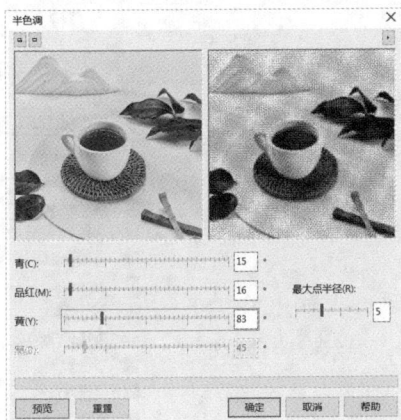

图 8-92

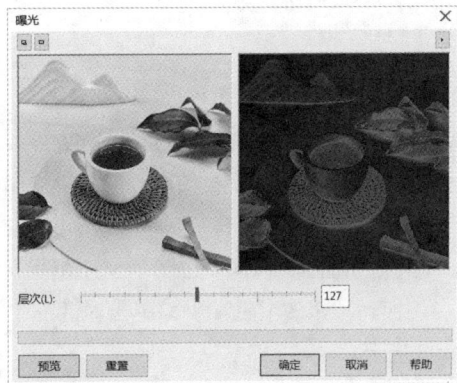

图 8-93

8.2.6 轮廓图

"位图 > 轮廓图"子菜单中的命令如图 8-94 所示。CorelDRAW X7 提供了 3 种不同的轮廓图效果。下面介绍其中两种常用的轮廓图效果。

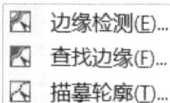

图 8-94

1. 边缘检测

选中导入的位图，选择"位图 > 轮廓图 > 边缘检测"命令，弹出"边缘检测"对话框，单击对话框中的回按钮，显示对照预览框，如图 8-95 所示。

对话框中各选项和按钮的含义如下。

背景色：用来设定位图的背景颜色为白色、黑色或其他颜色。

☑：可以在位图中吸取背景颜色。

灵敏度：用来设定探测边缘的灵敏度。

2. 查找边缘

选中导入的位图，选择"位图 > 轮廓图 > 查找边缘"命令，弹出"查找边缘"对话框，单击对话框中的回按钮，显示对照预览框，如图 8-96 所示。

对话框中各选项的含义如下。

边缘类型：有"软"和"纯色"两种类型，选择不同的类型会得到不同的效果。

层次：可以设定效果的纯度。

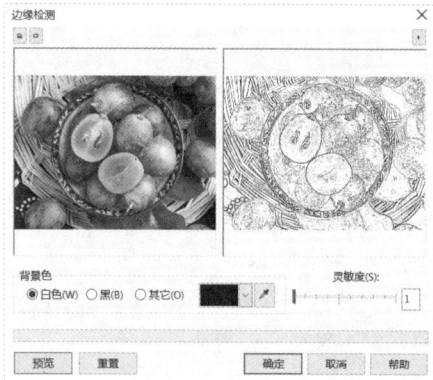

图 8-95

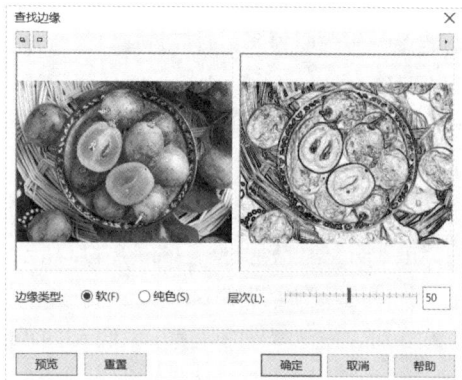

图 8-96

8.2.7 创造性

"位图 > 创造性"子菜单中的命令如图 8-97 所示。CorelDRAW X7 提供了 14 种不同的创造性效果。下面介绍几种常用的创造性效果。

1. 框架

选中导入的位图，选择"位图 > 创造性 > 框架"命令，弹出"框架"对话框，切换到"修改"选项卡，单击对话框中的回按钮，显示对照预览框，如图 8-98 所示。

对话框中各选项卡的含义如下。

"选择"选项卡：用来选择框架，并为选取的列表添加新框架。

图 8-97

"修改"选项卡：用来对框架进行修改。此选项卡中各选项和按钮的含义如下。

颜色、不透明：用来设定框架的颜色和透明度。

模糊/羽化：用来设定框架边缘的模糊及羽化程度。

调和：用来选择框架与位图的混合方式。

水平、垂直：用来设定框架的大小比例。

旋转：用来设定框架的旋转角度。

翻转：用来将框架垂直或水平翻转。

对齐：用来在预览窗口中设定框架效果的中心点。

回到中心位置：用来在预览窗口中重新设定中心点。

2. 马赛克

选中导入的位图，选择"位图 > 创造性 > 马赛克"命令，弹出"马赛克"对话框，单击对话框中的▣按钮，显示对照预览框，如图 8-99 所示。

对话框中各选项的含义如下。

大小：设置马赛克显示的大小。

背景色：设置马赛克的背景颜色。

虚光：为马赛克位图添加模糊的羽化框架。

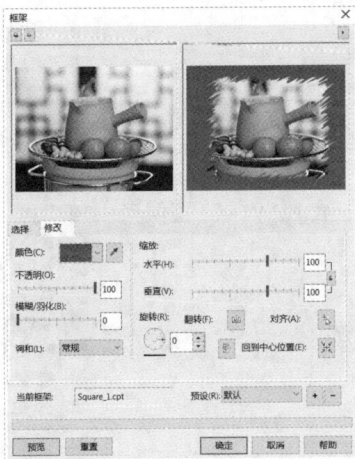

图 8-98

图 8-99

3. 彩色玻璃

选中导入的位图，选择"位图 > 创造性 > 彩色玻璃"命令，弹出"彩色玻璃"对话框，单击对话框中的▣按钮，显示对照预览框，如图 8-100 所示。

对话框中各选项的含义如下。

大小：设定彩色玻璃块的大小。

光源强度：设定彩色玻璃光源的强度。强度越小，显示越暗；强度越大，显示越亮。

焊接宽度：设定彩色玻璃块焊接处的宽度。

焊接颜色：设定彩色玻璃块焊接处的颜色。

三维照明：显示彩色玻璃位图的三维照明效果。

4．虚光

选中导入的位图，选择"位图 > 创造性 > 虚光"命令，弹出"虚光"对话框，单击对话框中的囗按钮，显示对照预览框，如图 8-101 所示。

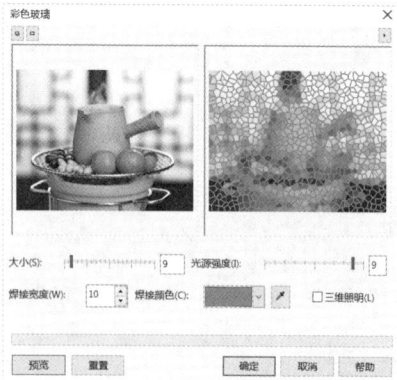

图 8-100

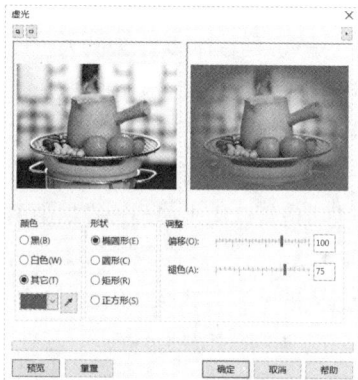

图 8-101

对话框中各选项的含义如下。

颜色：设定光照的颜色。

形状：设定光照的形状。

偏移：设定框架的大小。

褪色：设定位图与虚光框架的混合程度。

8.2.8 扭曲

"位图 > 扭曲"子菜单中的命令如图 8-102 所示。CorelDRAW X7 提供了 11 种不同的扭曲效果。下面介绍几种常用的扭曲效果。

1．块状

选中导入的位图，选择"位图 > 扭曲 > 块状"命令，弹出"块状"对话框，单击对话框中的囗按钮，显示对照预览框，如图 8-103 所示。

对话框中各选项的含义如下。

未定义区域：在其下拉列表中可以设定背景部分的颜色。

块宽度、块高度：设定块的尺寸大小。

最大偏移：设定块的打散程度。

2．置换

选中导入的位图，选择"位图 > 扭曲 > 置换"命令，弹出"置换"对话框，单击对话框中的囗按钮，显示对照预览框，如图 8-104 所示。

对话框中各选项和按钮的含义如下。

缩放模式：可以选择"平铺"或"伸展适合"模式。

▨：可以选择置换的图形。

图 8-102

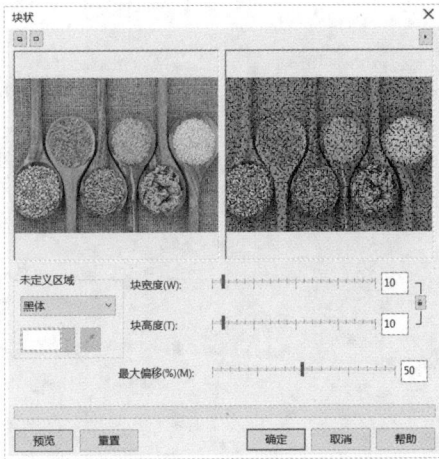

图 8-103

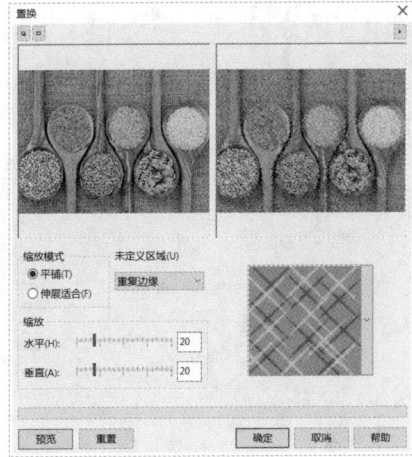

图 8-104

3．像素

选中导入的位图，选择"位图 > 扭曲 > 像素"命令，弹出"像素"对话框，单击对话框中的▣按钮，显示对照预览框，如图 8-105 所示。

对话框中各选项的含义如下。

像素化模式：当选择"射线"模式时，可以在预览框中设定像素化的中心点。

宽度、高度：设定像素色块的大小。

不透明：设定像素色块的不透明度，数值越小，色块就越透明。

4．龟纹

选中导入的位图，选择"位图 > 扭曲 > 龟纹"命令，弹出"龟纹"对话框，单击对话框中的▣按钮，显示对照预览框，如图 8-106 所示。

对话框中选项的含义如下。

周期、振幅：默认的波纹是与位图的顶端和底端平行的。拖曳这两个滑块，可以分别设定波纹的周期和振幅，在右边可以看到波纹的形状。

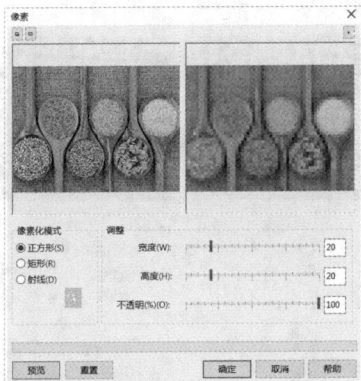

图 8-105

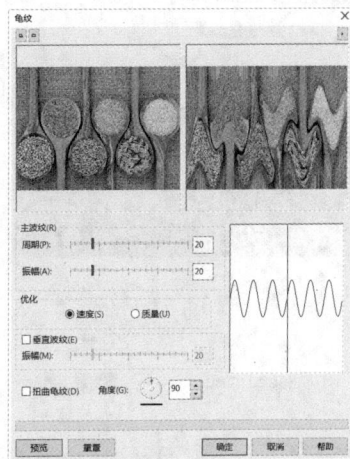

图 8-106

8.2.9　杂点

"位图 > 杂点"子菜单中的命令如图 8-107 所示。CorelDRAW X7 提供了 6 种不同的杂点效果。下面介绍其中两种常用的杂点效果。

图 8-107

1．添加杂点

选中导入的位图，选择"位图 > 杂点 > 添加杂点"命令，弹出"添加杂点"对话框，单击对话框中的◨按钮，显示对照预览框，如图 8-108 所示。

对话框中各选项的含义如下。

杂点类型：用来设定要添加的杂点类型，有"高斯式""尖突""均匀"3 种类型。"高斯式"类型沿着高斯曲线添加杂点；"尖突"类型比"高斯式"类型添加的杂点少，常用来生成较亮的杂点区域；"均匀"类型可在位图上相对地添加杂点。

层次、密度：可以设定杂点对颜色及亮度的影响范围及杂点的密度。

颜色模式：用来设定杂点的模式，在颜色下拉列表中可以选择杂点的颜色。

2．去除龟纹

选中导入的位图，选择"位图 > 杂点 > 去除龟纹"命令，弹出"去除龟纹"对话框，单击对话框中的◨按钮，显示对照预览框，如图 8-109 所示。

对话框中各选项的含义如下。

数量：设定龟纹的数量。

优化：有"速度"和"质量"两个单选项。

输出：设定新的分辨率。

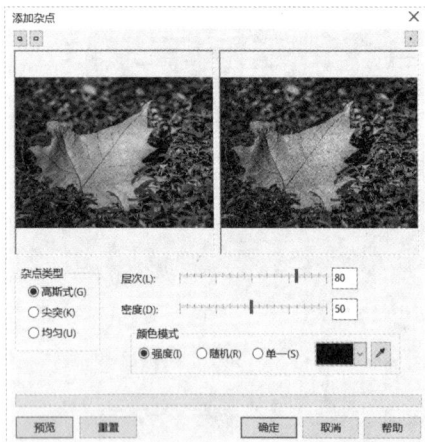

图 8-108

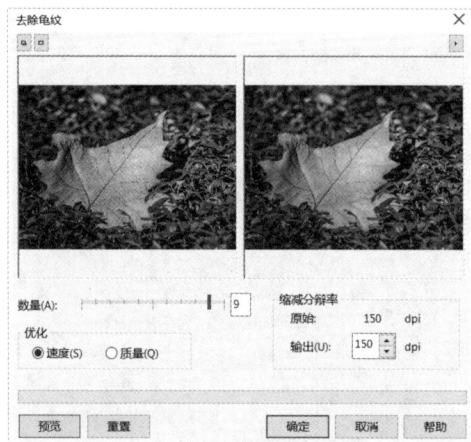

图 8-109

8.2.10 鲜明化

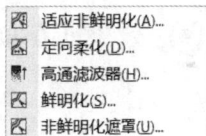

图 8-110

"位图 > 鲜明化"子菜单中的命令如图 8-110 所示。CorelDRAW X7 提供了 5 种不同的鲜明化效果。下面介绍其中两种主要的鲜明化效果。

1. 高通滤波器

选中导入的位图，选择"位图 > 鲜明化 > 高通滤波器"命令，弹出"高通滤波器"对话框，单击对话框中的◨按钮，显示对照预览框，如图 8-111 所示。

对话框中各选项的含义如下。

百分比：设定鲜明化效果的程度。

半径：设定应用效果的像素范围。

2. 非鲜明化遮罩

选中导入的位图，选择"位图 > 鲜明化 > 非鲜明化遮罩"命令，弹出"非鲜明化遮罩"对话框，单击对话框中的◨按钮，显示对照预览框，如图 8-112 所示。

对话框中各选项的含义如下。

百分比：设定非鲜明化遮罩效果的程度。

半径：设定应用效果的像素范围。

阈值：设定锐化效果的强弱，其数值越小，效果就越明显。

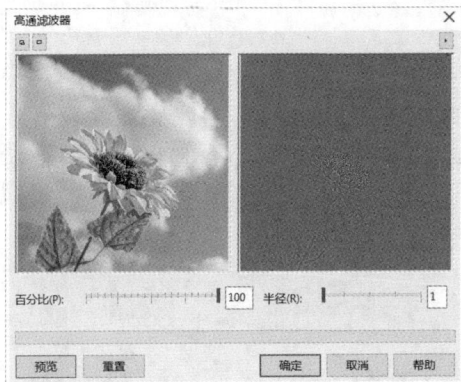

图 8-111

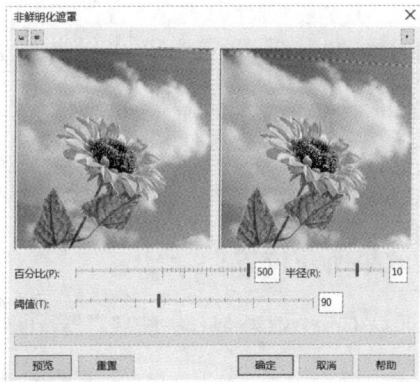

图 8-112

课堂练习——制作美食宣传海报

🔗 练习知识要点

使用"导入"命令添加素材图片，使用"矩形"工具、"添加杂点"命令、"蚀刻"命令、"转换为曲线"按钮、"形状"工具制作底图，使用"透明度"工具为图片添加半透明效果，使用"色度/饱和度/亮度"命令调整图片色调，使用"文本"工具、"文本属性"泊坞窗添加宣传文字，效果如图 8-113 所示。

⊙ 效果所在位置

云盘\Ch08\效果\制作美食宣传海报.cdr。

微课视频

扫码观看
本案例视频

图 8-113

课后习题——制作护肤品广告

🔗 习题知识要点

使用"导入"命令添加素材图片，使用"色度/饱和度/亮度"命令、"亮度/对比度/强度"命令调整图片色调，使用"文本"工具、"文本属性"泊坞窗、"插入字符"命令添加宣传语，使用"矩形"工具、"转角半径"选项、"渐变填充"按钮绘制装饰图形，效果如图 8-114 所示。

⊙ 效果所在位置

云盘\Ch08\效果\制作护肤品广告.cdr。

微课视频

扫码观看
本案例视频

图 8-114

09

第 9 章
应用特殊效果

本章介绍

　　CorelDRAW X7 提供了多种特殊效果工具和命令，通过使用这些工具和命令，可以制作出丰富的图形特效。通过对本章内容的学习，读者可以了解并掌握如何应用特殊效果制作出丰富多彩的图形特效。

学习目标

- ✔ 掌握图框精确剪裁的方法。
- ✔ 掌握色调的调整方法。
- ✔ 掌握特殊效果的制作方法。

技能目标

- ✔ 掌握"霜降节气海报"的制作方法。
- ✔ 掌握"特效文字"的制作方法。
- ✔ 掌握"旅游公众号封面首图"的制作方法
- ✔ 掌握"咖啡标识"的绘制方法

素养目标

- ✔ 通过调整和组合特殊效果，培养创意制作能力。
- ✔ 通过应用特殊效果，提高对美学和视觉表现的敏感度。
- ✔ 通过对特殊效果的实践应用，激发创造力和想象力。

9.1 图框精确剪裁和色调的调整

在 CorelDRAW X7 中，使用"图框精确剪裁"命令可以将一个对象内置于另外一个容器对象中。内置对象可以是任意的，但容器对象必须是创建的封闭路径。使用色调调整命令可以调整对象。本节具体讲解如何置入对象和调整对象的色调。

9.1.1 课堂案例——制作霜降节气海报

案例学习目标

学习使用"图框精确剪裁"命令和"文本"工具制作霜降节气海报。

案例知识要点

使用"椭圆形"工具、"高斯式模糊"命令、"导入"命令、"置于图文框内部"命令制作图框剪裁效果，使用"文本"工具、"文本属性"泊坞窗添加标题文字。霜降节气海报的效果如图 9-1 所示。

效果所在位置

云盘\Ch09\效果\制作霜降节气海报.cdr。

图 9-1

微课视频
扫码观看
本案例视频

（1）按 Ctrl+O 组合键，弹出"打开绘图"对话框，选择云盘中的"Ch09\素材\制作霜降节气海报\01"文件，单击"打开"按钮，打开文件，效果如图 9-2 所示。

（2）选择"椭圆形"工具○，按住 Ctrl 键的同时在适当的位置绘制一个圆形，填充圆形为白色，并去除圆形的轮廓线，效果如图 9-3 所示。按 Ctrl+C 组合键，复制圆形（此圆形作为备用）。

图 9-2

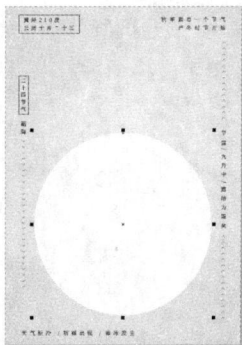

图 9-3

（3）选择"位图 > 模糊 > 高斯式模糊"命令，在弹出的对话框中进行设置，如图 9-4 所示。单击"确定"按钮，效果如图 9-5 所示。

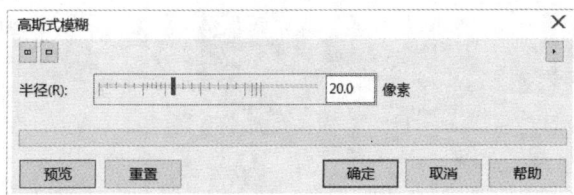

图 9-4

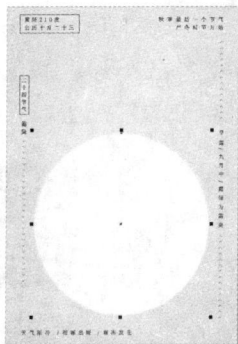

图 9-5

（4）按 Ctrl+V 组合键粘贴备用圆形，在"CMYK 调色板"中的"黑"色块上单击鼠标右键，填充备用圆形的轮廓线，效果如图 9-6 所示。

（5）按 Ctrl+I 组合键，弹出"导入"对话框，选择云盘中的"Ch09\素材\制作霜降节气海报\02"文件，单击"导入"按钮，在绘图页面中单击，导入图片。选择"选择"工具 ，拖曳图片到适当的位置并调整其大小，效果如图 9-7 所示。按 Ctrl+PageDown 组合键将图片向后移一层，效果如图 9-8 所示。

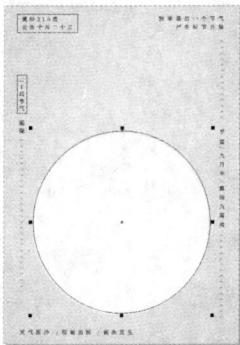

图 9-6

图 9-7

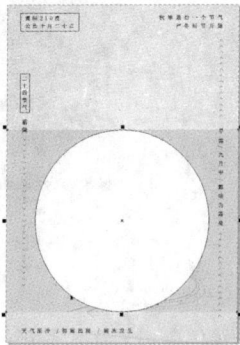

图 9-8

（6）选择"对象 ＞ 图框精确剪裁 ＞ 置于图文框内部"命令，鼠标指针变为黑色箭头，如图 9-9 所示，在备用圆形上单击，将图片置入备用圆形中，效果如图 9-10 所示。

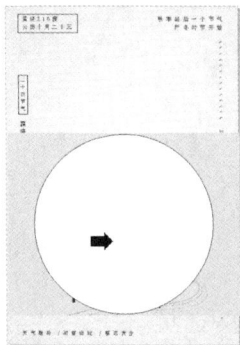

图 9-9

图 9-10

（7）按 Ctrl+I 组合键，弹出"导入"对话框，选择云盘中的"Ch09\素材\制作霜降节气海报\03、04"文件，单击"导入"按钮，在绘图页面中分别单击，导入图片。选择"选择"工具，分别拖曳图片到适当的位置并调整其大小，效果如图 9-11 所示。选取下方的图片，如图 9-12 所示。

图 9-11

图 9-12

（8）选择"对象 ＞ 图框精确剪裁 ＞ 置于图文框内部"命令，鼠标指针变为黑色箭头，如图 9-13 所示，在文字上单击，将图片置入文字中，效果如图 9-14 所示。

图 9-13

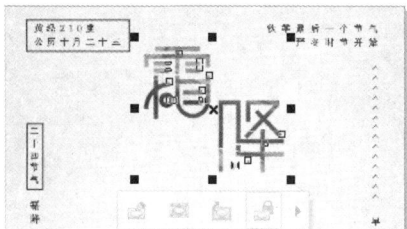

图 9-14

（9）选择"文本"工具，在适当的位置输入需要的文字。选择"选择"工具，在属性栏中选取适当的字体并设置字体大小，效果如图 9-15 所示。

（10）选择"文本 ＞ 文本属性"命令，在弹出的"文本属性"泊坞窗中进行设置，如图 9-16

所示。按 Enter 键，效果如图 9-17 所示。

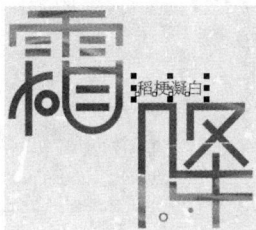

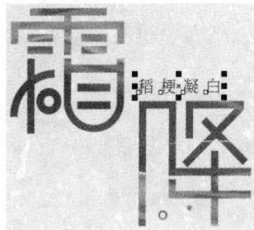

图 9-15　　　　　　　　　图 9-16　　　　　　　　　图 9-17

（11）按 Ctrl+I 组合键，弹出"导入"对话框，选择云盘中的"Ch09\素材\制作霜降节气海报\05"文件，单击"导入"按钮，在绘图页面中单击，导入图片。选择"选择"工具，拖曳图片到适当的位置并调整其大小，效果如图 9-18 所示。

（12）选择"文本"工具，在适当的位置分别输入需要的文字。选择"选择"工具，在属性栏中分别选取适当的字体并设置字体大小，单击"将文本更改为垂直方向"按钮，更改文本排列方向，效果如图 9-19 所示。选取左侧文本"霜降"，填充文本为白色，效果如图 9-20 所示。

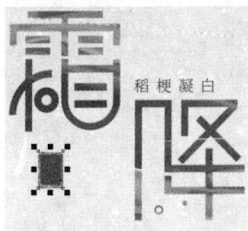

图 9-18　　　　　　　　　图 9-19　　　　　　　　　图 9-20

（13）选取右侧需要的文字，"文本属性"泊坞窗中参数的设置如图 9-21 所示。按 Enter 键，效果如图 9-22 所示。霜降节气海报制作完成，效果如图 9-23 所示。

图 9-21　　　　　　　　　图 9-22　　　　　　　　　图 9-23

9.1.2　图框精确剪裁效果

导入一张图片，再绘制一个图形作为容器对象，使用"选择"工具选中要内置的图形，效果如

图 9-24 所示。

选择"对象 > 图框精确剪裁 > 置于图文框内部"命令，鼠标指针变为黑色箭头，将箭头放在容器对象内，如图 9-25 所示，单击鼠标左键，完成图框的精确剪裁，效果如图 9-26 所示。内置图片的中心和容器对象的中心是重合的。

| 图 9-24 | 图 9-25 | 图 9-26 |

选择"对象 > 图框精确剪裁 > 提取内容"命令，可以将容器对象内的内置对象提取出来。

选择"对象 > 图框精确剪裁 > 编辑 PowerClip"命令，可以修改内置对象。

选择"对象 > 图框精确剪裁 > 结束编辑"命令，完成对内置对象的修改。

选择"对象 > 图框精确剪裁 > 复制 PowerClip 自"命令，鼠标指针变为黑色箭头，将箭头放在图框精确剪裁对象上并单击，可复制内置对象。

9.1.3 调整亮度、对比度和强度

导入一个图形，如图 9-27 所示。选择"效果 > 调整 > 亮度/对比度/强度"命令，或按 Ctrl+B 组合键，弹出"亮度/对比度/强度"对话框，拖曳滑块可以设置各选项的数值，如图 9-28 所示，调整完成后单击"确定"按钮，图形色调的调整效果如图 9-29 所示。

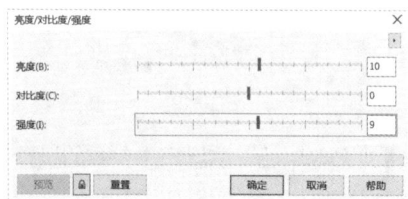

| 图 9-27 | 图 9-28 | 图 9-29 |

"亮度"选项：可以调整图形颜色的深浅。

"对比度"选项：可以调整图形颜色的对比度，也就是调整最浅颜色和最深颜色之间的颜色差。

"强度"选项：可以调整图形浅色区域的亮度，同时不降低深色区域的亮度。

"预览"按钮：可以预览色调的调整效果。

"重置"按钮：可以重新调整色调。

9.1.4 调整颜色平衡

导入一个图形，如图 9-30 所示。选择"效果 > 调整 > 颜色平衡"命令，或按 Ctrl+Shift+B 组合键，弹出"颜色平衡"对话框，拖曳滑块可以设置部分选项的数值，如图 9-31 所示。调整完成后单击"确定"按钮，图形色调的调整效果如图 9-32 所示。

在对话框的"范围"设置区中有 4 个复选框，可以共同或分别设置对象的颜色调整范围。

"阴影"复选框：可以对图形阴影区域的颜色进行调整。

"中间色调"复选框：可以对图形中间色调的颜色进行调整。

"高光"复选框：可以对图形高光区域的颜色进行调整。

图 9-30

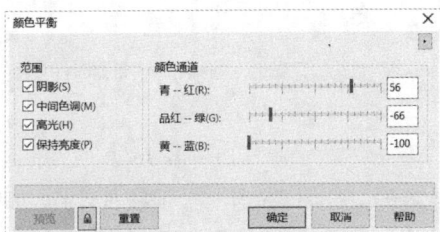

图 9-31

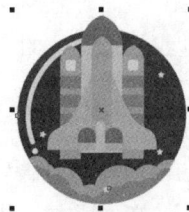

图 9-32

"保持亮度"复选框：可以在对图形进行颜色调整的同时保持图形的亮度。

"青--红"选项：可以在图形中添加青色和红色。数值大于 0 时，向右移动滑块将加深红色，数值小于 0 时，向左移动滑块将加深青色。

"品红--绿"选项：可以在图形中添加品红色和绿色。数值大于 0 时，向右移动滑块将加深绿色，数值小于 0 时，向左移动滑块将加深品红色。

"黄--蓝"选项：可以在图形中添加黄色和蓝色。数值大于 0 时，向右移动滑块将加深蓝色，数值小于 0 时，向左移动滑块将加深黄色。

9.1.5　调整色度、饱和度和亮度

导入一个图形，如图 9-33 所示。选择"效果 > 调整 > 色度/饱和度/光度"命令，或按 Ctrl+Shift+U 组合键，弹出"色度/饱和度/亮度"对话框，拖曳滑块可以设置"色度""饱和度""亮度"数值，如图 9-34 所示。调整完成后单击"确定"按钮，图形色调的调整效果如图 9-35 所示。

图 9-33

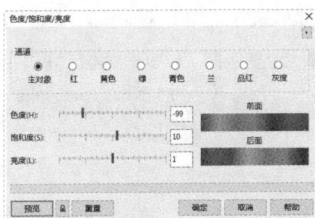

图 9-34

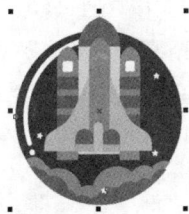

图 9-35

"通道"设置区：可以选择要调整的主要颜色。

"色度"选项：可以改变图形的颜色。

"饱和度"选项：可以改变图形颜色的深浅程度。

"亮度"选项：可以改变图形的明暗程度。

9.2　特殊效果

在 CorelDRAW X7 中，使用特殊效果命令可以制作出丰富的特效。下面具体介绍几种常用的特殊效果命令。

9.2.1 课堂案例——制作特效文字

案例学习目标

学习使用"立体化"工具、"阴影"工具、"调和"工具制作特效文字。

案例知识要点

使用"导入"命令导入素材图片，使用"立体化"工具为文字添加立体效果，使用"阴影"工具为文字添加阴影效果，使用"矩形"工具、"文本"工具和"调和"工具制作调和效果。特效文字的效果如图 9-36 所示。

效果所在位置

云盘\Ch09\效果\制作特效文字.cdr。

图 9-36

微课视频

扫码观看
本案例视频

（1）按 Ctrl+N 组合键，弹出"创建新文档"对话框，新建一个 A4 大小的绘图页面。按 Ctrl+I 组合键，弹出"导入"对话框，选择云盘中的"Ch09\素材\制作特效文字\01"文件，单击"导入"按钮，在绘图页面中单击，导入图片，如图 9-37 所示。按 P 键，使图片在绘图页面中居中对齐，效果如图 9-38 所示。

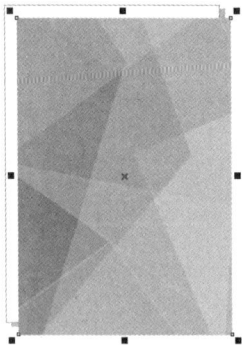

图 9-37

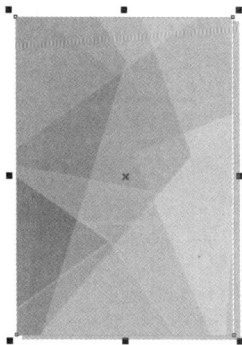

图 9-38

（2）按 Ctrl+I 组合键，弹出"导入"对话框，选择云盘中的"Ch09\素材\制作特效文字\02~06"文件，单击"导入"按钮，在绘图页面中分别单击，导入图片。选择"选择"工具，分别拖曳图片到适当的位置并调整其大小，效果如图 9-39 所示。

（3）按 Ctrl+I 组合键，弹出"导入"对话框，选择云盘中的"Ch09\素材\制作特效文字\07"文件，单击"导入"按钮，在绘图页面中单击，导入文字。选择"选择"工具 ，拖曳文字到适当的位置并调整其大小，效果如图 9-40 所示。

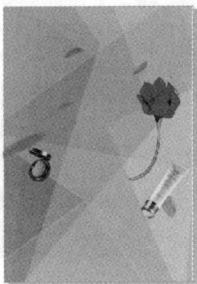

图 9-39

图 9-40

（4）选择"立体化"工具 ，在文字上按住鼠标左键，从文字中心向右侧拖曳鼠标指针，在属性栏中单击"立体化颜色"按钮 ，在弹出的面板中单击"使用纯色"按钮 ，将立体色设置为黑色，其他选项的设置如图 9-41 所示。按 Enter 键，效果如图 9-42 所示。

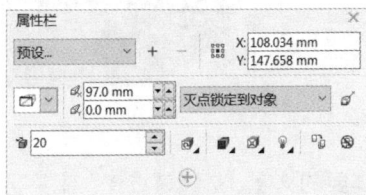

图 9-41

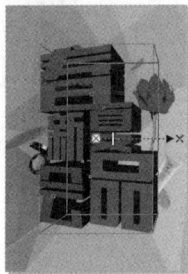

图 9-42

（5）选择"选择"工具 ，选取文字，选择"阴影"工具 ，在文字上按住鼠标左键，由上至下拖曳鼠标指针，为文字添加阴影效果，属性栏中的设置如图 9-43 所示。按 Enter 键，效果如图 9-44 所示。

（6）选择"选择"工具 ，按 Ctrl+I 组合键，弹出"导入"对话框，选择云盘中的"Ch09\素材\制作特效文字\08、09"文件，单击"导入"按钮，在绘图页面中分别单击，导入图片，分别拖曳图片到适当的位置并调整其大小，效果如图 9-45 所示。

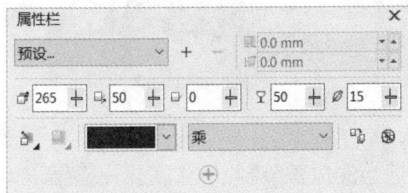

图 9-43

图 9-44

图 9-45

（7）选择"矩形"工具 ▢，按住 Ctrl 键的同时在绘图页面外绘制一个正方形，设置填充颜色的 CMYK 值为 83、31、61、0，填充正方形，并去除正方形的轮廓线，效果如图 9-46 所示。

（8）按数字键盘上的+键复制正方形。选择"选择"工具 ▸，向左上角拖曳复制的正方形到适当的位置；设置填充颜色的 CMYK 值为 2、91、54、0，填充复制的正方形，效果如图 9-47 所示。

图 9-46

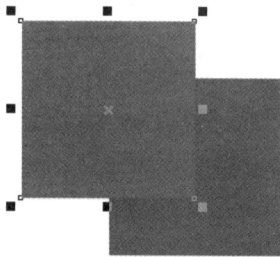

图 9-47

（9）选择"调和"工具 ▨，按住鼠标左键，在两个正方形之间拖曳鼠标指针，添加调和效果，属性栏中的设置如图 9-48 所示，按 Enter 键，效果如图 9-49 所示。

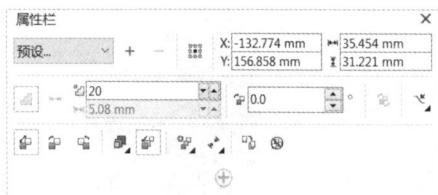

图 9-48

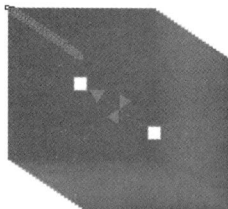

图 9-49

（10）选择"文本"工具 ，在适当的位置输入需要的文字。选择"选择"工具 ▸，在属性栏中选取适当的字体并设置字体大小，填充文字为白色，效果如图 9-50 所示。

（11）选择"选择"工具 ▸，用圈选的方法将图形和文字同时选取，按 Ctrl+G 组合键将其群组，拖曳群组图形到绘图页面中适当的位置，效果如图 9-51 所示。连续按 Ctrl+PageDown 组合键，将图形向后移到适当的位置，效果如图 9-52 所示。

图 9-50

图 9-51

图 9-52

（12）选择"椭圆形"工具 ◯，按住 Ctrl 键的同时在适当的位置绘制一个圆形，设置圆形填充颜色的 CMYK 值为 2、91、54、0，填充圆形，并去除圆形的轮廓线，效果如图 9-53 所示。

（13）按数字键盘上的+键，复制圆形。选择"选择"工具，向下拖曳复制的圆形到适当的位置。取消图形的填充，并设置图形轮廓线为黑色，在属性栏中的"轮廓宽度"框 △ 0.2 mm ▽ 中输入 0.5 mm，按 Enter 键，效果如图 9-54 所示。

（14）选择"文本"工具，在适当的位置分别输入需要的文字。选择"选择"工具，在属性栏中分别选取适当的字体并设置字体大小，填充文字为白色，效果如图 9-55 所示。特效文字制作完成。

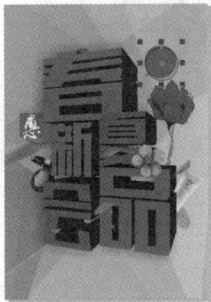

图9-53   图9-54   图9-55

9.2.2　制作透视效果

在设计和制作图形的过程中，经常要使用透视效果。下面介绍如何在 CorelDRAW X7 中制作透视效果。

打开要制作透视效果的图形，使用"选择"工具将图形选中，效果如图 9-56 所示。选择"效果 > 添加透视"命令，图形的周围出现控制手柄，如图 9-57 所示。拖曳控制手柄，制作需要的透视效果。在拖曳控制手柄时，图形旁会出现透视点×，如图 9-58 所示。拖曳透视点×可以改变透视效果，如图 9-59 所示。制作好透视效果后，按空格键确定。

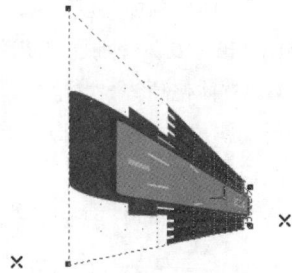

图9-56   图9-57   图9-58   图9-59

要修改已经制作好的透视效果，需先双击图形，再对已有的透视效果进行调整。选择"效果 > 清除透视点"命令可以清除透视效果。

9.2.3　制作立体效果

立体效果是利用三维空间的立体旋转和光源照射来实现的。CorelDRAW X7 中的"立体化"工具可以制作和编辑图形的立体效果。

绘制一个需要制作立体效果的图形，如图 9-60 所示。选择"立体化"工具 ，在图形上按住鼠标左键并向图形右上方拖曳鼠标指针，如图 9-61 所示。达到需要的立体效果后，松开鼠标左键，图形的立体效果如图 9-62 所示。

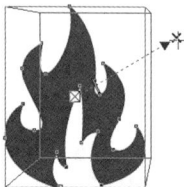
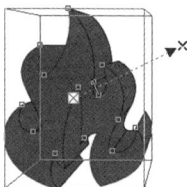

图 9-60　　　　　　　　　图 9-61　　　　　　　　　图 9-62

"立体化"工具 的属性栏如图 9-63 所示。各选项和按钮的含义如下。

图 9-63

"立体化类型"选项 ：可以在下拉列表中选择不同的立体化类型。

"深度"选项 ：可以设置图形立体化的深度。

"灭点属性"选项 ：可以设置灭点的属性。

"页面或对象灭点"按钮 ：可以将灭点锁定到绘图页面上，在移动图形时灭点不能移动，且立体化的图形形状会改变。

"立体化旋转"按钮 ：单击此按钮，弹出旋转设置面板，将鼠标指针移动到三维旋转设置区内，鼠标指针会变为手形，按住鼠标左键的同时，拖曳鼠标指针，可以在三维旋转设置区中旋转图形，绘图页面中的立体化图形也会进行相应的旋转。单击 按钮，设置区中出现"旋转值"框，可以在"旋转值"框中精确地设置立体化图形的旋转角度。单击 按钮，设置区会恢复到默认设置。

"立体化颜色"按钮 ：单击此按钮，弹出立体化图形的颜色设置面板。颜色设置面板中有 3 种颜色设置模式，分别是"使用对象填充"模式 、"使用纯色"模式 和"使用递减的颜色"模式 。

"立体化倾斜"按钮 ：单击此按钮，弹出斜角修饰设置面板，可以通过拖曳面板中图例的节点来添加斜角效果，也可以在框中输入值来设定斜角。勾选"只显示斜角修饰边"复选框将只显示立体化图形的斜角修饰边。

"立体化照明"按钮 ：单击此按钮，弹出照明设置面板，在面板中可以为立体化图形添加光源。

9.2.4　课堂案例——制作旅游公众号封面首图

案例学习目标

学习使用"透明度"工具、"阴影"工具、"封套"工具和"轮廓图"工具制作旅游公众号封面首图。

案例知识要点

使用"导入"命令、"矩形"工具和"透明度"工具制作底图，使用"文本"工具、"封套"工具制作文字变形效果，使用"阴影"工具为文字添加阴影效果，使用"矩形"工具和"轮廓图"工具制作轮廓效果。旅游公众号封面首图效果如图 9-64 所示。

效果所在位置

云盘\Ch09\效果\制作旅游公众号封面首图.cdr。

图 9-64

（1）按 Ctrl+N 组合键，弹出"创建新文档"对话框，设置文档的宽度为 900 px，高度为 383 px，取向为横向，颜色模式为 RGB，分辨率为 72 dpi，单击"确定"按钮，新建一个文档。

（2）按 Ctrl+I 组合键，弹出"导入"对话框，选择云盘中的"Ch09\素材\制作旅游公众号封面首图\01"文件，单击"导入"按钮，在绘图页面中单击，导入图片，如图 9-65 所示。按 P 键，使图片在绘图页面中居中对齐，效果如图 9-66 所示。

图 9-65

图 9-66

（3）双击"矩形"工具 ，绘制一个与绘图页面大小相等的矩形。按 Shift+PageUp 组合键，将矩形移至图片上层，如图 9-67 所示。设置矩形填充颜色的 RGB 值为 102、153、255，填充矩形，并去除矩形的轮廓线，效果如图 9-68 所示。

图 9-67

图 9-68

（4）选择"透明度"工具 ，在属性栏中单击"均匀透明度"按钮 ，其他选项的设置如图 9-69 所示，按 Enter 键，效果如图 9-70 所示。

图 9-69

图 9-70

（5）选择"文本"工具，在绘图页面中输入需要的文字。选择"选择"工具，在属性栏中选取适当的字体并设置字体大小，填充文字为白色，效果如图 9-71 所示。

（6）选择"封套"工具，文字外围出现封套的控制点和控制线，如图 9-72 所示，在属性栏中单击"直线模式"按钮，其他选项的设置如图 9-73 所示。向下拖曳文字"世"下方的控制点到适当的位置，变形效果如图 9-74 所示。

图 9-71

图 9-72

图 9-73

图 9-74

（7）选择"阴影"工具，在文字对象中按住鼠标左键，从上向下拖曳鼠标指针，为文字添加阴影效果，属性栏中的设置如图 9-75 所示，按 Enter 键，效果如图 9-76 所示。

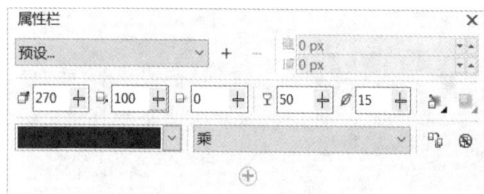

图 9-75

图 9-76

（8）用相同的方法输入其他文字，并添加封套和阴影效果，如图 9-77 所示。选择"矩形"工具，在适当的位置绘制一个矩形，在"RGB 调色板"中的"40%黑"色块上单击鼠标右键，填充矩形轮廓线，效果如图 9-78 所示。

图 9-77

图 9-78

（9）选择"轮廓图"工具，在属性栏中单击"外部轮廓"按钮，在"轮廓色"选项中设置轮廓线颜色为黑色，其他选项的设置如图 9-79 所示，按 Enter 键，效果如图 9-80 所示。

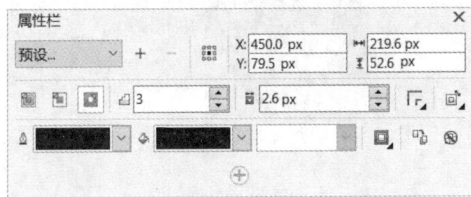
图 9-79

图 9-80

（10）选择"文本"工具，在适当的位置输入需要的文字。选择"选择"工具，在属性栏中选取适当的字体并设置字体大小。在"RGB 调色板"中的"黄"色块上单击，填充文字，效果如图 9-81 所示。旅游公众号封面首图制作完成，效果如图 9-82 所示。

图 9-81

图 9-82

9.2.5　制作调和效果

"调和"工具是 CorelDRAW X7 中应用最广泛的工具之一，可以使绘图对象间产生形状、颜色的平滑变化。下面具体讲解调和效果的制作方法。

绘制两个要制作调和效果的图形，如图 9-83 所示。选择"调和"工具，将鼠标指针放在左边的图形上，鼠标指针变为，按住鼠标左键并拖曳鼠标指针到右边的图形上，如图 9-84 所示。松开鼠标左键，调和效果如图 9-85 所示。

图 9-83

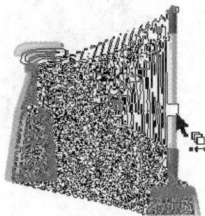
图 9-84

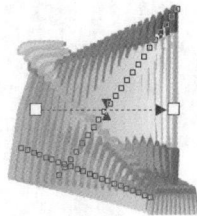
图 9-85

"调和"工具 ▣ 的属性栏如图 9-86 所示。各选项和按钮的含义如下。

图 9-86

"调和对象"选项 ▣20 ▼▲：可以设置调和的步数，效果如图 9-87 所示。

"调和方向"选项 ▣0.0 ▲▼°：可以设置调和的旋转角度，效果如图 9-88 所示。

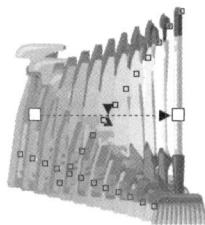 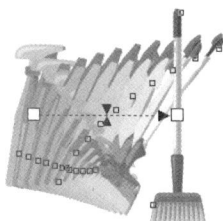

图 9-87　　　　　　　　　　　　　图 9-88

"环绕调和"按钮 ▣：调和的图形除了自身旋转外，还将以起始图形和终止图形的中间位置为旋转中心做旋转分布，如图 9-89 所示。

"直接调和"按钮 ▣、"顺时针调和"按钮 ▣、"逆时针调和"按钮 ▣：设定调和对象之间颜色过渡的方向，效果如图 9-90 所示。

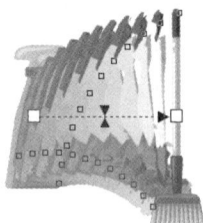 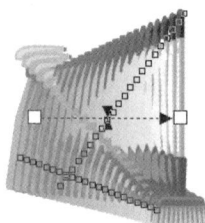 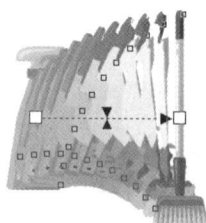 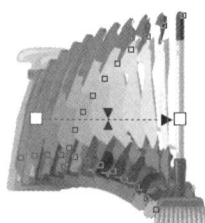

直接调和　　　　　顺时针调和　　　　　逆时针调和

图 9-89　　　　　　　　　　　　图 9-90

"对象和颜色加速"按钮 ▣：调整对象和颜色的加速属性。单击此按钮，弹出图 9-91 所示的面板，拖曳滑块到适当的位置，对象加速调和的效果如图 9-92 所示，颜色加速调和的效果如图 9-93 所示。

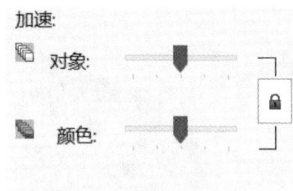 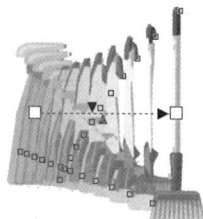 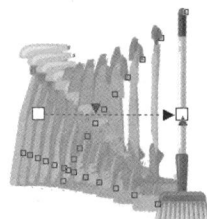

图 9-91　　　　　　　　图 9-92　　　　　　　　图 9-93

"调整加速大小"按钮 ▣：可以控制调和的加速属性。

"起始和结束属性"按钮 ：可以显示或重新设定调和的起始对象及终止对象。

"路径属性"按钮 ：使调和对象沿绘制好的路径分布。单击此按钮弹出图 9-94 所示的下拉列表，选择"新路径"选项，鼠标指针变为 ，在新绘制的路径上单击，如图 9-95 所示。沿路径进行调和的效果如图 9-96 所示。

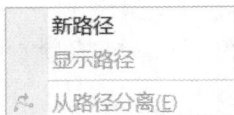

图 9-94

图 9-95

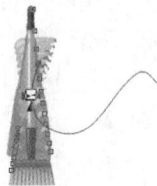

图 9-96

"更多调和选项"按钮 ：可以进行更多的调和设置。单击此按钮，弹出图 9-97 所示的下拉列表。"映射节点"选项可指定起始对象的某一节点与终止对象的某一节点对应，以产生特殊的调和效果。"拆分"选项可将过渡对象分割成独立的对象，并使其与其他对象进行再次调和。"沿全路径调和"选项可以使调和对象自动充满整个路径。"旋转全部对象"选项可以使调和对象的方向与路径一致。

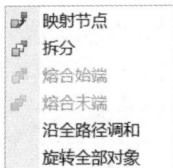

图 9-97

9.2.6 制作阴影效果

阴影效果是经常使用的一种特效。使用"阴影"工具 可以快速给图形制作阴影效果，还可以设置阴影的透明度、角度、位置、颜色和羽化程度。下面介绍如何制作阴影效果。

打开一个图形，使用"选择"工具 选取图形，如图 9-98 所示。选择"阴影"工具 ，将鼠标指针放在图形上，按住鼠标左键并向阴影投射的方向拖曳鼠标指针，如图 9-99 所示。到适当的位置后松开鼠标左键，阴影效果如图 9-100 所示。

图 9-98

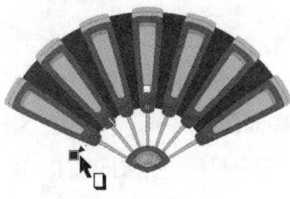

图 9-99

图 9-100

拖曳阴影控制线上的 图标可以调节阴影的透光程度。拖曳时越靠近□图标，透光度越小，阴影越淡，效果如图 9-101 所示。拖曳时越靠近■图标，透光度越大，阴影越浓，效果如图 9-102 所示。

图 9-101

图 9-102

"阴影"工具 ◻ 的属性栏如图 9-103 所示。各选项和按钮的含义如下。

"预设列表"选项 预设... ▾ ：可以在下拉列表中选择需要的预设阴影效果。单击其后的 + 按钮或 - 按钮可以添加或删除预设列表中的阴影效果。

"阴影偏移"选项 ◻ 18.402 mm ↕ ◻ 19.032 mm ↕ 、"阴影角度"选项 ⌀ 125 + ：可以设置阴影的偏移位置和角度。

"阴影延展"选项 ◻ 50 + 、"阴影淡出"选项 ◻ 0 + ：可以调整阴影的长度和边缘的淡化程度。

"阴影的不透明度"选项 ▽ 50 + ：可以设置阴影的不透明度。

"阴影羽化"选项 ∅ 15 + ：可以设置阴影的羽化程度。

"羽化方向"按钮 ◪ ：可以设置阴影的羽化方向。单击此按钮可弹出包含不同羽化方向的下拉列表，如图 9-104 所示。

"羽化边缘"按钮 ◪ ：可以设置阴影的羽化边缘模式。单击此按钮可弹出包含不同羽化边缘模式的下拉列表，如图 9-105 所示。

"阴影颜色"选项 ▮▮ ▾ ：可以改变阴影的颜色。

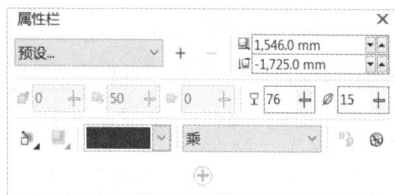

图 9-103

图 9-104

图 9-105

9.2.7 课堂案例——绘制咖啡标识

案例学习目标

学习使用图形绘制工具、"变形"工具绘制咖啡标识。

案例知识要点

使用"椭圆形"工具、"星形"工具、"合并"按钮绘制头部和耳朵，使用"矩形"工具、"椭圆形"工具、"转角半径"选项、"移除前面对象"按钮绘制尾巴，使用"椭圆形"工具、"星形"工具、"变形"工具绘制眼睛和嘴巴。咖啡标识效果如图 9-106 所示。

效果所在位置

云盘\Ch09\效果\绘制咖啡标识.cdr。

图 9-106

微课视频

扫码观看
本案例视频

（1）按 Ctrl+N 组合键，弹出"创建新文档"对话框，设置文档的宽度为 100 mm，高度为 100 mm，取向为纵向，颜色模式为 CMYK，渲染分辨率为 300 dpi，单击"确定"按钮，新建一个文档。

（2）选择"椭圆形"工具 ⊙，按住 Ctrl 键的同时在绘图页面中绘制一个圆形，如图 9-107 所示。选择"星形"工具 ☆，属性栏中的设置如图 9-108 所示，在适当的位置绘制一个三角形，如图 9-109 所示。

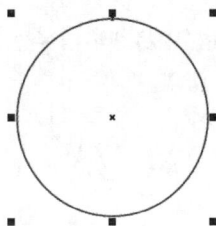
图 9-107

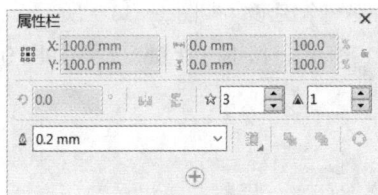
图 9-108

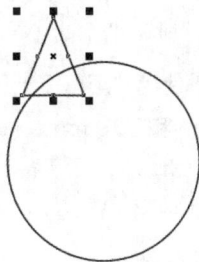
图 9-109

（3）在属性栏中的"旋转角度"框 ⊙ 0.0 中输入 8，按 Enter 键，效果如图 9-110 所示。按数字键盘上的 + 键复制三角形。单击属性栏中的"水平镜像"按钮 ◿ 水平翻转复制的三角形，效果如图 9-111 所示。选择"选择"工具 ▸，按住 Ctrl 键的同时水平向右拖曳翻转的三角形到适当的位置，效果如图 9-112 所示。

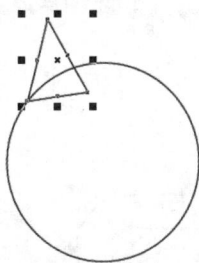
图 9-110

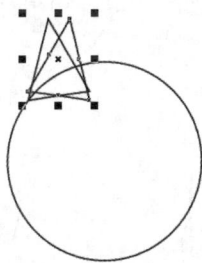
图 9-111

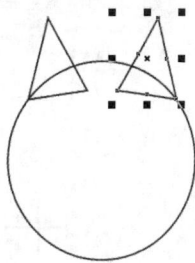
图 9-112

（4）选择"选择"工具 ▸，用圈选的方法将所绘制的图形同时选取，如图 9-113 所示，单击属性栏中的"合并"按钮 ◻ 合并图形，效果如图 9-114 所示。

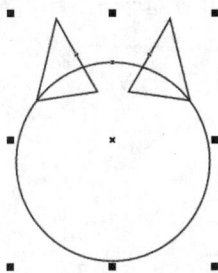
图 9-113

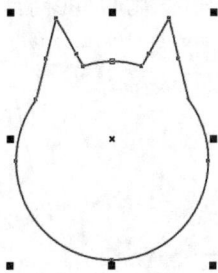
图 9-114

（5）选择"矩形"工具 ▢，在适当的位置绘制一个矩形，如图 9-115 所示。在属性栏中将"转角半径"设置为 0.0 mm 和 10.0 mm，如图 9-116 所示；按 Enter 键，效果如图 9-117 所示。

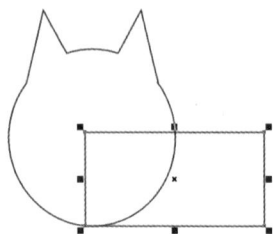
图 9-115

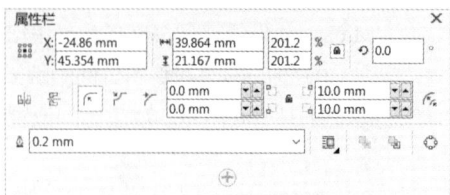
图 9-116

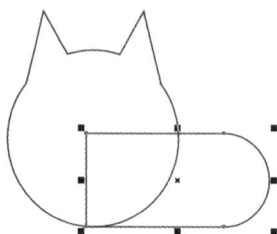
图 9-117

（6）使用"矩形"工具，再绘制一个矩形，如图 9-118 所示。在属性栏中将"转角半径"设置为 0.0 mm 和 10.0 mm，如图 9-119 所示；按 Enter 键，效果如图 9-120 所示。

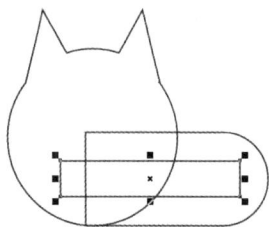
图 9-118

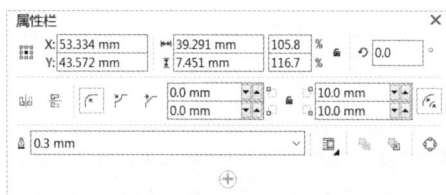
图 9-119

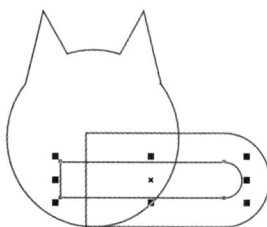
图 9-120

（7）选择"选择"工具，按住 Shift 键的同时单击下方圆角矩形将其同时选取，如图 9-121 所示，单击属性栏中的"移除前面对象"按钮，将两个图形剪切为一个图形，效果如图 9-122 所示。

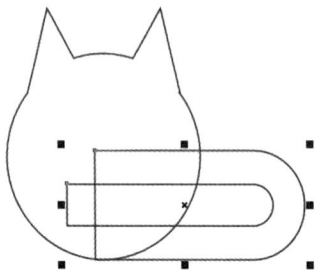
图 9-121

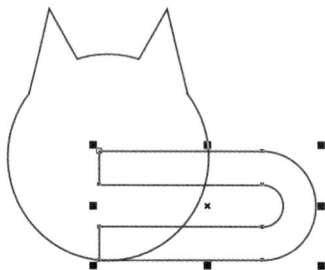
图 9-122

（8）选择"矩形"工具，在适当的位置绘制一个矩形，如图 9-123 所示。选择"选择"工具，按住 Shift 键的同时单击下方剪切图形将其同时选取，如图 9-124 所示，单击属性栏中的"移除前面对象"按钮，将两个图形剪切为一个图形，效果如图 9-125 所示。

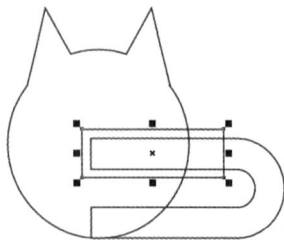
图 9-123

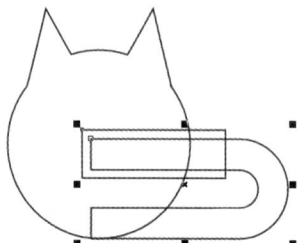
图 9-124

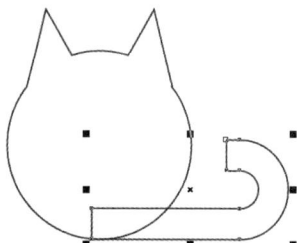
图 9-125

（9）选择"椭圆形"工具 ⊙，按住 Ctrl 键的同时在适当的位置绘制一个圆形，如图 9-126 所示。选择"选择"工具 ▷，按住 Shift 键的同时单击下方剪切图形将其同时选取，如图 9-127 所示，单击属性栏中的"合并"按钮 ⚊ 合并图形，效果如图 9-128 所示。

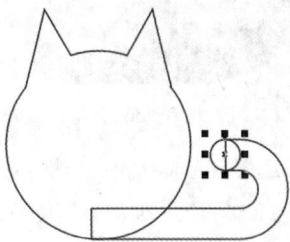
图 9-126

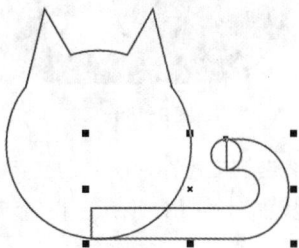
图 9-127

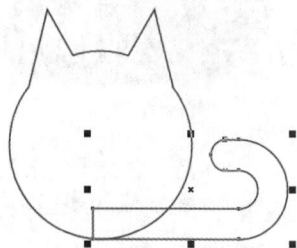
图 9-128

（10）选择"选择"工具 ▷，用圈选的方法将所绘制的图形同时选取，如图 9-129 所示，单击属性栏中的"合并"按钮 ⚊ 合并图形，效果如图 9-130 所示。设置填充颜色的 CMYK 值为 91、73、0、0，填充图形，并去除图形的轮廓线，效果如图 9-131 所示。

图 9-129

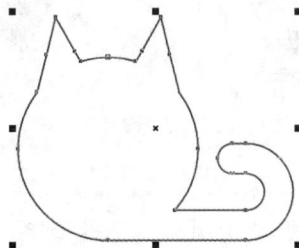
图 9-130

图 9-131

（11）选择"椭圆形"工具 ⊙，按住 Ctrl 键的同时在适当的位置绘制一个圆形，填充圆形为白色，并去除圆形的轮廓线，效果如图 9-132 所示。

（12）选择"变形"工具 ◇，单击属性栏中的"推拉变形"按钮 ▢，在圆形中心按住鼠标左键并向右侧拖曳，将圆形变形，效果如图 9-133 所示。

图 9-132

图 9-133

（13）选择"选择"工具 ▷，按数字键盘上的+键复制图形。按住 Shift 键的同时水平向右拖曳复制的图形到适当的位置，效果如图 9-134 所示。

（14）选择"星形"工具 ☆，在适当的位置绘制一个三角形，填充三角形为白色，并去除三角形的轮廓线，效果如图 9-135 所示。单击属性栏中的"垂直镜像"按钮 ▣ 垂直翻转图形，效果如图 9-136 所示。

图 9-134

图 9-135

图 9-136

（15）选择"文本"工具 🖹，在适当的位置输入需要的文字。选择"选择"工具 🖎，在属性栏中选取适当的字体并设置字体大小，效果如图 9-137 所示。设置填充颜色的 CMYK 值为 91、73、0、0，填充文字，效果如图 9-138 所示。

图 9-137

图 9-138

（16）双击"矩形"工具 🔲，绘制一个与页面大小相等的矩形，如图 9-139 所示，设置填充颜色的 CMYK 值为 0、13、5、0，填充矩形，并去除矩形的轮廓线，效果如图 9-140 所示。咖啡标识绘制完成，效果如图 9-141 所示。

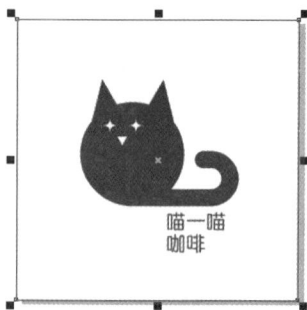

图 9-139

图 9-140

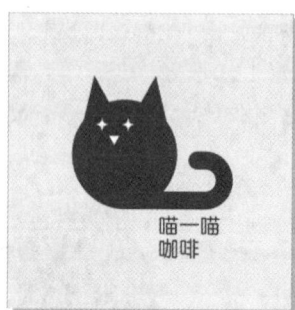

图 9-141

9.2.8 制作透明效果

使用"透明度"工具 🖎 可以制作出许多漂亮的透明效果。

绘制并填充两个图形，选择"选择"工具 🖎，选择上方的图形，如图 9-142 所示。选择"透明度"工具 🖎，在属性栏中可以设置透明类型，这里单击"均匀透明度"按钮 🔲，选项的设置如图 9-143 所示。图形的透明效果如图 9-144 所示。

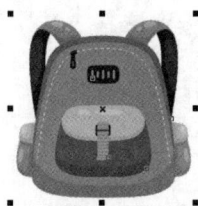

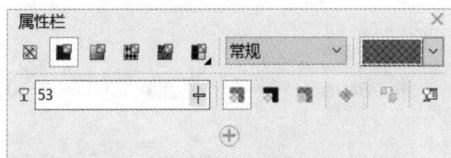

图 9-142   图 9-143   图 9-144

"透明度"工具属性栏中各选项和按钮的含义如下。

■ ■ ■ ■ ■按钮、"合并模式"选项 常规 ：选择透明类型和透明样式。

"透明度"选项 50 ：拖曳滑块或直接输入数值可以改变对象的透明度。

透明度目标按钮 ■ ■ ■：设置应用透明度到"对象填充""对象轮廓""全部"。

"冻结透明度"按钮 ■：冻结当前视图的透明度。

"编辑透明度"按钮 ■：打开"编辑透明度"对话框，可以对透明度进行具体的设置。

"复制透明度"按钮 ■：可以复制对象的透明效果。

"无透明度"按钮 ■：可以清除对象的透明效果。

9.2.9　制作轮廓效果

轮廓效果是图形中向内部或者外部放射的层次效果，它由多个同心线圈组成。下面介绍如何制作轮廓效果。

绘制一个图形，如图 9-145 所示。选择"轮廓图"工具，在图形顶部的节点上按住鼠标左键并向内拖曳至适当的位置，松开鼠标左键，效果如图 9-146 所示。

"轮廓图"工具的属性栏如图 9-147 所示。各选项和按钮的含义如下。

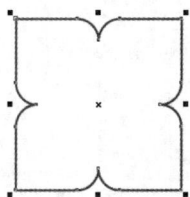

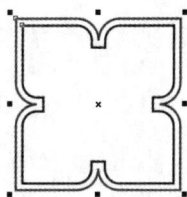

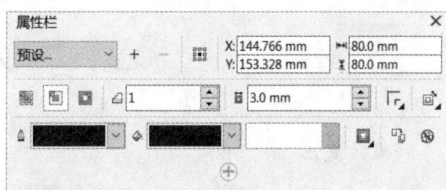

图 9-145   图 9-146   图 9-147

"预设列表"选项 预设 ：选择系统预设的样式。

"内部轮廓"按钮 ■、"外部轮廓"按钮 ■：使对象分别产生向内和向外的轮廓。

"到中心"按钮 ■：根据设置的偏移值一直向内创建轮廓，效果如图 9-148 所示。

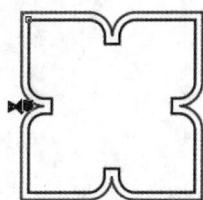

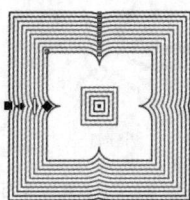

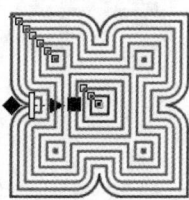

内部轮廓   外部轮廓   到中心

图 9-148

"轮廓图步长"选项  和"轮廓图偏移"选项 ：设置轮廓图的步数和偏移值，如图 9-149 和图 9-150 所示。

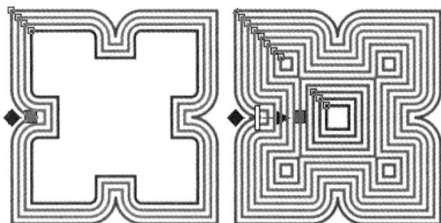

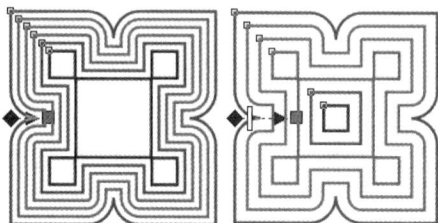

图 9-149   图 9-150

"轮廓色"选项 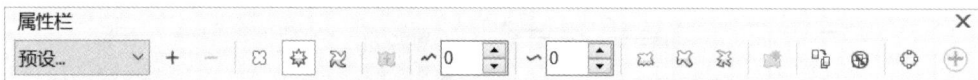：设定偏移的最后一圈轮廓线的颜色。

"填充色"选项 ：设定轮廓图的颜色。

9.2.10　制作变形效果

"变形"工具 可以使图形的变形操作更加方便。图形变形后可以产生不规则的外观，同时更具弹性、更加奇特。

选择"变形"工具 ，弹出图 9-151 所示的属性栏，属性栏中提供了 3 种变形方式："推拉变形" 、"拉链变形" 和"扭曲变形" 。

图 9-151

1.　推拉变形

绘制一个图形，如图 9-152 所示。选择"变形"工具 ，单击属性栏中的"推拉变形"按钮 ，在图形上按住鼠标左键并向左拖曳，如图 9-153 所示，变形的效果如图 9-154 所示。

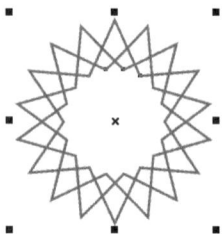

图 9-152   图 9-153   图 9-154

在属性栏的"推拉振幅"框中可以输入数值来控制推拉变形的幅度，其范围为 -200～200。单击"居中变形"按钮 可以将变形的中心移至图形的中心。单击"转换为曲线"按钮 可以将图形转换为曲线。

2. 拉链变形

绘制一个图形，如图 9-155 所示。选择"变形"工具，单击属性栏中的"拉链变形"按钮，在图形上按住鼠标左键并向左下方拖曳，如图 9-156 所示，变形的效果如图 9-157 所示。

在属性栏的"拉链振幅" 框中可以输入数值来调整变化图形时锯齿的深度。单击"随机变形"按钮可以随机地变化图形锯齿的深度。单击"平滑变形"按钮可以将图形锯齿的尖角变成圆弧。单击"局限变形"按钮，在图形中拖曳，可以对图形锯齿的局部进行变形。

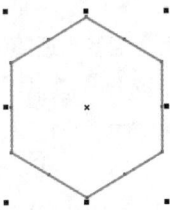 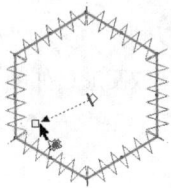 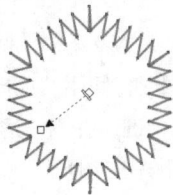

图 9-155　　　　　　　　图 9-156　　　　　　　　图 9-157

3. 扭曲变形

绘制一个图形，如图 9-158 所示。选择"变形"工具，单击属性栏中的"扭曲变形"按钮，在图形上按住鼠标左键旋转拖曳，如图 9-159 所示，变形的效果如图 9-160 所示。

单击属性栏中的"添加新的变形"按钮，可以继续在图形中按住鼠标左键旋转拖曳，制作新的变形效果。单击"顺时针旋转"按钮和"逆时针旋转"按钮可以设置旋转的方向。在"完全旋转"框中可以输入完全旋转的圈数。在"附加度数"框中可以设置旋转的角度。

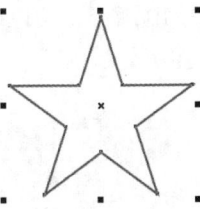  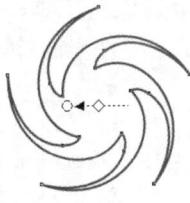

图 9-158　　　　　　　　图 9-159　　　　　　　　图 9-160

9.2.11　制作封套效果

使用"封套"工具可以快速建立对象的封套效果，使文本、图形和位图产生丰富的变形效果。

打开一个要制作封套效果的图形，如图 9-161 所示。选择"封套"工具，单击图形，图形外围显示封套的控制线和控制点，如图 9-162 所示。用鼠标拖曳中间的控制点到适当的位置改变图形的外形，如图 9-163 所示。选择"选择"工具并按 Esc 键，取消选取，图形的封套效果如图 9-164 所示。

图 9-161　　　　　图 9-162　　　　　图 9-163　　　　　图 9-164

在属性栏的"预设列表" 预设... ⌄ 下拉列表中可以选择需要的预设封套效果。单击"直线模式"按钮 ⌷、"单弧模式"按钮 ⌷、"双弧模式"按钮 ⌷ 和"非强制模式"按钮 ⌒ 可切换封套编辑模式。"映射模式" 自由变形 ⌄ 下拉列表中包含 4 种映射模式，分别是"水平"模式、"原始"模式、"自由变形"模式和"垂直"模式。使用不同的映射模式可以使封套中的对象符合封套的形状，制作出需要的变形效果。

9.2.12　制作透镜效果

在 CorelDRAW X7 中，使用透镜可以制作出多种特殊效果。下面介绍使用透镜的方法。

打开一个图形，使用"选择"工具 ▶ 选取图形，如图 9-165 所示。选择"效果 > 透镜"命令，或按 Alt+F3 组合键，弹出"透镜"泊坞窗，如图 9-166 所示。在泊坞窗中进行设置，单击"应用"按钮，效果如图 9-167 所示。

"透镜"泊坞窗中有"冻结""视点""移除表面" 3 个复选框，勾选它们可以设置透镜效果的公共参数。

"冻结"复选框：勾选该复选框，可以将透镜下面的图形产生的透镜效果添加成透镜的一部分。产生的透镜效果不会因为透镜或图形的移动而改变。

"视点"复选框：勾选该复选框，可以在不移动透镜的情况下只显示透镜下面的图形的一部分。单击"视点"复选框后面的"编辑"按钮，图形的中心出现×形状，拖曳×形状可以移动视点。

"移除表面"复选框：勾选该复选框，透镜将只作用于下面的图形，没有图形的绘图页面区域将保持通透性。

透明度 ⌄ 选项：单击可弹出透镜类型下拉列表，如图 9-168 所示，可以在其中选择需要的透镜。选择不同的透镜，再进行参数的设定，可以制作出不同的透镜效果。

图 9-165

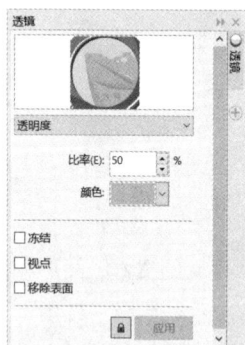
图 9-166

图 9-167

图 9-168

课堂练习——绘制日历小图标

🔗 练习知识要点

使用"矩形"工具、"椭圆形"工具、"转角半径"选项和"透明度"工具绘制日历小图标，效果如图 9-169 所示。

效果所在位置

云盘\Ch09\效果\绘制日历小图标.cdr。

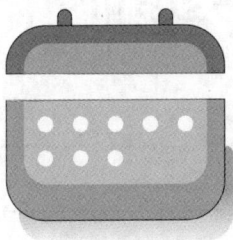

图 9-169

微课视频

扫码观看
本案例视频

课后习题——绘制闹钟插画

习题知识要点

使用"椭圆形"工具、"轮廓图"工具和填充工具绘制钟表盘，使用"折线"工具、"轮廓笔"工具绘制指针，使用"3 点椭圆形"工具、"2 点线"工具绘制闹钟的"耳朵"和"腿"，效果如图 9-170 所示。

效果所在位置

云盘\Ch09\效果\绘制闹钟插画.cdr。

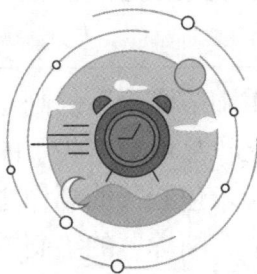

图 9-170

微课视频

扫码观看
本案例视频

10 第 10 章
综合设计实训

本章介绍

　　本章的综合设计实训案例根据商业设计项目的真实情境来介绍如何利用所学知识完成商业设计项目。通过多个商业设计项目案例的演练，读者可以进一步掌握 CorelDRAW X7 的强大操作功能和使用技巧，并应用所学技能制作出专业的商业设计作品。

学习目标

- ✓ 掌握 CorelDRAW 的基础知识。
- ✓ 了解 CorelDRAW 的常用设计领域。
- ✓ 掌握 CorelDRAW 在不同设计领域的使用技巧。

技能目标

- ✓ 掌握"重阳节海报"的制作方法。
- ✓ 掌握"化妆品电商广告"的制作方法。
- ✓ 掌握"大米包装"的制作方法
- ✓ 掌握"语音图标"的绘制方法
- ✓ 掌握"家居装饰类 App 引导页"的制作方法

素养目标

- ✓ 培养独特的创意和设计能力。
- ✓ 培养沟通交流能力。
- ✓ 培养明确的就业与创业思维。

10.1　海报设计——制作重阳节海报

10.1.1　【项目背景及要求】

1. 客户名称

艺星平面设计工作室。

2. 客户需求

艺星平面设计工作室主要从事企业形象策划、画册设计、印刷品设计、网站设计、宣传视频制作等商业视觉创意服务，因临近重阳节需要制作重阳节海报，以宣传传统节日为主要内容，要求内容清晰明了，简洁大方。

3. 设计要求

（1）海报内容以宣传传统节日为主。

（2）色调典雅，带给人平静、放松的视觉感受。

（3）画面干净整洁。

（4）文字的设计清晰明了，提高可读性。

（5）设计规格为 210 mm（宽）×297 mm（高），分辨率为 300 dpi。

10.1.2　【项目创意及制作】

1. 素材资源

图片素材所在位置：云盘中的"Ch10\素材\制作重阳节海报\01～04"。

文字素材所在位置：云盘中的"Ch10\素材\制作重阳节海报\文字文档"。

2. 作品参考

设计作品参考效果所在位置：云盘中的"Ch10\效果\制作重阳节海报.cdr"。设计作品效果如图 10-1 所示。

图 10-1

微课视频

扫码观看
本案例视频

3. 制作要点

使用"导入"命令、"透明度"工具和"置于图文框内部"命令制作海报背景，使用"贝塞尔"工具、"文本"工具、"合并"命令制作印章，使用"文本"工具添加介绍文字。

10.2 广告设计——制作化妆品电商广告

10.2.1 【项目背景及要求】

1. 客户名称

温碧柔。

2. 客户需求

温碧柔是一个涉足护肤、彩妆、香水等多个产品领域的新兴护肤品牌。现品牌推出新款水润防晒乳，要求设计一款电商 Banner 广告，用于线上宣传。设计要符合年轻人的喜好，给人清爽、透亮的感觉。

3. 设计要求

（1）广告内容以产品实物为主。

（2）背景与装饰符合产品需求，体现出产品特色。

（3）画面色彩要明艳透亮，能够丰富画面效果。

（4）设计风格具有特色，版式活而不散，能够引起消费者的兴趣及购买的欲望。

（5）设计规格为 1920 px（宽）×700 px（高），分辨率为 72 dpi。

10.2.2 【项目创意及制作】

1. 素材资源

图片素材所在位置：云盘中的"Ch10\素材\制作化妆品电商广告\01"。

文字素材所在位置：云盘中的"Ch10\素材\制作化妆品电商广告\文字文档"。

2. 作品参考

设计作品参考效果所在位置：云盘中的"Ch10\效果\制作化妆品电商广告.cdr"。设计作品效果如图 10-2 所示。

图 10-2

3. 制作要点

使用"矩形"工具、"透明度"工具制作半透明效果，使用"文本"工具、"文本属性"泊坞窗添加宣传文字，使用"插入字符"命令插入字符，使用"矩形"工具、"转角半径"选项、"2 点线"工具绘制装饰图形。

10.3　包装设计——制作大米包装

10.3.1　【项目背景及要求】

1. 客户名称

稻香米业。

2. 客户需求

稻香米业是一家专注于提供高品质、健康谷物产品的公司，致力于为消费者提供优质的谷物。现需要制作大米包装，要求画面要清新且有创意，符合公司的定位与市场需求。

3. 设计要求

（1）包装袋上的装饰使用插画的形式，体现出产品自然、纯净的特色。

（2）画面排版清晰明了，具有趣味性的同时易于识别。

（3）画面色调统一，呈现出平衡感和美感，提升视觉效果。

（4）整体效果要给消费者自然、健康的感觉，赋予产品独特性，使其能够脱颖而出。

（5）设计规格为 297 mm（宽）×210 mm（高），分辨率 300 dpi。

10.3.2　【项目创意及制作】

1. 素材资源

图片素材所在位置：云盘中的"Ch10\素材\制作大米包装\01～05"。

文字素材所在位置：云盘中的"Ch10\素材\制作大米包装\文字文档"。

2. 作品参考

设计作品参考效果所在位置：云盘中的"Ch10\效果\制作大米包装.cdr"。设计作品效果如图 10-3 所示。

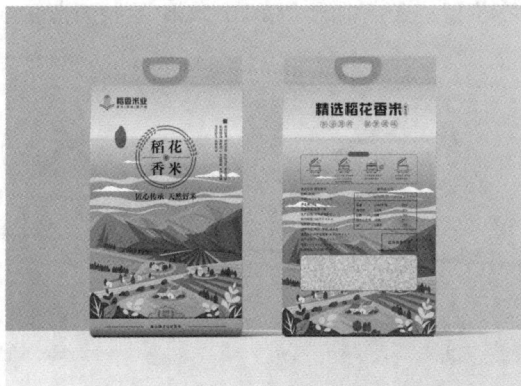

微课视频

扫码观看
本案例视频 1

微课视频

扫码观看
本案例视频 2

图 10-3

3. 制作要点

使用"导入"命令、"矩形"工具、"渐变填充"按钮、"贝塞尔"工具绘制包装底图，使用"文本"工具、"文本属性"泊坞窗添加产品名称，使用"2 点线"工具、"贝塞尔"工具、"椭圆形"

工具、"矩形"工具、"转角半径"选项、"透明度"工具绘制装饰图形，使用"文本"工具、"文本属性"泊坞窗、"表格"工具添加营养成分表和其他包装信息，使用"矩形"工具、"转角半径"选项、"导入"命令和"置于图文框内部"命令制作图片剪裁效果。

10.4　图标设计——绘制语音图标

10.4.1　【项目背景及要求】

1. 客户名称

奇星设计工作室。

2. 客户需求

奇星设计工作室是一家富有活力和创意的工作室，得到客户的广泛好评。工作室现阶段需要设计一款语音图标，要求使用扁平化的表现形式表现出语音的特征，图标要有极高的辨识度，且要体现出语音图标的特色。

3. 设计要求

（1）使用圆角矩形体现图标的外观。

（2）图标设计运用扁平化的表现形式。

（3）画面色彩要对比强烈，表现出语音图标的立体感。

（4）设计风格简约，能够体现出语音图标的特色。

（5）设计规格为 1024 px（宽）×1024 px（高），分辨率为 72 dpi。

10.4.2　【项目创意及制作】

1. 作品参考

设计作品参考效果所在位置：云盘中的"Ch10\效果\绘制语音图标.cdr"。设计作品效果如图 10-4 所示。

图 10-4

2. 制作要点

使用"椭圆形"工具、"饼图"按钮、"渐变填充"按钮和"变换"泊坞窗绘制语音图标，使用"阴影"工具为图标添加阴影效果，使用"矩形"工具、"转角半径"选项、"刻刀"工具绘制麦克风。

<table>
<tr><td>10.5</td><td></td></tr>
</table>

10.5 App 界面设计——制作家居装饰类 App 引导页

10.5.1 【项目背景及要求】

1. 客户名称
优选家。

2. 客户需求
优选家是一个集家具购物和装修体验于一体的家具卖场，为喜欢精心设计家居空间，对家具的质量、设计和价格有一定要求的消费者提供贴心的服务。现为了更好地服务消费者，优选家需要一款 App，目前首要的需求是先为这款 App 设计出一份引导页。

3. 设计要求
（1）界面设计直观、易用，提供友好的操作指引导航。
（2）与 App 的整体主题和风格保持一致。
（3）使用与家具或装饰品相关的图案作为画面装饰。
（4）合理安排元素的位置，使整体布局舒适。
（5）设计规格为 750 px（宽）×1624 px（高），分辨率为 72 dpi。

10.5.2 【项目创意及制作】

1. 素材资源
图片素材所在位置：云盘中的"Ch10\素材\制作家居装饰类 App 引导页\01"。
文字素材所在位置：云盘中的"Ch10\素材\制作家居装饰类 App 引导页\文字文档"。

2. 作品参考
设计作品参考效果所在位置：云盘中的"Ch10\效果\制作家居装饰类 App 引导页.cdr"。设计作品效果如图 10-5 所示。

图 10-5

微课视频

扫码观看
本案例视频

3. 制作要点
使用"矩形"工具、"转角半径"选项和"轮廓笔"工具绘制床和床头柜，使用"矩形"工具、"形状"工具绘制台灯，使用"矩形"工具、"椭圆形"工具、"置于图文框内部"命令制作挂画，使用"文本"工具添加文字信息。

10.6 课堂练习1——设计女鞋电商广告

微课视频

扫码观看
本案例视频

10.6.1 【项目背景及要求】

1. 客户名称

时尚足迹。

2. 客户需求

时尚足迹是一家专注于设计、制造和销售高品质鞋类产品的公司。公司鞋类产品系列多样且丰富，涵盖了各种风格。现因新品发布，为了增加品牌知名度、提高销售量，公司需要设计一则在电商平台进行宣传的广告，希望通过该广告传达女鞋的美感、品质和多样性，吸引潜在购买者。

3. 设计要求

（1）设计风格简约现代，与品牌形象相符合。

（2）图片清晰，并能突出产品的细节和特点。

（3）通过广告内容和视觉元素引起情感共鸣。

（4）广告设计整体图文搭配和谐、主次分明，画面整洁大气。

（5）设计规格为1920 px（宽）×600 px（高），分辨率为72 dpi。

10.6.2 【项目创意及制作】

1. 素材资源

图片素材所在位置：云盘中的"Ch10\素材\设计女鞋电商广告\01~03"。

文字素材所在位置：云盘中的"Ch10\素材\设计女鞋电商广告\文字文档"。

2. 作品参考

设计作品参考效果所在位置：云盘中的"Ch10\效果\设计女鞋电商广告.cdr"。

3. 制作要点

使用"文本"工具、"文本属性"泊坞窗和填充工具添加标题文字，使用"椭圆形"工具、"矩形"工具、"合并"命令和"文本"工具添加特惠标签，使用"矩形"工具、"转角半径"选项制作"了解详情"按钮。

10.7 课堂练习2——设计文件图标

微课视频

扫码观看
本案例视频

10.7.1 【项目背景及要求】

1. 客户名称

牧星设计工作室。

2. 客户需求

牧星设计工作室是一个优秀且充满活力的设计团队，设计风格多变，设计范围广泛，价位合理，赢得了新老客户的一致认可。现需设计一款文件图标，要求使用扁平化的表现形式，设计简洁且有辨识度。

3. 设计要求

（1）使用圆角矩形体现图标的外观。

（2）图标设计运用扁平化的表现形式。

（3）画面色彩要清晰明亮，表现出文件图标的立体感。

（4）设计风格简约，具有特色。

（5）设计规格为 1024 px（宽）×1024 px（高），分辨率为 72 dpi。

10.7.2 【项目创意及制作】

1. 作品参考

设计作品参考效果所在位置：云盘中的"Ch10\效果\设计文件图标.cdr"。

2. 制作要点

使用"椭圆形"工具、"矩形"工具、"移除后面对象"命令制作文件袋，使用"透明度"工具制作透明效果，使用"阴影"工具制作阴影，使用"渐变填充"按钮制作手提绳。

10.8 课后习题1——设计《茶之鉴赏》图书封面

10.8.1 【项目背景及要求】

微课视频

扫码观看
本案例视频

1. 客户名称

教育科文出版社。

2. 客户需求

教育科文出版社即将出版一本《茶之鉴赏》图书，图书主要介绍的是中国茶艺的古味、古香、古色，茶艺的历史与分类。现需要制作图书封面，要求围绕茶艺这一主题进行设计。

3. 设计要求

（1）图书封面以浅色为背景，与茶园相衬，使画面视野宽广开阔。

（2）字体的设计要符合茶艺这一内容，要具有中国特色。

（3）采用竖排版的版面形式，使封面更加独特。

（4）色彩搭配舒适淡雅，让人印象深刻。

（5）封面展开页设计规格为 440 mm（宽）×295 mm（高），分辨率为 300 dpi。

10.8.2 【项目创意及制作】

1. 素材资源

图片素材所在位置：云盘中的"Ch10\素材\设计《茶之鉴赏》图书封面\01～05"。

文字素材所在位置：云盘中的"Ch10\素材\设计《茶之鉴赏》图书封面\文字文档"。

2. **作品参考**

设计作品参考效果所在位置：云盘中的"Ch10\效果\设计《茶之鉴赏》图书封面.cdr"。

3. **制作要点**

使用"矩形"工具、"导入"命令和"置于图文框内部"命令制作图书封面，使用"亮度/对比度/强度"命令和"颜色平衡"命令调整封面颜色，使用"高斯式模糊"命令制作封面的模糊效果，使用"文本"工具输入直排和横排文字，使用"转换为曲线"命令和"渐变填充"按钮转换并填充图书名。

10.9 课后习题 2——设计核桃奶包装

微课视频

扫码观看
本案例视频

10.9.1 【项目背景及要求】

1. **客户名称**

食佳股份有限公司。

2. **客户需求**

食佳股份有限公司是一家以奶制品、干果等食品的分装与销售为主的企业。现公司推出高钙低脂核桃奶，需要制作一款包装，要求传达出核桃奶健康美味的特点，并能够快速地吸引消费者的注意。

3. **设计要求**

（1）包装风格清新爽利，符合产品特色。

（2）文字简单干净，与整体的包装风格相符，使包装更显高级。

（3）设计简洁大气，图文搭配编排合理，视觉效果强烈。

（4）以真实、简洁的方式向消费者传达信息。

（5）设计规格为 210 mm（宽）×297 mm（高），分辨率 300 dpi。

10.9.2 【项目创意及制作】

1. **素材资源**

图片素材所在位置：云盘中的"Ch10\素材\设计核桃奶包装\01"。

文字素材所在位置：云盘中的"Ch10\素材\设计核桃奶包装\文字文档"。

2. **作品参考**

设计作品参考效果所在位置：云盘中的"Ch10\效果\设计核桃奶包装.cdr"。

3. **制作要点**

使用"导入"命令添加包装外形，使用"椭圆形"工具、"3 点椭圆形"工具、"贝塞尔"工具、"形状"工具和"轮廓笔"工具绘制卡通形象，使用"文本"工具、"文本属性"泊坞窗添加商品名称及其他相关信息，使用"贝塞尔"工具、"文本"工具和"合并"按钮制作文字镂空效果。